武器发射系统自动化技术

侯保林　孙全兆 ◎ 编著

AUTOMATION TECHNOLOGY FOR CANNON LAUNCH SYSTEM

U0338673

北京理工大学出版社
BEIJING INSTITUTE OF TECHNOLOGY PRESS

内 容 简 介

本书主要阐述火炮及自动武器的机械自动化技术，包括中大口径火炮的弹药自动装填技术、小口径火炮及自动武器的自动机技术。主要包括：大口径自行榴弹炮弹药自动装填系统的工作原理和结构方案；坦克武器弹药自动装填系统的工作原理与结构方案；弹药自动装填系统自动控制系统设计的基本概念；弹药自动装填系统机电传动和液压传动动力学建模的基本理论和方法；火炮及自动武器自动机的工作原理与结构；自动机动力学建模与分析的理论与方法；等等。本书可以作为"武器系统与工程""武器系统与发射工程"等专业的本科教材，尤其适合"卓越工程师计划"相关兵器专业的本科生使用，也可供相关工程技术人员参考。

版权专有　侵权必究

图书在版编目（CIP）数据

武器发射系统自动化技术/侯保林，孙全兆编著．—北京：北京理工大学出版社，2018.12

ISBN 978 – 7 – 5682 – 6539 – 3

Ⅰ.①武…　Ⅱ.①侯…②孙…　Ⅲ.①火炮 – 发射系统 – 自动化技术 – 高等学校 – 教材②自动武器 – 发射系统 – 自动化技术 – 高等学校 – 教材　Ⅳ.①TJ

中国版本图书馆 CIP 数据核字（2018）第 283303 号

出版发行 / 北京理工大学出版社有限责任公司

社　　址 / 北京市海淀区中关村南大街 5 号

邮　　编 / 100081

电　　话 /（010）68914775（总编室）
　　　　　（010）82562903（教材售后服务热线）
　　　　　（010）68948351（其他图书服务热线）

网　　址 / http：//www.bitpress.com.cn

经　　销 / 全国各地新华书店

印　　刷 / 三河市华骏印务包装有限公司

开　　本 / 787 毫米 × 1092 毫米　1/16

印　　张 / 16.25　　　　　　　　　　　　　　　　责任编辑 / 梁铜华

字　　数 / 382 千字　　　　　　　　　　　　　　　文案编辑 / 曾　仙

版　　次 / 2018 年 12 月第 1 版　2018 年 12 月第 1 次印刷　　责任校对 / 周瑞红

定　　价 / 58.00 元　　　　　　　　　　　　　　　责任印制 / 李志强

　　网络环境下作战样式的多样性与复杂性，要求火炮武器平台朝着自动化、精确化、轻型化、数字化与信息化的方向发展。火炮武器平台数字化与信息化的实现，不但要求"外部"信息化，而且要求"内部"数字化与信息化。火炮武器平台"外部"信息化，是指在火控系统与指挥系统综合集成的基础上，还要包括网络通信与网络指挥功能系统；"内部"数字化与信息化，则要求武器机械系统向自动化和数字化的方向发展，机械系统应该能在中央计算机的管理下，根据所面临的战斗任务、战场环境、目标特征，实现自动瞄准、自动选择弹药类型和数目、自动弹药装填入膛和发射、弹药自动补给、工作状态可视化、故障自我诊断与容错控制，最终实现对目标的快速反应和精确打击。

　　显然，机械自动化是火炮机械系统向自动化和数字化方向发展的前提和条件。本书围绕火炮及自动武器的机械自动化技术主题，主要阐述中大口径火炮的弹药自动装填技术和小口径火炮及自动武器的自动机技术。

　　长期以来，涉及管式武器机械自动化的教材主要阐述小口径火炮或自动武器的自动机，而大口径火炮的弹药自动装填系统由于是近二十年才发展起来的技术，一直未能写入教科书。本书编入了中大口径火炮（榴弹炮和坦克）弹药自动装填技术的相关内容，介绍了弹药自动装填系统机电一体化分析与设计的基本理论和方法，实现了大、中、小口径管式武器机械自动化技术教学内容的融合，这将有利于学生融会贯通、集中掌握。

　　本书的主要内容包括：大口径自行榴弹炮弹药自动装填系统的工作原理和结构方案；坦克武器弹药自动装填系统的工作原理与结构方案；弹药自动装填系统控制子系统设计的基本概念；弹药自动装填系统机电传动和液压传动动力学建模的基本理论和方法；火炮及自动武器自动机的工作原理与结构；自动机动力学建模与分析的理论与方法；等等。其中，第 1 章介绍火炮武器大系统及其发射子系统的基本概念，武器发射子系统自动化技术的基本概念；第 2 章阐述自行榴弹炮弹药自动装填系统的工作原理和基本结构；第 3 章介绍某典型榴弹炮的弹药自动装填系统，详细描述其系统构成、工作原理、机械结构及工作过程；第 4 章阐述坦克火炮自动装弹机的工作原理和基本结构，并介绍典型系统；第5章介绍弹药自动装填系统的自动控制系统及其总体设计的基本概念；第6章介绍弹药自动装填机电一体化动力学建模的基本理论与方法；第7章阐述弹药自动装填系统液压传动的动力学建模与仿真的基本理论和方法；第8章阐述火炮自动机的工作原理与基本结构；第9章阐述火炮自动机动力学建模与分析的理论和方法。

本书可以作为"武器系统与工程""武器系统与发射工程"等专业的本科教材，尤其适合"卓越工程师计划"相关兵器专业的本科生使用，也可供相关的工程技术人员参考。

本书的第1~7章由侯保林编写，第8章和第9章由孙全兆编写。由于编者学术水平有限，错误与疏漏在所难免，敬请读者批评指正。

目 录
CONTENTS

第 1 章

绪　　论

1.1　火炮武器大系统及其发射系统的基本概念

火炮作为一种特殊机械,自问世以来,经过长期发展,逐渐形成了多种具有不同特点和不同用途的火炮体系,成为战争中火力作战的主要手段,被广泛装备于各国的军队。为了遂行不同的作战任务,多种火炮武器系统应运而生,如自行榴弹炮、车载榴弹炮、主战坦克、轻型步兵战车、航炮、小口径舰炮、中大口径舰炮、防空高炮、各种迫击炮等,部分火炮武器系统如图 1 - 1 ~ 图 1 - 8 所示。

图 1 - 1　我国某 155 mm 自行榴弹炮

图 1 - 2　美国 105 mm 机动火炮

图 1 - 3　美国"十字军战士"自行榴弹炮

图 1 - 4　俄罗斯阿玛塔主战坦克

图 1-5 美国 NLOS-C 自行榴弹炮

图 1-6 美国阿帕奇 30 mm 航炮

图 1-7 我国 7 管 30 mm 舰炮

图 1-8 我国 4 管 25 mm 高炮

1. 中大口径压制火炮和坦克类武器系统的基本构成

压制火炮是用于压制和破坏地面（水面）目标的火炮。中大口径压制火炮指的是中大口径榴弹炮或加榴炮。一个中大口径压制火炮和主战坦克武器大系统应该包括的子系统有：火炮系统、炮塔系统、瞄准观察系统、弹药自动装填系统、火控系统、车载信息系统、底盘系统、弹药系统、综合防护系统等。

1）火炮系统

火炮系统又称为火炮起落部分，主要指直接发射弹药的武器装置，包括炮身、炮闩、反后坐装置、摇架、平衡机、高低机、方向机等。

2）炮塔系统

炮塔系统用于安装火炮系统和弹药自动装填系统等结构部件，包括安装炮塔体、座圈、炮塔机电管理设备、装填控制设备、高低机、方向机、抛壳装置、吊篮、观察仪器、车载信息系统、火控系统、炮塔电气设备、身管固定装置、吊篮固定装置等。

3）瞄准观察系统

瞄准观察系统包括高低机、方向机、瞄准装置等。

4）弹药自动装填系统

弹药自动装填系统负责弹丸、模块药的自动储存、记忆、识别、补给，能够在中央计算机的管理下，根据接收到指令自动选择弹丸类型、模块药种类及模块数（模块化装药）、自动装定引信和进行底火自动装填、为制导弹药传递数据，实现在任意射角下的弹丸和模块药的自动装填和发射，还具有遥控供输弹药和实现多发同时弹着打击的能力。

5）火控系统

火控系统包括系统控制设备（火控计算机、武器控制组合、综合控制箱等）、车（炮）长观瞄设备（观瞄制导组件、热像仪/微光夜视仪、辅助瞄准镜、周视观察镜等）、传感器类设备（多功能惯性测量组合、方向角传感器、火炮位置传感器等）、炮长操控设备（显控终端、操纵台等）、武器驱动设备（火炮驱动器、高低机、方位机、滤波器等），观瞄制导组件（集观瞄、测距、制导于一体，完成激光测距、制导激光变焦控制，接收系统发送的弹种等信息并在目镜中显示）等。

例如，某大口径自行榴弹炮的火控系统通过本炮的通信系统实现营（连）指挥车、前观所（或侦察车）进行数据自动传输和话传，接受营（连）射击指挥系统的命令和信息，人工装定或自动采集各种信息和修正量来解算射击装定诸元及调炮量，自动完成火炮瞄准定位或半自动驱动火炮的高低、方向转动，通过车内的通话器来实现车内成员之间的通话。该榴弹炮的火控系统由火控计算机、炮长火控操作显示台、瞄准手显示器、定位定向导航系统、火炮随动系统、姿态角速度传感器、初速雷达、药温实时测量装置、GPS 定位导航装置组成。

6）车载信息系统

火炮武器大系统的车载信息系统融入上级指挥系统，具备指挥信息处理和本车信息处理的功能，通过总线来实现各功能系统的信息共享和功能综合，具备信息获取、传输、存储、处理、显示和综合利用能力，以及系统自检、外部检测、故障实时检测、故障隔离和冗余与降级使用功能，能满足车内指挥和乘员战术协同需要。车载信息系统一般包括任务总线、车（炮）长任务终端（硬件，外部通信接口）、北斗定位装置、通信设备等。通常，车载信息系统的功能有：北斗定位；车内指挥；电子地图和战场态势显示；设备控制与管理；状态检测、显示；配电操作能力；通信网络；总线设备管理；故障报警；通信功能；车内通话功能。

7）底盘系统

底盘系统是搭载火炮武器的载体，用于实现火炮武器系统的机动作战。底盘系统一般包括车体、动力装置、传动装置、操纵装置、底盘电气设备等。

8）弹药系统

弹药系统是指火炮武器平台携带的各类弹药。常用的火炮弹药有杀爆榴弹、穿甲弹、照明弹、烟幕弹等。

9）综合防护系统

综合防护系统包括基体装甲、复合装甲、毫米波干扰装置等。

2. 小口径自动炮的系统构成及自动机的基本特点

自动炮是指能自动完成装填和发射下一发弹药的全部动作的火炮。若在装填和发射下一发弹药的全部动作中，一部分动作自动完成，另一部分动作人工完成，则此类火炮称为半自动炮。若装填和发射下一发炮弹的全部动作都由人工完成，则此类火炮称为非自动炮。自动炮能进行连续自动射击（连发射击，简称"连发"），而半自动炮和非自动炮则只能进行单发射击。图 1-6、图 1-7 所示的火炮均为自动炮。

自动炮按其用途可以分为地面自动炮（一般指高射自动炮，简称"高炮"）、机载自动炮（航空自动炮，简称"航炮"）和舰载自动炮（简称"舰炮"）。虽然这三类自动炮的火炮自动机由于使用条件不同而有所差异，但是在设计理论方面是基本一致的。

自动炮武器系统一般包括目标搜索跟踪系统、火控系统、随动系统、火力系统、全炮电气系统、车载信息系统、弹药系统、底盘系统、配套系统等。

火炮自动机（简称"自动机"）是自动炮的一个独立组成部分，是火力系统的核心部件，是利用火药燃气（或外能源）自动完成装填和发射下一发弹药的全部动作来实现自动连续射击的各机构的总称。

从击发已装填入膛的弹药开始，至下一发弹药装填入膛、等待击发为止，这一过程称为射击循环。除了首发弹药入膛需要人工参与之外，其他动作均自动完成，这一过程称为自动循环。一般情况下，在每一次自动循环中，自动机应能自动完成击发、击发机构复位、开锁、开闩、抽筒、抛筒、供弹、输弹、关闩和闭锁等动作。

自动炮在发射一发弹药的过程中的动作与其他火炮在实质上是相同的，主要差别在于自动炮能迅速、自动地连续发射多发弹药，而仅在启动或停止射击时需要外部实施控制。此外，停止射击还会发生于弹药消耗完毕时。自动机作为自动炮的核心部分，也具有自动的特点。

自动机是闭锁机构、开闩机构、抽筒机构、供弹机构、输弹机构、关闩机构和击发机构等许多机构的有机组合，其工作过程是一个自动循环过程。

在自动机的每一个自动循环过程中，完成各个自动动作的机构并不是同时参与工作的。自动机的各机构按照设定的顺序参与工作，并且参与工作的时间仅占整个工作循环时间的一部分，即自动机各机构的工作具有顺序性和间歇性的特点。

对整个射击过程来说，自动机具有周期性和高速的特点。自动炮的射速一般在 1 000 发/min 以上。例如，美国"火神"M61A1 式 6 管 20 mm 航炮的理论射速高达 7 200 发/min，现在我国研制的超高射速自动炮的射速甚至可以高达 10 000 发/min 以上。因此，火炮自动机是一个以高频率周期性工作的复杂机械系统。

由于自动炮的射速非常快，因此自动机的每一个自动循环时间很短，完成各自动动作的各机构参与工作的时间更短。如果射速为 6 000 发/min，则自动机的循环时间为 10 ms，平均每个自动动作占用的工作时间约为 1 ms。在如此短暂的时间内，各机构及其构件经历"静止状态→加速到最大速度→减速→静止状态"，各机构及其构件的运动速度极快，加速度极大。所以，自动机各机构的工作具有很强的动态特性。此外，各机构在参与工作和退出工作时，往往伴随着撞击，所以自动机各机构的运动还具有显著的不均匀性。

3. 武器发射系统及其自动化技术的基本概念

在本书中，武器发射系统主要指与弹药发射直接相关的武器机械（结构）部分，包括火炮系统、炮塔系统、弹药自动装填系统、自动机等。

从以上内容不难发现，中大口径火炮与小口径火炮在作战使用和技术特性上存在很大差别。因此，本书内容（第 1 章除外）将分为 3 大部分：中大口径火炮部分（第 2~5 章）、自动控制基础部分（第 6~7 章）、自动炮部分（第 8~9 章）。

即使这样，火炮发射系统自动化技术的研究内容也应该是很广泛的。例如，对于中大口径火炮来说，弹药自动装填技术、炮身系统的自动化技术、后坐过程的主动与半主动控制技术、开关闩技术、自动抛壳技术、火炮的自动瞄准与目标跟踪技术、数字化炮塔的机电管理与控制技术、自行榴弹炮的多发同时弹着技术等，都是数字化火炮技术研究的内涵，也都应属于武器发射系统自动化技术的内容。

目前，数字化火炮技术尚属于一个崭新的研究领域，很多技术还不成熟，因此本书主要介绍中大口径火炮的弹药自动装填技术和小口径自动炮的自动机技术。

1.2 武器发射系统的自动化是数字化战场的必然要求

数字化战场是指在战场上运用信息技术来及时地获取、交换、传递信息，根据作战需要对信息进行裁减后提供给每个决策者、士兵、后勤人员，让每个参与制订或实施计划的人员都能清晰、准确地了解战场态势的变化。

数字化能让战争的参与者更快地交流重要的战场信息。这与以往采用无线电甚至更缓慢的联系方式相比有天壤之别。它提供给战争的参与者一个纵横结合的数字通信网络，能让火力与决策和谐统一，确保指挥与控制准确、有效。它集中表现为通过计算机网络将即时的、合适的战场态势画面传递给从士兵到指挥员的每一指挥阶层，其通信建立在共享的数据基础上，这些数据由传感器网络、战地指挥所、处理设备和武器平台获取。从而让参战者能集合所有相关信息，不断更新战场态势感知。

要想满足数字化战场和未来指挥系统的基本作战要求，武器发射系统必须具有以下能力：

（1）有比敌人更强的信息迅速反应能力。

（2）强化全方位、全水平、全层次的态势感知能力。

（3）快速处理和传递信息能力。

（4）增强直接火力和间接火力协调一致性的能力。

图1-9 所示为美军数字化战场的基本概念，图1-10 所示为美军在网络环境下的武器平台的相互关系示意。

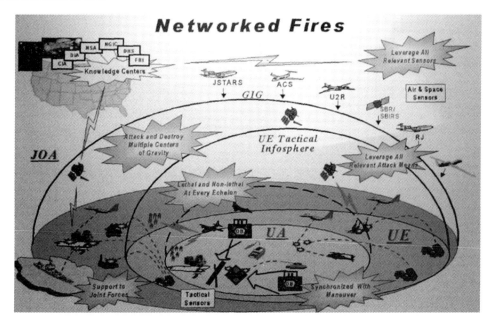

图1-9 美军数字化战场基本概念图

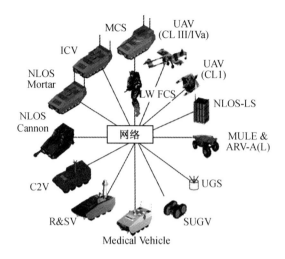

图1-10 美军在网络环境下的武器平台的相互关系示意

随着信息技术的迅猛发展，现代火炮必须具有高度的射击灵活性和机动性，且受到人力资源的限制，火炮系统亟待自动化。对于主战榴弹炮，自动化的最终目的是在3~5 min完成从探测目标、锁定目标到摧毁目标。实现火炮的自动化需要完成三项技术任务——机械自动化、数字化、标准化，这将是建立不同武器系统之间相互交换能力的关键技术。在这三项自动化技术任务中，机械自动化是基础。

随着目标探测技术的发展（如目标定位雷达、移动目标探测雷达、热成像仪、卫星探测系统等装备的使用），敌军有了迅速反击的优势。在今天的战场上，如果我军未能一次性击垮目标而迅速转移到新的位置，就很可能被敌军探测到并遭受其致命反击。因此，火炮必须能在短时间内迅速转移到新的地点。

21世纪的主战火炮应具有自动探测目标、自动瞄准、用最少的班组人员摧毁敌军的能力。主战火炮应包含现代化的火控系统、全自动的弹药装填系统、自动导航系统、车载弹道计算机等。

在不久的将来，由各种火炮发射的精确制导导弹和弹药将可能取代那些不能制导的弹药和火箭弹，这些主战装备将利用高级计算机化的机械系统来大大提高其射速和命中率。例如，先进的榴弹炮的发射能力很强，足以担负起一个炮兵连的使命（6~8门）。

目前，许多国家已经致力于开发这种高性能榴弹炮，如美国的NLOS-C 155 mm榴弹炮、德国的PzH-2000 155 mm榴弹炮、英国的AS90 155 mm榴弹炮。这些先进火炮系统已经（或将要）采用最先进的机构技术，甚至采用机器人技术。图1-11所示为美国NLOS-C 155 mm数字化火炮的人机界面模式。

在网络环境下，作战样式的多样性对火炮武器装备提出了自动化、精确化、轻型化、数字化与信息化的发展要求，为各种火炮武器平台的发展指出了新的发展思路。火炮武器平台数字化与信息化的实现，不但要求对"外部"信息化，而且要求对"内部"数字化、信息化。对火炮武器平台"外部"信息化，是指要求火控系统在与指挥系统综合集成的基础上，还包括网络通信与网络指挥功能系统，以适应未来数字化战争的需要。对火炮武器平台

图 1 – 11　美国 NLOS – C 155 mm 数字化火炮下的人机界面模式

"内部"数字化、信息化，是指要求武器内部的机械系统向自动化和数字化的方向发展，机械系统应该能在中央计算机的管理下，根据面临的战斗任务、战场环境、目标特征，实现自动瞄准、自动选择弹药类型和数目、自动弹药装填入膛和发射、弹药自动补给、工作状态可视化、故障自我诊断与容错控制，最终实现对目标的快速反应和精确打击。

第2章

自行榴弹炮弹药自动装填系统的工作原理与基本结构

弹药自动装填系统以电、液为动力源，经过驱动控制，由液压马达、油缸、电动机来驱动机械结构，从而完成弹（药）从储存仓到火炮射击膛线的全过程。弹药自动装填系统的机械结构不仅要实现弹药的储存，完成弹药的装载和卸载，把弹药可靠地从储存位置传送到火炮炮膛，还要实现火炮在行军状态和发射状态下的弹药保护。

大部分弹药自动装填系统所用的机械结构系统在民用机械中是见不到的。与民用机械相比，弹药自动装填机械结构的对象特殊，要承受较大的冲击、振动，且对安全性、可靠性的要求更为严格。

纵观世界各国的弹药自动装填系统，它们要实现的功能是相同的，但具体采用的机械结构形式五花八门。本章首先结合世界各国弹药自动装填系统的具体机械结构形式，阐述弹药自动装填系统的系统构成以及各子系统的功能；然后，根据弹药自动装填系统在火炮中的安装形式，对自动弹仓、自动药仓、弹药协调器、输弹机、输药机进行分类描述；最后，将阐述在进行弹药自动装填系统总体设计时要注意的若干问题。

2.1 自行榴弹炮的弹药简介

大口径火炮的弹丸和发射药是弹药自动装填系统"处理"的对象，因此，有必要对大口径自行火炮的弹丸和发射药有所了解。

2.1.1 自行榴弹炮所发射的弹丸

大口径自行榴弹炮常用的弹丸是榴弹。

一般来说，线膛火炮配用的榴弹采用旋转稳定方式，滑膛火炮配用的榴弹则采用尾翼稳定方式。

榴弹的外形为回转体，由弹头部、圆柱部和弹尾部三部分组成，如图2-1所示。

远程榴弹是大口径自行加榴炮的主要弹种，远程榴弹包括底凹榴弹、枣核形榴弹、底排弹。

1. 底凹榴弹

底凹榴弹的外形呈圆柱体。当底凹与弹体为一个整体

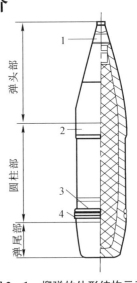

图2-1 榴弹的外形结构示意

1—引信；2—上定心部；
3—下定心部；4—弹带

时，为整体式底凹榴弹；当底凹与弹体螺接时，为螺接式底凹榴弹。若凹窝的深度为 0.2～0.4 倍弹径，则为浅底凹榴弹，如图 2-2 所示；若凹窝的深度为 0.9～1.0 倍弹径，则为深底凹榴弹，如图 2-3 所示。

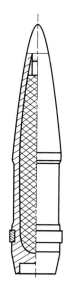

图 2-2　浅底凹榴弹

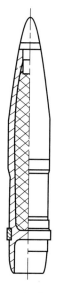

图 2-3　深底凹榴弹

2. 枣核弹

枣核弹是一种低阻远程榴弹，加拿大在 20 世纪 70 年代研制成功的 155 mm 全口径枣核弹结构如图 2-4 所示。枣核弹结构设计的最大特点是取消了圆柱部，整个弹体由约为 4.8 倍弹径长的弧形部分和约为 1.4 倍弹径长的船尾部组成；枣核弹利用弹丸弧形部上安装的 4 片定心块和位于弹丸最大直径处的弹带来解决全口径枣核弹在膛内发射时的定心问题；在结构设计方面，枣核弹一般采用底凹结构。

3. 底排榴弹

底排榴弹是旋转稳定弹丸，在外形设计上主要分为圆柱形和枣核形。图 2-5 和图 2-6 所示分别为圆柱形和枣核形的底排榴弹结构示意。圆柱形底排榴弹由引信、弹体、炸药、弹带、底排装置等组成，弹体分为卵形头部、圆柱部、船尾部、定心部。枣核形底排榴弹由引信、定心块、弹体、炸药、弹带、闭气环、底排装置等组成。

图 2-4　全口径枣核弹结构示意

1—引信；2—炸药；3—弹体；
4—定心块；5—弹带；6—闭气环

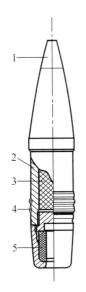

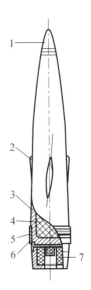

图 2－5　圆柱形底排榴弹结构示意
1—引信；2—弹体；3—炸药；
4—弹带；5—底排装置

图 2－6　枣核形底排榴弹结构示意
1—引信；2—定心块；3—弹体；4—炸药；
5—弹带；6—闭气环；7—底排装置

2.1.2　自行榴弹炮的模块药

将模块药用作 155 mm 榴弹炮的发射装药已经成为先进国家大口径火炮系统最优先发展的项目，是各国发射装药研制的"热点"。155 mm 榴弹炮发射装药经历了"布袋式装药→刚性装药→模块药"的发展过程。20 世纪 80 年代后期，北约国家（英、美、法、德、意）为 155 mm 火炮签署了"联合弹道谅解备忘录"（JBMOU），决定研制统一标准的全等式组合装药（23 L 药室用 6 个模块，18 L 药室用 5 个模块），还对初速、射程分界及重叠达成了一致意见。

模块药从结构上可以分为不等式和全等式两种装药结构。不等式装药结构是指组成装药的各个模块各不相同，须严格按规定装配入膛；全等式装药结构是指组成装药的各个模块的外形和内部结构完全相同，这样可以使模块之间具有互换性，有利于提高火炮的自动装填速度、减少失误、最大限度减少药块的剩余。虽然全等式模块药比不等式模块药有明显的优势，但全等式装药技术在现阶段还存在诸多技术难题，从而影响了全等式模块药的应用。

各国装药研究人员经反复比较，发现双元模块药结构相对而言比较容易实现，且优点比较明显，因此双元模块药结构成为各国考虑得较多的一种装药结构。现以法国 GIAT 工业公司和 SNPE 集团共同开发的、用于 155 mm 榴弹炮的双元模块药系统为例对双元模块药结构作简单介绍。如图 2－7 所示，该模块药系统由小号装药模块（Bottom Charge Modular，BCM）和大号装药模块（Top Charge Modular，TCM）组成，分为 1～6 号。小号装药模块被设计成 1 号装药和 2 号装药，大号装药模块被设计成 3 号以及更高编号的装药。BCM 发射药为单基药，TCM 发射药为三基药，图 2－8 所示为两种模块药的外形尺寸。

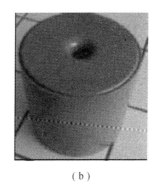

（a） （b）

图 2-7 法国 155 mm 火炮的双元模块药系统外观

（a）BCM；（b）TCM

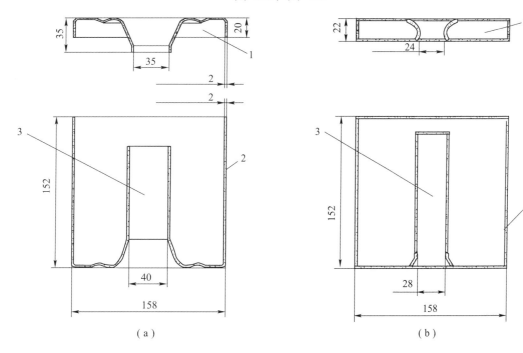

（a） （b）

图 2-8 两种模块药的外壳尺寸

（a）BCM；（b）TCM

1—模块盖；2—模块壳体；3—模块中心通道

BCM 模块药的点火药为黑火药，药量为 45 g。发射药是单孔单基药，组分为：硝化棉：二苯胺：DBP：消焰剂 =93.7：1.0：4.5：0.8。

TCM 模块药所用的火药是分段半切割的杆状药（图 2-9），组分为 19 孔（或 7 孔）的 NC/TEGDN/NQ/RDX（或 NC/NGL）。两种可燃容器，壳体和密封盖都是由制毡工艺完成。用黑药装填的点火具设置在模块中心孔内。在模块药的研究过程中，曾进行过压力波、点火延迟、易损性和装填寿命等试验。

BCM 和 TCM 的结构相似，可以通过颜色和形状来识别。

图 2-9 所示为 BCM 模块药的内部结构，图 2-10 所示为 TCM 模块药的内部结构，图 2-11 所示为两种模块药的弹道性能。

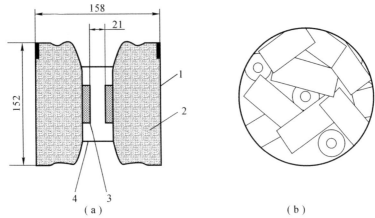

图 2 – 9　BCM 模块药的内部结构

（a）模块药内部结构；（b）装药药粒局部

1—壳体；2—火药束；3—点火具；4—密封盖

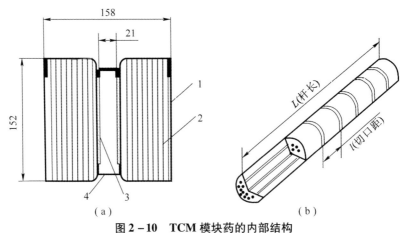

图 2 – 10　TCM 模块药的内部结构

1—壳体；2—火药束；3—点火具；4—密封盖

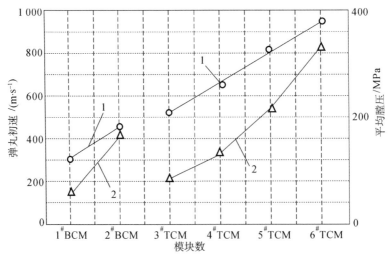

图 2 – 11　两种模块药的弹道性能

1—弹丸初速；2—平均膛压

2.2　自行榴弹炮弹药自动装填系统的基本要求

弹药自动装填系统应能够减轻乘员的工作强度，提高战斗效率，简化战场操作，提高自行榴弹炮的战斗力和生存能力。

弹药自动装填系统要具有较高的可靠性和可维修性，且结构简单；弹、药的供输全过程应准确、协调、可控、安全；具有较大的携弹量，达到较高的弹丸和模块药供输速度；具有优化的弹药供输路径，弹药由弹仓、药仓到入膛的中间环节少；具有较强的抗振动和抗冲击能力。强调系统的整体性能和结构优化，采用模块化设计技术进行设计。

例如，对于 155 mm 口径的自行榴弹炮，弹药自动装填系统应达到以下功能要求：

（1）爆发射速应不小于 3 发/15 s。最大射速应达到 8 ~ 12 发/min。

（2）具有根据射击指令自动选择弹丸类型、模块药种类及模块数的能力，可以在任意高低、方位的射角下进行弹丸和模块药的自动装填和发射，且不会妨碍身管的高低运动和炮塔的 360° 回转。

（3）可以处理所有当前的已定型的弹丸，包括制导弹药。

（4）不需要外界任何帮助，一个乘员组可以发射完车内所有弹药。

（5）最大携弹量在（40 ~ 45）发以上（具体最大携弹量与实际情况有关），同时携带可供所有弹丸发射的模块药。

（6）尽量减轻质量、降低动力要求、减小体积，以适应自行火炮炮塔与车体的实际状况。

（7）能够手工操作，提供并列的后备系统，以应付紧急情况。

（8）采用交互式的控制方式和模块化设计来获得简化的人机界面，具有与火控计算机相连的兼容接口。

（9）操作和维修简单，便于使用和训练。

（10）具有自我监测和诊断的能力。

（11）保证乘员安全。

（12）具有特殊弹的装填机构。

（13）既能发射车内弹，又能发射车外弹。

2.3　弹药自动装填系统的构成和各系统的功能

一般情况下，自行榴弹炮的弹药自动装填系统包括的系统有：自动弹仓、自动药仓、弹（药）协调器、输弹机、输药机、检测与控制系统等。

2.3.1　自动弹仓、自动药仓

自动弹仓、自动药仓分别实现弹丸、模块药的自动装载、卸载、储存、选择，以及分别将弹丸、模块药传递到相应的弹（药）协调器上。

1. 自动弹仓

自动弹仓负责放置各种不同长度的弹丸，能够根据射击指令，自动选取适当的弹种，经由自动弹仓内安装的推弹器（根据具体结构形式的不同，该功能部件也可以称为传弹器或提弹器），将弹丸安全地传送到协调器的托弹装置上。自动弹仓可以接受车外供弹，并可手工操作。

自动弹仓包括：安全、可靠的贮弹筒（架）结构；弹筒（架）链接结构；弹丸在弹筒（架）内的固定结构；弹仓与车外供弹的接口；推弹器结构；弹仓与协调器的接口，即弹丸由贮弹筒（架）到协调器的托弹装置上的过桥。

在进行弹仓结构设计时，要充分考虑弹丸在炮塔和车体空间的存放，要既有利于装填系统便利供取弹丸，又有利于弹丸的补充再存放，还要充分利用有限的空间，储存尽可能多的弹丸。

根据作战任务的不同，弹仓必须及时提供相应的弹丸，因此自动弹仓应具有自动选弹的能力。当弹仓接受车外供弹时，自动弹仓应根据弹体上的标号（或打印的符号）自动将弹丸的种类、质量以及在弹仓中的位置等信息输入计算机；当弹仓供弹时，自动弹仓应根据所需弹种的信息，经计算机优化取弹路径后，自动选取弹丸。

在设计自动弹仓时，应采用模块化和紧凑化的设计思想。弹仓由很多相同的基本"单元"组成，每个单元放置1发弹丸，并允许推弹器顺利通过。弹丸在每个"单元"内要被可靠缓冲，在径向和轴向均能可靠定位，弹带也能得到可靠保护。

在自动弹仓内安装的推弹器的任务是把弹丸传送到协调器的托弹装置上，实现对弹丸快速、稳定、平缓地推动。推弹器具有位置传感器，以指示其伸长和缩回位置。

2. 自动药仓

自动药仓的功能是储存模块药，它可以根据计算机指令来收集、分配适当数目的模块药，并把模块药安全可靠地经由药仓的输药通道，用推药器（根据具体结构形式的不同，该功能部件也可以称为传药器或提药器）压（夹）紧、推动并传送到协调器的托药装置上。自动药仓应具有手工操作的能力，可以接受车外供药。

自动药仓包括：药仓本体；贮药筒（架）；模块药收集器、分配器；药块夹紧装置；供药通道；推药器；等等。

自动药仓由很多相同的药架组成，每个药架能容纳最大号模块药的装填量。药仓所具有的供药通道用于接受被排出的模块药，位于药仓内的模块药收集器、分配器用于把模块药传送到供药通道上，推药器能够把供药通道上的模块药压（夹）紧，并传送至协调器的托药装置。

自动药仓应采用模块化设计技术。在进行药仓结构设计时，要注意以下几点：

（1）充分考虑模块药在炮塔和车体空间中的存放，要既有利于装填系统便利取出，又有利于它们的补充再存放，还要充分利用有限的空间，储存尽可能多的模块药套数。

（2）要对模块药的组合方式与供药运动的轨迹进行优化。

（3）在整个供药过程中，模块药应得到安全可靠的保护。

2.3.2　弹（药）协调器

弹（药）协调器负责从弹仓和药仓中接受弹丸和模块药，并将它们传输到炮尾后部，实现与炮膛轴线的对齐，经由输弹机和输药机，把弹丸和模块药可靠、一致地依次推入药室。

弹（药）协调器由托弹装置、托药装置和机械臂（协调臂）组成。托弹装置、托药装置安装在机械臂上，机械臂可以绕耳轴回转。

不管射角如何，机械臂和托弹装置、托药装置都能把弹、药分别从固定位置带到输弹机和输药机的输弹、输药盘上。

托弹装置和托药装置在装填过程中夹持弹丸和模块药，在机械臂带动下将弹、药移动到输弹（药）机的输弹、输药盘上。在很多情况下，托弹装置、托药装置可以绕机械臂回转，并能与弹仓、药仓的出弹口、供药口位置对齐。托弹装置上有用于缓冲和定位的装置，当弹丸由弹仓出来进入托弹装置时，可以避免产生过大冲击，并实现弹、药在随机械臂运动过程中的可靠定位。在弹、药的运动过程中，托弹装置、托药装置的弹、药夹持装置能可靠地夹持弹、药，在弹（药）到达输弹（药）机时才解脱夹持。在设计时，要保证托弹装置、托药装置对弹丸、模块药能平稳而快速地接受。

进行弹（药）协调器设计时，机械臂要尽量采用高刚度、轻质量结构。机械臂要带有缓冲装置，使机械臂回转到位时能得以缓冲而平稳停靠。机械臂在受弹、受药位置时，要保证精确地对齐；当到达输弹（药）机位置时，机械臂要被锁定，保证即使在液压丢失时也是安全的。机械臂应具有相应的传感开关，用于指示机械臂是否到达炮尾和受弹位置、机械臂是锁定状态还是解脱状态。

2.3.3　输弹机、输药机

输弹机和输药机用于分别将弹、药由炮尾后部快速、稳定地输入炮膛，并保证在任意射角下保持良好的定位一致性。

输弹机、输药机可以独立安装于火炮摇架上，也可分别安装于协调器的托弹装置、托药装置，具有可伸缩的输弹爪和输药爪，由液力或电力驱动，弹、药分别由输弹、输药爪推动。输弹机和输药机具有位置测量装置，用相应的位置传感开关来指示弹药输进状态。

采用紧凑化和模块化设计，输弹机和输药机宜采用一致的结构技术。

为了保证弹丸卡膛速度一致，输弹速度必须随火炮射角变化进行调整。所以，在进行输弹机、输药机设计时，应注意以下几点：

（1）尽量减小尺寸、减轻质量，并缩短输弹、输药时间。

（2）具有输弹速度测量装置，能实时测量输弹速度、判断输弹速度是否正确，并将信息传送给控制单元。若没有达到规定的输弹速度，就及时停止工作，以保证输弹过程的安全性。

（3）具有防止误输弹的保险装置，确保输弹线上无弹丸时不输弹、输弹器未转到输弹线上时不输弹。

2.3.4　检测与控制系统

弹药自动装填系统的检测与控制系统为自动装填系统和相关的火炮系统部件提供集成控制，完成所有弹药的存储、记忆、装填以及发射的检测和位置控制。具体功能包括：

（1）监测机械构件的运动和位置。

（2）指令液压动力动作。实现液、机功能的电子互锁，以获得安全可靠的操作。

（3）监控发射条件。例如，监控自动装填系统的液压、反后坐装置的气压，以及炮尾温度等。

（4）提供弹药存储状态信息。

（5）控制发射机构。如有需要，可以控制炮车上的引信装定器。

（6）接受和处理火炮发射系统指令。

（7）提供自动装填系统与控制台操作者之间的界面。

所有高级命令由上位（火控）计算机发出，自动装填系统的计算机收到上位计算机提供的信息后，控制自动装填系统完全自动完成装填动作，并向上位计算机反馈这些动作的完成情况。

自动装填系统所有功能的操纵都集中在一个操纵台上，并充分考虑与其他控制台的接口，如指挥控制台、炮手瞄准操纵台、外部的维修控制单元。

整个弹药自动装填系统由主控计算机、协调器控制系统、自动弹（药）仓控制系统、输弹（药）机控制系统以及相应的执行、检测等环节组成，如图 2 – 12 所示。

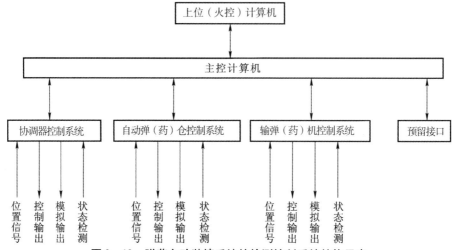

图 2 – 12　弹药自动装填系统的检测控制系统结构示意

在上述系统中，主控计算机接收上位计算机发出的指令，通过计算机接口，将各信号实时传送给各控制系统。各控制系统则根据主控计算机发送的要求，控制相应的执行机构动作，并采集状态信号。

由于一般计算机无法适应低温、高温、潮湿、冲击、振动、电磁干扰等恶劣环境，因此应采用高质量、高可靠性的加固计算机。

为了实现各控制系统与主控计算机之间的良好通信，控制系统的微处理器内应设有计算机通信接口电路，由微处理器采集系统的各种状态信息，经通信接口电路传送到主控计算机。

伺服调节及信号处理单元是协调器控制系统、自动弹（药）仓控制系统以及输弹（药）机控制系统的核心单元，其主要功能如下：

（1）接收信号：接收来自上位（主控）计算机的给定信号；接收来自协调器、自动弹仓、自动药仓、输弹（药）机各执行构件的位置信号；接收来自执行电动机的实际转速、电流信号。

（2）提供给定信号：将上述信号进行综合、调节（如 PID）、处理后，提供给定信号值。

（3）接收协调器、自动弹仓、自动药仓、输弹（药）机的极限位置开关信号：当某些构件到达极限位置时，有限位开关动作，并控制系统的制动电路动作；当协调器回转至指定位置时，伺服调节及信号处理单元提供通路，并指示输弹、输药动作；当系统发生故障时，将故障信号传送至主控计算机。

2.4　自动弹（药）仓

自动弹（药）仓既可以布置在炮塔内，又可以布置在自行火炮的底盘上。

2.4.1　在炮塔内布置的转鼓式弹（药）仓

如图 2-13 所示，弹（药）仓安装在车辆的炮塔内。当火炮作方位旋转时，弹（药）仓也可以随之旋转。弹、药放在相应的弹鼓和药鼓内，当弹、药旋转到适当的位置时，一个链式传弹（药）器将弹、药推到协调臂上，然后协调臂旋转到与膛线对齐的位置，由输弹机进行输弹和输药。

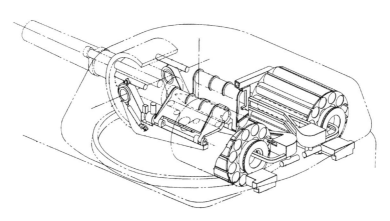

图 2-13　转鼓式供弹（药）机内部结构示意

这种结构模式的缺点是两个圆形弹药仓的空间利用率偏低。

2.4.2　在炮塔内布置的封闭链式回转弹（药）仓

1. 弹、药呈水平布置

类似上述转鼓式弹（药）仓，俄罗斯 152 mm 口径 2S19 自行榴弹炮（图 2-14）采用了一种安装在炮塔上的回转式弹（药）仓的概念。与转鼓式弹（药）仓不同，回转弹（药）仓布满了整个炮塔的宽度，弹丸在仓内呈水平排列（即弹丸轴线平行于炮塔底面）。

图 2-14　俄罗斯 2S19 自行榴弹炮的回转式弹（药）仓

弹丸放置在弹筒内，弹筒之间铰接连接，构成了一条封闭的"传动链"。每个传动链包括一个主动链轮和一个从动链轮，主动链轮由电动机和减速器驱动。

回转弹（药）仓可以自动选择弹丸，待发射的弹丸到达一个固定的出弹口后，链式推弹器将弹丸推到协调器上，由协调器将弹丸传送到位于炮尾外罩顶部的输弹机上，输弹机将弹丸输入炮膛。在弹丸进入炮膛后，炮尾自动关闭，外罩上的顶盘转回，火炮准备发射。

2S19 自行榴弹炮的内部可以包含 50 发弹药，有 46 发在回转仓中，每个仓有 23 发，另外 4 发垂直存放在火炮右侧的底盘上，可以直接发射车外弹。2S19 自行榴弹炮的回转弹（药）仓将下一发要发射的弹丸转到中央位置，在任何射角下，协调器都可以将弹丸传输到位于炮尾外罩顶部的输弹机上。该弹药自动装填系统可以每分钟发射 7 ~ 8 发，这意味着在 7 s 内就可以发射一发弹药，包括弹出上一发空药筒、选择弹丸、将弹丸输入炮膛、取出一个药筒、经由装填手的辅助将其送入炮膛，并发射。在炮塔的左后部有两个舱口，通过这两个舱口，可以进行外部弹药的补给。

图 2 - 15 所示是类似的弹药布置方案在自行迫击炮中的应用。

图 2 - 15　某自行迫击炮的弹（药）仓

和上述环形传动链不同，图 2 - 16 和图 2 - 17 所示的则是一种蛇形传动链，这种结构方式有利于充分利用炮塔的不规则空间，也有利于提高弹、药的装载密度。

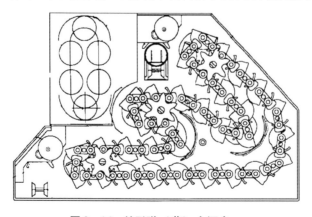

图 2 - 16　蛇形弹（药）仓概念一

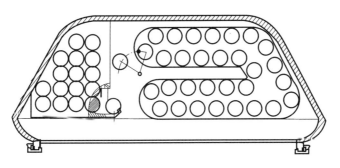

图 2 - 17 蛇形弹（药）仓概念二

2. 弹、药垂直布置

图 2 - 18 所示是一种弹、药呈垂直布置的方案。弹仓和药仓分离，均布置在炮塔内，右边是弹仓，左边是药仓。弹仓和药仓可以随炮塔的旋转而旋转。弹丸和模块药均垂直放置，引信朝上。

图 2 - 19 是其中的模块药仓和传药器示意。6 块模块药放在方槽形药盘里，一个链传动机构能够带动药盘运动。有一个固定的出药口。一个推药机构可以根据发射的需要，将若干数目的模块药传递给传药器。传药器安装在药仓的外壳上，它可以绕一固定轴转动。传药器上安装有圆形盛药筒，当它旋转至垂直位置时，可接受来自药仓出药口的模块药，然后转回供药位置，将模块药传递给药协调器。

图 2 - 18 弹、药垂直布置的供弹（药）机

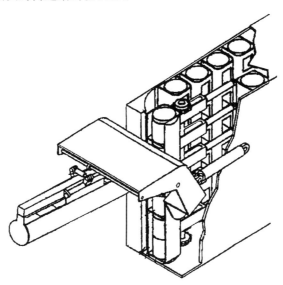

图 2 - 19 垂直布置的模块药仓和传药器

图 2 - 20 所示为上述弹药自动装填系统的弹仓和传弹器，弹仓和传弹器的工作方式类似药仓和传药器。

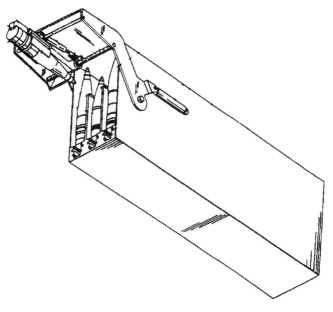

图 2 - 20　弹仓和传弹器

南非 T - 6 式 155 mm 自行榴弹炮是弹丸和模块药在弹仓和药仓内垂直放置的实例，如图 2 - 21 所示。

图 2 - 21　南非 T - 6 式 155 mm 自行榴弹炮

2.4.3 在炮塔内的分层布置的弹仓、药仓

弹丸和模块药在这种类型的弹仓、药仓中按行（或列）排列，弹仓、药仓可以分离，也可以共架。

1. 法国 GCT 或 155 mm 自行榴弹炮

法国地面武器工业集团公司（GIAT）于 1969 年研制的 GCT 式 155 mm 自行榴弹炮（图 2－22）是这种弹仓、药仓布置方式的典型代表，于 1980 年装备法国陆军。

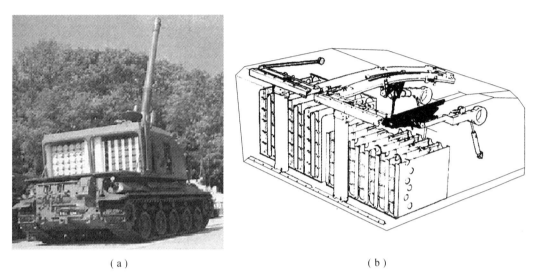

（a）   （b）

图 2－22 法国 GCT 式 155 mm 自行榴弹炮及其弹药自动装填系统
（a）武器系统；（b）弹药自动装填系统

该火炮采用一种轻质量的紧凑圆锥螺式炮尾，包括一个自动底火装定机，采用同一动力源的炮尾开闭机构；采用气液后坐系统，利用与后坐机构集成在一起的一个氮罐来储存一部分后坐能量，用于操作炮尾和输弹机。尽管这样会造成输弹的冲击力随火炮高低角的变化而变化，但仍能保证弹丸在膛内能合适定位，且不会引起引信和输弹机过载。

该火炮配有液压式全自动装填系统，可保证火炮在 －4°～66°射角范围内进行弹药装填，能乘员 4 人。全自动装填系统主要由弹（药）仓和自动输弹机组成。弹（药）仓为蜂窝式，位于炮塔后方，分为左、右两部分：左边部分存放药筒，装有 42 发刚性可燃药筒；右边部分存放弹丸。自动装填系统为液压式，由选择器、提升器、弹（药）仓和输弹机等组成，由电子逻辑控制器控制。为了向弹仓补充弹药，炮塔尾舱开有两扇舱门，可以向下打开，呈水平状态，构成一个工作平台。

设计发射速率：在前 15 s 内发射 3 发弹药，在前 50 s 内发射 6 发弹药，在 60 min 内发射 72 发弹药。实际发射速率：4 发/25 s，6 发/（40～45）s。

2. 法国 AUF2 式 155 mm 自行榴弹炮

法国新型 AUF2 式 155 mm 自行榴弹炮的发射速率设计要求为 10 发/min，要求能完成多发同时弹着发射任务（在 0～25 km 射程，用 14 s 时间，发射 8～10 发同时弹着弹

丸）。

法国新型 AUF2 式 155 mm 自行榴弹炮的自动装填系统也采用与其前身类似的弹仓、药仓结构，并采用了 JBMOU 模块药系统。炮塔尾舱成两部分：在左后部存储 180 块模块药，在右后部存储 42 发弹丸。后来拟定的弹药自动装填系统采用固定模式操作，即在任何一次装填过程中只有一种固定模式。该系统包括一个搬运式传药器（图 2 – 23），它能从药仓的一个药块存储架上抓起 6 块模块药，把它们传送到一块斜板上。药块被传送到斜板后，滚进一个中间盘上的腔室内，该中间盘布置在药仓和装填手之间。在中间盘内，药块由转臂卡住，转臂由控制系统控制，在控制系统的作用下，转臂把规定数目的药块拨动到药协调器上。

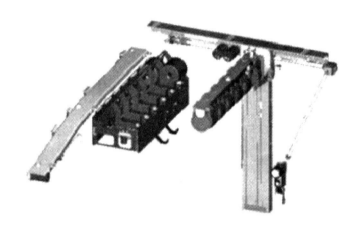

图 2 – 23 法国 AUF2 式 155 mm 自行榴弹炮的一种自动药仓传药器

当膛内弹丸发射结束后，那些保留在中间盘上的药块滚落到协调器上，准备下一发发射。如果需要发射全装药，则追加的药块由搬运式传药器放到中间盘上的下一束模块药提供。

该火炮的药仓分为主药仓和副药仓，只有主药仓是全自动的，它仅仅处理 3 ~ 6 块模块药。为了便于训练使用，法国陆军要求能够把小号模块药（1 ~ 2 块）装于药仓内，乘员也被要求在发生短距离的遭遇战中能够迅速打击敌方。小号模块药存放于一个独立的 18 块药架上，由乘员手动将模块药放到自动装填机上。

两名乘员装载完所有弹药大约需要 20 min，弹药种类等信息由乘员输入车内的计算机。

为了便于自动装填系统使用，模块药之间未进行连接，这与当前的德国 PzH – 2000 自行榴弹炮有所不同。

3. 英国 AS90 式 155 mm 自行榴弹炮

和法国 GCT 式 155 mm 自行榴弹炮弹仓、药仓左右分开布置的形式不同，英国 AS90 式 155 mm 自行榴弹炮的弹仓、药仓是上下分开布置的，如图 2 – 24 所示。

该火炮于 1984 年开始研制，于 1993 年正式装备英国陆军。其携弹量为 48 发，其中，31 发弹丸装在电动机驱动的弹仓内，其余 17 发弹丸存放在车体内。该火炮能乘员 5 人，装备有半自动装填系统，可以在 – 5°~70°射角范围内进行弹药装填。半自动装填系统由摆动

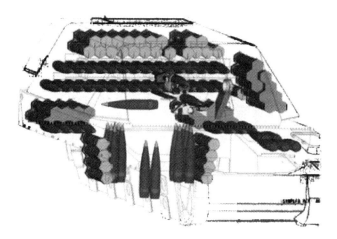

图 2-24　英国 AS90 式 155 mm 自行榴弹炮的一种弹药布置方案

式输弹机、弹丸协调器和电动机驱动的自动弹仓等部件组成。

在英国 AS90 式 155 mm 自行榴弹炮的有一种方案中,弹丸仍保留原来的数目,不改变原来的炮塔结构,每个药梭容纳 5 块模块药,共 240 块。弹丸尾舱存放 31 发弹丸,具有 4 个动力弹仓单元,它们把所需要的弹丸移动到装填手准备拾取的位置上,由装填手把弹丸放到弹丸协调器上。弹丸被弹丸协调器放到一个输弹盘上,被输弹盘运动到炮尾后部,然后由输弹机推入炮膛定位。其余弹丸(包括长弹丸,如远程底排弹(ERFB - BB)或"铜斑蛇")被存储在底盘后门和战斗室内、炮手容易接近的位置。这一方案要求能够在炮车上存储 60 发弹丸和 300 块模块药。

一层弹丸、一层模块药的逐层、弹药共架布置方式是一种结构紧凑的弹药(仓)方案,如图 2-25 所示。在这种自动弹(药)仓中,弹丸和模块药逐层放置,弹、药在仓中呈平行排列,弹轴与出弹运动方向垂直。

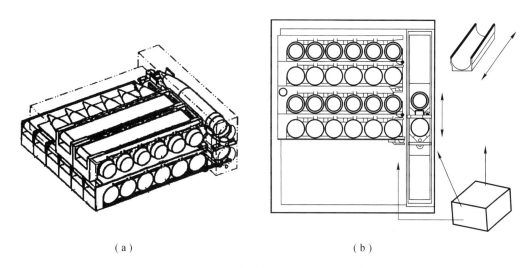

　　　　(a)　　　　　　　　　　　　　　　　　(b)

图 2-25　弹药共架的弹(药)仓方案
(a) 两排;(b) 多排

每一排弹丸、模块药的定位装置主要包括一支撑板和一个由电动机驱动的带传送机构，如图 2 - 26 所示。在带传送机构中，每个弹性元件有两个夹紧滚子，滚子将带压紧到弹丸和模块药上，从而避免弹丸之间及药块之间的机械接触碰撞，同时实现可靠定位。当弹、药随传动带朝弹仓出口处的传弹（药）盘运动时，能够将夹紧滚子张开，使弹、药移动到"V"字形传弹（药）盘里。带传送机构的运动是可逆的，因而容易实现弹、药的再补给。

图 2 - 26　电动机驱动的带传送机构示意

2.4.4　俯仰弹（药）仓

俯仰弹（药）仓是一种可以随火炮起落部分俯仰的弹（药）仓。在图 2 - 27 中，有两个转筒式弹（药）仓，待发射的弹丸转到一个确定的位置后，被弹射到一个可翻转的传弹机构上。传弹机构的轴与炮管及转筒轴平行，传弹机构上还集成有输弹机。传弹机构带动弹丸翻转与炮膛轴线对齐后，输弹机将弹丸推入炮膛。可见，这种弹（药）仓的优点是可以省略弹、药协调臂的协调动作。

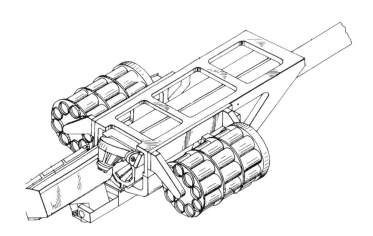

图 2 - 27　俯仰弹（药）仓概念

图 2 - 28 所示是一种用于牵引火炮上的俯仰弹（药）仓，图 2 - 29 所示是用于顶置火炮上的俯仰弹（药）仓，图 2 - 30 所示是俯仰弹（药）仓的实际例子。

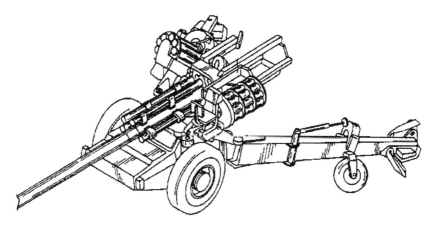

图 2 - 28　用于牵引火炮上的俯仰弹（药）仓

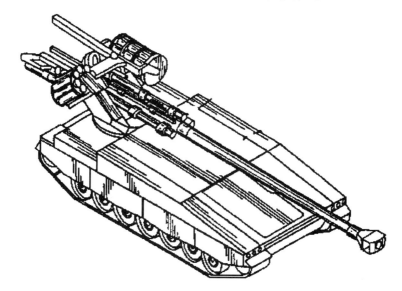

图 2 - 29　用于顶置火炮上的俯仰弹（药）仓

图 2 - 30　瑞典一种 FH77 车载榴弹炮的俯仰弹（药）仓

2.4.5　在炮塔内布置的长管式模块药仓

图 2 - 31 所示是一种在炮塔内布置的长管式模块药仓。在一根长管内可以布置超过 6 块模块药，这样的长管形状药仓可以充分利用炮塔内的不规则空间，从而增加模块药的存储量。

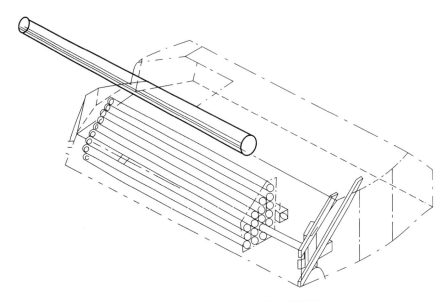

图 2 - 31　在炮塔内布置的长管式模块药仓

整个药仓由若干个相互平行的药仓管组成，模块药存放于这些药仓管中，每个药仓管只存放一种类型模块药。每个药仓管都有一个相同的尾端面，而药仓管的另一端则安装有弹射器，每个弹射器都可以由压缩空气驱动。

一个取药管从这些药仓管中取药，由一个工业机械手控制取药管运动，使取药管可以在各药仓管之间游走。当取药管与药仓管对齐后，规定数目的模块药就可以从药仓管被取出到取药管。然后，取药管将这些模块药传送至药协调器。

如图 2 - 32、图 2 - 33 所示，主药仓 1 包括 14 个水平固定排列的药仓管 2 ~ 15，这些药仓管存放有模块药 16。在所有药仓管中，安装有链式出药机构。该出药机构与取药管 17 中的出药机构的工作原理相同。取药管 17 安装在传药机械手 18 上，用于从药仓管 2 ~ 15 中取出若干数目的单元模块药，并把这些模块药放进药协调器 19 中。传药机械手 18（即传药器）具有一个托架 43 和一个导向系统，该导向系统包括一个斜导轨 20，滑鞍 21 可以沿斜导轨 20 滑动。在滑鞍 21 上安装了一个垂直导轨 22，垂直滑鞍 23 可以沿垂直导轨 22 移动。

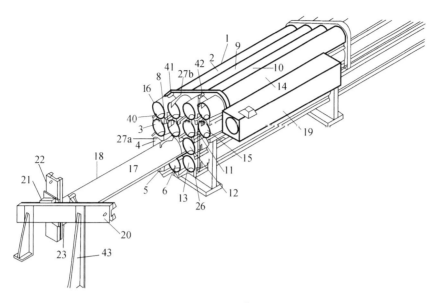

图 2 − 32　长管式模块药仓及传药器

1—主药仓；2～15—药仓管；16—模块药；17—取药管；18—传药机械手；19—药协调器；20—斜导轨；
21—滑鞍；22—垂直导轨；23—垂直滑鞍；26—导引凸耳；27a、27b—止动器；43—托架

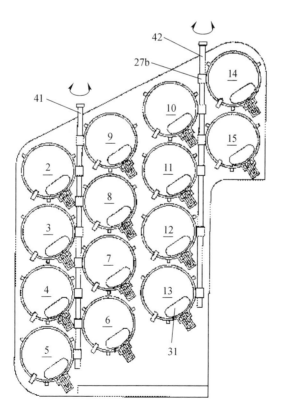

图 2 − 33　药仓的出药口横截面示意

2～15—药仓管；27b—止动器；31—推药头；41、42—轴

图 2 – 34 是取药管 17 的详细结构，它安装于垂直滑鞍 23 上。通过控制滑鞍 21 和垂直滑鞍 23 沿着斜导轨 20 和垂直导轨 22 的移动，取药管 17 可以与任一药仓管对齐，并直接与药协调器 19 的进药口对齐。

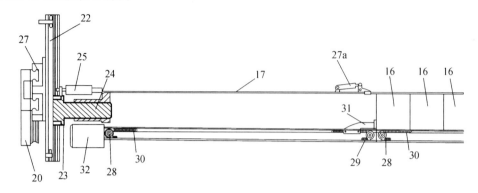

图 2 – 34 传药机械手的取药管

16—模块药；17—取药管；20—斜导轨；23—垂直滑鞍；24—轴；25—驱动机构；
27—止动器；28、29—链轮；30—链条；31—推药头；32—电动机和减速箱

取药管 17 固定于轴 24 上，并可以沿轴 24 作纵向移动，25 为纵向运动驱动机构。该纵向运动可以使取药管 17 在与药仓管对接完成后收回（在图 2 – 32 中，取药管 17 与药仓管 7 处于对接状态），或者与药协调器 19 对接后收回。如图 2 – 32、图 2 – 35 所示，导引凸耳 26 安装在每个药仓管的出药口，以保证取药管 17 能够与所选择的药仓管准确地对齐。

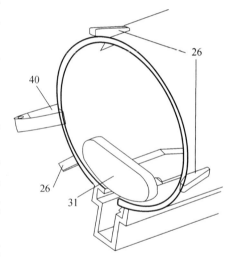

图 2 – 35 一个药仓管的出药口

26—导引凸耳；31—推药头；40—止动子

在每个药仓管和取药管 17 中，分别安装有可转动的止动器 27a 和 27b（图 2 – 33 ~ 图 2 – 34），它们的任务是在模块药运动过程中定位最外端的模块药。

另外，在每个药仓管中的止动器 27b 只需要在短时间内（取药管与药仓管的分离时间）与相应的模块药接触。每个药仓管的出药口安装有一个预压弹簧止动子 40，它们的任务是在取药管 17 未与相应的药仓管对接的情况下，拦挡最外端的模块药 16。

如图 2 – 33 所示，药仓管 2 ~ 15 的止动器 27b 安装于可旋转的轴 41 和轴 42 上，每根轴的两边有两排药仓管。通过任一轴的旋转，在一排上的所有止动器都被驱动，轴旋转的方向决定了哪排止动器被驱动。

在取药管 17 和药仓管 2 ~ 15 中都有一个出药机构。每个出药机构都有一个推药头 31，由链条 30 驱动。

链条的运动可以实现控制。当药仓管中的若干模块药 16 进入与之对接的取药管 17 时，取药管中的出药机构以相同的速度缩回，使模块药 16 能够进入取药管（即链条 30 在相同的

方向上被驱动)。当取药管 17 与药协调器 19 对接时，在推药过程中，链条的运动方向则相反。

图 2 – 36 和图 2 – 37 所示分别为取药管和药仓管中链条的运动控制方式，链轮 28、29 分别被连接到锥齿轮减速箱 33、34 上，它们由一个耦合器 35 连接，啮合发生在取药管 17 与药仓管对接时。所有的链条 30 都可由电动机 32 驱动，它们安装在传药机械手 18 上。传药机械手和每个药仓管都有自己的驱动电动机，并可进行并行控制。

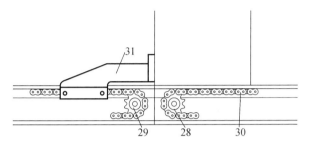

图 2 – 36　药仓管中链条的运动控制方式

28、29—链轮；30—链条；31—推药头

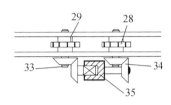

图 2 – 37　链条的传动方式

28、29—链轮；33、34—锥齿轮减速箱；35—耦合器

图 2 – 38 显示了药仓管的另一端。在该视图中，取药管 17 具有自己的电动机，而所有的药仓管有一个共同的电动机 36，它经由若干个电控的连接器 37，集中驱动每个药仓管的链条 30。电动机 36 经由链 38 连接到每个连接器 37 的输入轴上。

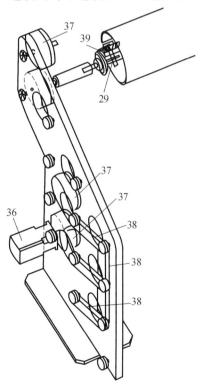

图 2 – 38　用一台电动机驱动所有药管出口装置

36—电动机；37—连接器；38—链条；39—锥齿轮

美国"十字军战士"155 mm 自行榴弹炮的模块药仓与上述方案类似，如图 2-39 所示。

图 2-39　美国"十字军战士"155 mm 自行榴弹炮的模块药仓

德国 PzH - 2000 自行榴弹炮的模块药仓也位于炮塔尾舱内。炮塔上的自动药仓共有 48 根管，每根管含有 6 块模块药，共储 288 块模块药。每根管中的 6 块模块药的药块都被物理连接在一起。整个药仓有保护罩（装甲仓罩），使得模块药与乘员室隔开。在计算机的指令下，经由一个小门，6 块模块药被一次性从装甲仓罩推出来，模块药被手动装入药室。德国 PzH - 2000 自行榴弹炮的模块药装填流程如图 2-40 所示。

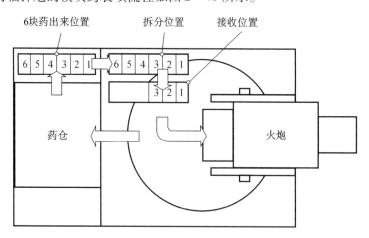

图 2-40　德国 PzH - 2000 自行榴弹炮的模块药装填流程

2.4.6　在底盘内布置的弹仓

将弹仓布置在底盘上，有利于从整个自行榴弹炮大系统的角度来优化火炮武器系统的结构，减小自行火炮的整体尺寸，增加弹药基数，实现弹药装填的完全自动化。弹仓可以布置在底盘中部，也可以布置在底盘两侧。

1. 布置在底盘中部

图 2 – 41 所示为一种布置在底盘中部的弹仓，在弹丸的底部安装有链条，可以把待发射的弹丸运送到弹仓的出弹口。一个悬挂在火炮耳轴两侧的协调器，在接受到弹仓的弹丸后，可以旋转至任意火炮发射角度。

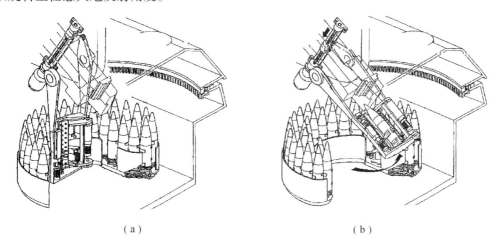

（a） （b）

图 2 – 41 布置在底盘中部的弹仓

（a）协调器准备接受来自弹仓的弹丸；（b）协调器在弹丸准备输弹入膛位置

德国 PzH – 2000 自行榴弹炮是弹仓在自行火炮底盘上布置的实际例子，如图 2 – 42 所示。

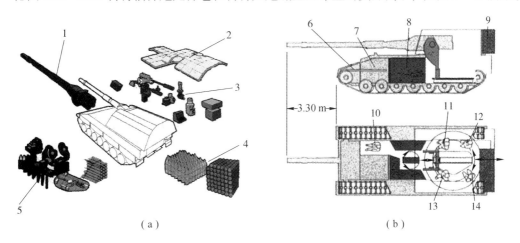

（a） （b）

图 2 – 42 德国 PzH – 2000 自行榴弹炮的系统构成和弹药自动装填系统布置

（a）系统构成；（b）系统布置

1—火炮；2—防护；3—辅助机枪与电控设备；4—弹丸与装药；5—弹仓与协调器；6—传动系统；
7—发动机；8—弹仓；9—药仓；10—驾驶员；11—炮手；12—指挥员；13—装填手1；14—装填手2

德国 PzH – 2000 自行榴弹炮的发动机前置，其炮塔安装在车体偏后的位置，从而增大了战斗室空间；携有 60 发弹丸的弹仓布置于底盘中央，位于整个火炮武器系统的重心附近，如图 2 – 43 所示。这样做既提高了火炮的稳定性，又便于从战斗室取弹。德国 PzH – 2000 自行榴弹炮的全自动装填系统由弹药自动装填系统和底火自动装填系统组成，采用全电操作（输弹机为气动式），无液压设备。弹药自动装填系统位于炮塔吊篮的下面，由输弹导轨、带推弹器的弹仓、协调器、输弹机等组成，可以在 −2.5° ~65° 射角范围内进行弹药装填。借助输弹导轨内的定时装置，在输弹过程中可以自动装定电子时间引信。底火自动装填系统由插入式底火库、棘轮机构和计数器组成，安装在炮闩与炮尾之间。PzH − 2000 式 155 mm 自行榴弹炮的爆发射速为 3 发/10 s，最大射速可达 12 发/min，不具备弹药和燃料的自动再补给能力。

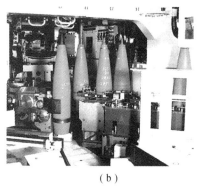

（a）　　　　　　　　　　　　　　　　（b）

图 2 −43　德国 PzH −2000 的弹仓

（a）整体；（b）局部

标准的 PzH − 2000 自行榴弹炮具有 6 个 24 V 无刷电动机。为了达到 12 发/min 的射击速度，在进行第一轮样机（PT01）的测试时（1997 年），只用了两个这种电动机（安装有 48 V 绕组），将其分别安装在弹仓送弹机构转轴与推弹轨道上，另加 4 个与 48 V 电源相连的电动机。尽管 48 V 电动机无疑能使循环时间缩短，但它为非标准件（工业标准是 24 V 或 42 V）。然而，进一步的试验表明，进行机械方面的改进也能缩短循环时间。因此，未来提高速率的优先方案仍然是 24 V 系统。

由于采用了德国和英国共同使用的装药设计方案，即在 6 块模块药中，所有的药块都物理连接在一起，因此德国 KMW 公司设计的自动药仓必须具有一个机械分离装置或者"拆分"系统。

德国 KMW 公司已经实施一个全自动化的弹药处理系统。第一步，保留装填循环中的乘员数，他们负责把正确的药块数从分离系统传递到药协调器上，进一步通过加强模块药保护来提高乘员安全，保证传递正确的模块药数。第二步，用自动药协调器完全替换装填手。

2. 布置在底盘两侧

美国"十字军战士" 155 mm 自行榴弹炮是弹仓布置在底盘两侧的实际例子。

"十字军战士"方案采用了很多在机械学、人机工程、弹道学、机器人技术、数据处理、指挥、通信等领域内比较新的技术，由 XM2001 自行火炮和 XM2002 装甲弹药补给车组成。在该方案中，火炮、弹药存储以及弹药自动装填机占据了炮塔和车体中后部的大部分空间，如图 2 −44 所示。"十字军战士"在炮塔内不安排乘员，且乘员无须与弹药直接接触，这在自行火炮的发展史上是第一次。弹药自动装填系统是该火炮系统的一大创新，弹丸垂直放置在位于车体两侧的弹架上，而模块药则容纳在位于炮塔上后部水平布置的药仓中，采用全电操作，无液压设备。

XM2002 装甲弹药补给车也采用了类似的布置，只不过弹仓和药仓的空间更大；弹丸和模块药有各自的传送装置，将弹药分别送入炮膛；弹药自动装填系统可以实现 10 发/min 的

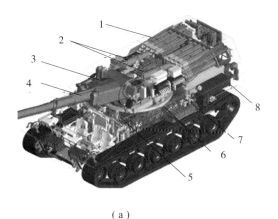

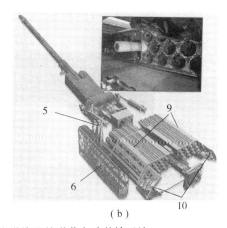

（a）　　　　　　　　　　　　　　　　　　（b）

图 2 - 44　美国"十字军战士"155 mm 自行榴弹炮及其弹药自动装填系统

（a）武器系统；（b）弹药自动装填系统

1—模块药仓；2—高低机；3—钛摇架；4—火炮；5—传弹机械手；

6—弹仓；7—电池；8—辅助电源；9—药仓；10—取药器

射速，也可以实现多发同时弹着（Multiple Round Simultaneous Impact）的发射程序，即数发弹药按顺序被快速地发射，实现对目标的同时打击；具有 XM231 和 XM232 两种模块药（XM231 为单基发射药，约 1.8 kg；XM232 为三基发射药，约 2.7 kg），XM231 和 XM232 可以组成 6 种不同的模块药，以获得 3.2 ~ 40 km 以上的不同射程。

XM2001 自行火炮的弹药基数为 48 发（最初设计为 60 发，由于减重，后来降至 48 发）；安排有 3 名乘员，他们并排坐在显示屏前，由右侧的炮手控制火炮、自动装填系统以及敌我识别系统，火炮自动完成选择弹种、装弹、瞄准、射击等一系列动作。

XM2001 自行火炮和 XM2002 装甲弹药补给车具有相同的底盘，两者可以协同作战。XM2002 由计算机控制的供弹臂能和自行火炮打开的舱门对接，自动向 XM2001 补充弹药。出于减重考虑，供弹车的弹药基数从原来计划的 130 发减至目前的 100 发。

图 2 - 45 所示为美国"十字军战士"155 mm 自行榴弹炮弹药自动装填系统的基本组成，从图中可以清楚地看到，自动弹仓是布置在底盘两侧的。

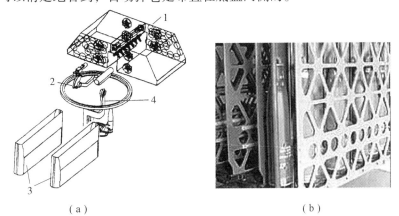

（a）　　　　　　　　　　　　　　　　　　（b）

图 2 - 45　美国"十字军战士"155 mm 自行榴弹炮弹药自动装填系统的基本组成

（a）系统工作原理简图；（b）弹仓局部

1—模块药仓；2—药协调器；3—弹仓；4—弹协调器

2.5 弹药自动装填系统的协调器

在自行榴弹炮中，要求能够实现在任意射角下的弹药自动装填，因此需要一个所谓的"协调器"，它的功能是将来自弹仓的弹丸和来自药仓的模块药传递至待输弹（推弹入膛）位置。

协调器的本体通常是一种绕火炮耳轴回转的机械臂，存在两种基本形式：

（1）协调器的转轴只在一侧耳轴上。

（2）协调器的转轴在双侧耳轴上。

图2-46所示是某自行火炮的弹丸协调器的结构示意。该协调器在一个固定位置接受来自自动弹仓的弹丸，在控制器的作用下进行弹丸协调，使弹丸轴线与待发射状态下的炮管轴线平行。然后，在液压系统的驱动下，协调器上的摆弹油缸驱动托弹盘（弹丸）摆至输弹机的输弹线上。待输弹机将弹丸送入炮膛后，托弹盘收回，整个协调器回复到接弹位置。

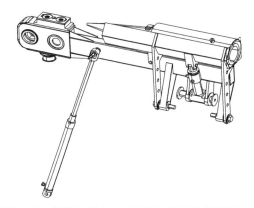

图2-46 转轴安装在一侧耳轴上的协调器结构示意

韩国K9式155 mm自行榴弹炮的弹丸协调器（图2-47）也是一种安装在耳轴一侧的协调器。当这种类型的协调器"协调"到发射角度后，托弹盘携带弹丸必须做一个摆动动作，使弹丸到达输弹线上。

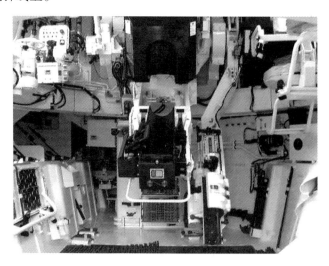

图2-47 韩国K9式155 mm自行榴弹炮的弹丸协调器

如果托弹盘回转机构设计得不合理，就会对协调臂造成比较大的横向冲击，激励起协调臂（机械臂）的有害振动，从而影响整个装填循环时间。要想克服这种横向冲击，可以采用下面两种方法：

（1）让输弹机和输药机可以左右移动，从而取消托弹盘的翻转动作。

（2）采用协调器的转轴安装在双侧耳轴上的结构模式。

在第一种情况下，需要配置一对可以左右移动的输弹机和输药机，图 2 – 48 所示是一个实际例子。当输弹机接受到来自协调器的弹丸后，开始向左运动，使弹丸轴线与炮膛轴线对

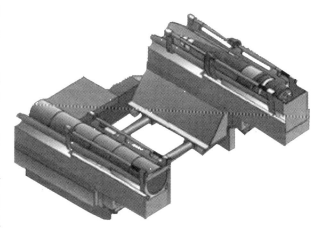

图 2 – 48 在导轨上可以左右移动的输弹机和输药机

齐，弹丸被推入膛内后，输弹机再回复到接弹位置。输药机的动作与输弹机类似。

图 2 – 49 和图 2 – 50 表示了另一种不需要托弹盘翻转的协调器方案。根据火控系统的指

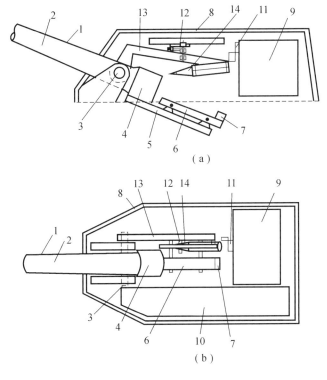

（a）

（b）

图 2 – 49 弹丸协调器在弹药自动装填系统中的位置

（a）纵向剖面；（b）俯视图

1—火炮；2—身管；3—耳轴；4—炮尾；5—导轨；6—输弹机托架；7—输弹机；8—炮塔；9—弹仓；
10—药仓布置位置；11—出弹口；12—制动装置；13—协调臂；14—弹丸

令，被选择的弹丸从弹仓的出弹口 11 出来，沿箭头 B 所指的方向快速运动，弹丸锥形部穿过安装在协调臂上的弹丸托架 17、18，弹丸的缓冲和制动依靠安装在炮塔 8 和协调臂 13 之间的缓冲制动装置来实现。协调臂在接受来自弹仓的弹丸后，就开始绕耳轴旋转向下运动，使弹丸到达输弹机的位置，这时输弹机在炮管的右侧，正好位于协调器内弹丸的正下方。协调器的弹丸托盘可以向下张开，使弹丸下落到输弹机的托弹盘里。然后，输弹机向左移动，直到与炮膛轴线对齐。

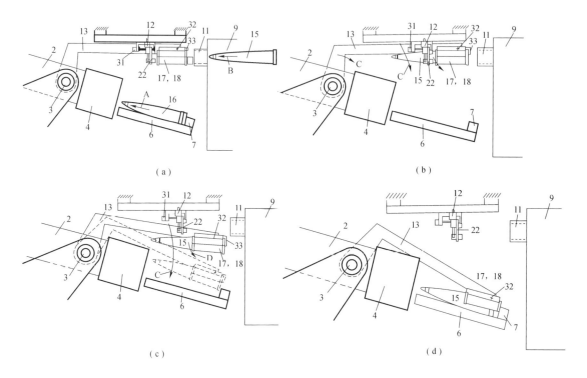

图 2 - 50 弹丸协调器的工作过程
（a）弹协调器准备接弹；（b）弹丸进入协调器；（c）协调器向下协调；（d）弹丸放入输弹盘内
15、16—弹丸；17、18—弹丸托架；22、23—制动爪；24～27—制动块；
28—轴；29、30—电磁铁；31—出弹制动装置；32—转轴；33—止动挡杆

协调器转轴安装在双侧耳轴上结构模式见图 2 - 41 和图 2 - 53，在这种情况下，输弹机和协调器集成在一起，输弹机安装在协调器上，输弹机和协调器共用一个弹丸托架。德国 PzH - 2000 式 155 mm 自行榴弹炮和美国"十字军战士"式 155 mm 自行榴弹炮的弹丸协调器均采用了安装在双侧耳轴上结构模式。

2.6 弹药自动装填系统的输弹机

输弹机完成输弹入膛的最后一道工序，即完成推弹入膛的动作。常用的输弹机分为弹射输弹机和强制输弹机（包括全行程强制输弹机和部分行程强制输弹机）。

1. 弹射输弹机

图 2 - 51 所示为一种气动弹射输弹机的工作过程。该输弹机的主要构件包括：压缩气

瓶、气缸、加速机构、输弹盘。气缸经由一个可以迅速打开的控制阀与压缩气瓶相连，气缸的活塞通过拉杆与加速机构相连，加速机构相当于一个气缸行程放大机构，弹丸在加速机构的作用下，被迅速推入炮膛。

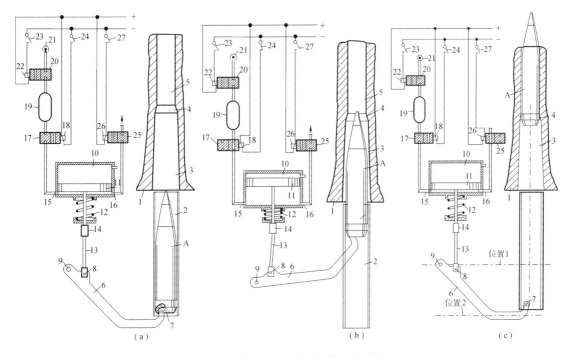

图 2 - 51　气动弹射输弹机的工作过程

（a）弹射初始位置；（b）弹射中间位置；（c）弹射弹丸卡膛

1—炮管；2—输弹盘；3—药室；4—药室坡膛部；5—炮膛；6—输弹杆；7—滚轮；8—连接点；9—转轴；
10—气缸；11—活塞；12—复位弹簧；13—拉杆；14—关节；15—进气口；16—排气口；
17—控制阀；18—电磁作动元件；19—压缩气瓶；20—控制阀；21—电源；22—电磁作动元件；
23—开关；24—开关；25—控制阀；26—电磁作动元件；27—开关；A—弹丸

该气动弹射输弹机的工作过程如下：开关 23 打开，气体通过控制阀 20 进入压缩气瓶 19；开关 23 关闭，开关 24 打开，电磁作动元件 18 将控制阀 17 打开，压缩气体突然进入气缸 10；活塞 11 迅速向下运动；当活塞的行程结束后，压缩气瓶 19 内的气体压力与气缸 10 内的气压相等；活塞 11 的运动经由拉杆 13 传递到输弹杆 6；拉杆 13 起到张紧的作用，并防止输弹杆 6 发生屈曲；输弹杆 6 上有滚轮 7 与弹底接触，在输弹杆 6 的作用下，弹丸被快速推入炮膛；在拉杆 13 和活塞 11 之间的关节 14 用于补偿输弹杆 6 在运动过程中发生的横向偏移。

弹丸的弹射入膛过程也可以由气缸直接完成，图 2 - 52 所示就是这样的一种气动弹射输弹机。

输弹机带有一个滑动托架 4，它与药室对齐，上面装有托弹盘，可以沿着平行于炮膛轴线的轨道 5 运动。滑动托架 4 的驱动机构是气缸 6，在该气缸的作用下，滑动托架 4 加速向前运动，在其行程终了，一个减振器实现缓冲和制动，而弹丸则靠惯性"飞入"炮膛。

由气动控制器对气缸 6 的气压实施控制。气动控制器中的快阀 10 用于控制压缩气体的流动方向。在压缩气源 14 和快阀 10 之间，安装有减压元件，由一个电控比例压力调节阀来

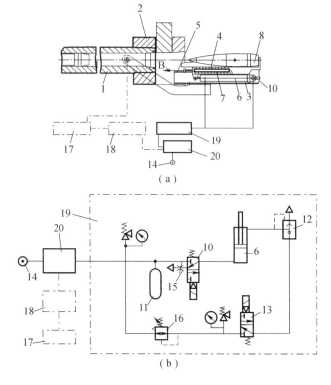

图 2 – 52 直接由气缸弹射的气动弹射输弹机

（a）结构原理；（b）气动回路

1—炮管；2—炮尾；3—架体；4—滑动托架；5—轨道；6—气缸；7—减振器；8—弹丸；10—快阀；

11—压缩气罐；12—抽空阀；13—电磁阀；14—压缩气源；15—缩口；16—压力调节器；

17—发射控制系统；18—控制器；19—气压控制器；20—减压元件

控制气压。根据来自发射控制系统的信号，压力调节阀可以做出恰当的反应，从而调节不同火炮在高、低射角情况下的气缸压力，实现在不同射角下的弹丸卡膛的一致性。

采用气动弹射输弹机的实际例子是德国 PzH – 2000 式 155 mm 自行榴弹炮和以色列的一种火炮，如图 2 – 53 和图 2 – 54 所示。

图 2 – 53 德国 PzH – 2000 的气动弹射输弹机

图 2 - 54　以色列的一种气动弹射输弹机

此外，还可以采用液压油缸进行弹射输弹。但是，弹药自动装填系统中的液压传动往往驱动多个部件工作，利用液压油缸进行弹射输弹需要消耗较大的能量，这就要求很高的传动功率，而火炮内配备的电源功率往往难以满足这种要求。

弹射输弹（药）机的优点是机构轻便、动作快速，但如何控制弹丸在不同射角下的卡膛速度是一个比较困难的技术问题。

2. 强制输弹机

图 2 - 55 所示为一种采用单向折叠链形式的全行程强制输弹机。输弹链卷曲布置在链盒内，链条只能向下弯曲，不能向上弯曲。因此，在链头推着弹丸向前运动的过程中，链条类似一个刚性杆。该输弹机的动力元件是一个液压油缸，油缸的活塞巧妙地构成了齿轮齿条机构的一部分，其中的一对齿轮传动起到加速的作用，和小齿轮共轴的链轮驱动链条展开。强制输弹机在不同射角下的调速可以由液压控制系统来实现。

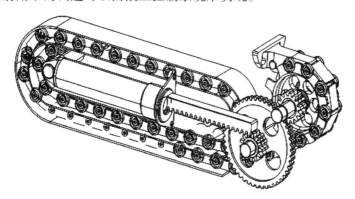

图 2 - 55　某自行榴弹炮的全行程强制输弹机

单向折叠链式全行程强制输弹机的输弹动作可靠，但链条的运动需要消耗比较大的能量，因此对单向折叠链的设计提出了高要求。

此外，还可以采用液压油缸来实现强制输弹（全行程强制或部分行程强制），法国"恺撒"155 mm 车载榴弹炮的输弹机就是这种类型输弹机的典型代表。在输弹过程中，先由托弹盘带着弹丸进入炮膛一部分，再由一个液压油缸将弹丸"锤入"炮膛，如图2-56所示。

图2-56 法国"恺撒"155 mm车载榴弹炮的输弹机

2.7 大口径自行火炮弹药自动装填系统总体设计应注意的问题

弹药自动装填系统的不同布置方式会对火炮武器造成多种影响：影响整个火炮武器系统的总体结构布局；影响火炮武器系统的人机界面；影响整个武器系统的可靠性水平；影响武器系统的总体尺寸和重量；影响武器系统的信息化和数字化水平；影响武器系统所携带的弹药基数；影响武器系统的爆发射速、最大射速和持续射速；影响武器系统的弹药再补给能力；影响武器系统的发射模式（如多发同时弹着打击）；影响武器系统的能量消耗；等等。可以说，弹药自动装填系统是影响火炮武器系统威力的重要组成部分，它直接影响着整个武器系统的战术与技术性能。

图2-57所示为美国某120 mm自行迫击炮的弹药自动装填系统布置对整个武器系统的总体影响，三种不同的弹药自动装填系统的布局方式，造成了三种武器总体结构不同和人机界面不同的武器系统。

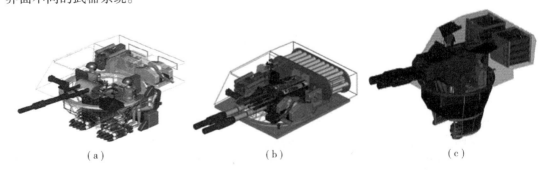

(a)　　　　　　　　　　　(b)　　　　　　　　　　　(c)

图2-57 弹药自动装填系统的不同布置对武器系统的总体影响

图 2 - 58 所示为几种典型火炮的弹药自动装填系统布置方案及其对应的火炮武器系统总体结构。图 2 - 58（a）所示为南非 T - 6 式 155 mm 自行榴弹炮，其弹药自动装填系统放在炮塔尾仓内；图 2 - 58（b）、图 2 - 58（c）所示分别是德国 PzH - 2000 和美国 NLOS 155 mm 自行榴弹炮，其自动弹仓布置在车体底盘内，药仓布置在炮塔尾舱内；图 2 - 58（d）所示为美国的 105 mm 机动火炮系统，其自动弹药仓安装在车体底盘内。

（a）　　　　　　　　　　　　　　　　　　（b）

（c）　　　　　　　　　　　　　　　　　　（d）

图 2 - 58　采用弹药自动装填系统的世界典型火炮

（a）南非 T - 6 式 155 mm 自行榴弹炮；（b）德国 PzH - 2000 自行榴弹炮；
（c）美国 NLOS 155 mm 自行榴弹炮；（d）美国的 105 mm 机动火炮系统

1. 自行火炮系统对弹药自动装填系统的基本要求

在进行总体设计时，要认真分析自行火炮系统对弹药自动装填系统的基本要求，弄清弹药自动装填系统与其他自行火炮子系统及整个自行火炮大系统的相互作用和影响。例如，与底盘、炮塔、火炮、火控系统的相互作用和影响。

1）从系统结构整体优化

在布局总体结构时，应从系统结构整体优化的角度出发，根据自行火炮系统的总体安排，充分利用有限的炮塔和车体空间，布置出运动轨迹简单、动作切实可靠，且满足射速要求的自动装填系统。另外，要考虑充分利用先进材料和结构技术，尽量减小体积、减轻质量。为了保证最终方案的可行性，在总体设计时要拟定多种方案。对所拟定的各种总体方案，应充分利用计算机辅助分析手段，从系统整体优化出发进行定性、定量分析，做出科学的评价和决策，以获得最佳方案。

2）满足人机环的要求

在进行弹药自动装填系统总体设计时，还要满足人机环的要求。作为武器装备，必须严格满足国标、军标的具体要求。所以，弹药自动装填系统的总体布置和实际操作过程应尽可能为火炮乘员提供舒适的操作界面和环境，提高乘员的工作效率。

3）弹药自动装填系统应适应火炮上的恶劣电磁环境

自行火炮上不仅有火控计算机、全炮主副管理控制器等弱电电子仪器和设备，还有大功率高低方向随动系统、三防装置、空调设备、主机辅机电站、大功率电台等强电设备，电磁环境特别恶劣。要保证系统正常工作，其电气设备（特别是控制部分）必须采取多种措施来提高电磁兼容性和抗干扰能力。

4）适应苛刻的供配电要求

自行榴弹炮的配电一般由车载电瓶、辅机电站或主机电站提供。正常情况下主要启用辅机电站为全炮的用电设备供电，电瓶只作为辅机电站的补充或在应急情况下使用。主机电站主要是在行车时为火炮供电或向电瓶充电。火炮辅机电站的功率一般为 12～15 kW，高低方向随动、三防增压风机、弹药自动装填系统为主要的大功率用电设备。

由于在作战情况下任何情况都有可能发生，所以以上几个大功率用电设备可能同时开启，因此要求每个单体在满足系统性能要求的同时，尽可能减小系统的功率。所以，应将弹药自动装填系统匹配为一个高效节能系统。

5）适应恶劣的冲击振动环境

弹药自动装填系统在火炮内的工作环境特别恶劣。

（1）要经受火炮在行军过程中的剧烈冲击，特别是在越野情况下，炮塔内的构件需承受十几倍重力加速度的冲击载荷。

（2）火炮射击时，全炮受到剧烈的冲击和振动。虽然在炮塔内的不同部位受到的冲击和振动的强度有所不同，但是输弹机、协调器等安装于摇架或托架上的部件，其最大冲击加速度达二十多倍重力加速度。

（3）为了达到高射速的要求，每一个装填动作的时间是很短的，大部分动作都在 1 s 左右完成，这样每个动作过程本身就会引起很大的冲击和振动，必然会不同程度地影响自身和后续动作的可靠执行。

因此，弹药自动装填系统必须能够承受由于发射、车体运动、受到非致命打击时产生的冲击和振动，且无结构的损坏和功能的丧失。因此，要为系统设计缓冲装置，以吸收由于突然冲击而可能对结构或电气、液压元件造成破坏的冲击力。

6）输弹卡膛一致性要求

由于大口径火炮往往采用分装式弹药结构，因此在输弹过程中首先要求弹丸达到卡膛速度，保证卡膛牢靠，其次要保证卡膛一致性。弹丸的卡膛一致性是弹药自动装填系统的一个重要技术问题，包含卡膛姿态和卡膛位置两个因素。卡膛姿态影响弹丸在炮口的初始扰动，最终影响射击密集度。卡膛位置影响内弹道的初始容积，从而影响初速或偶然误差，最终也将影响火炮的射击密集度。所以，弹药自动装填系统不仅关系到火炮能否以一定的速度进行发射，而且影响到火炮系统的关键指标密集度能否达到要求。

7）弹药自动装填系统构成了数字化火炮的重要组成部分

在图 2－59 所示的数字化火炮中，弹药自动装填系统要接受火控系统的指令来选择合适的弹种和模块药数，弹药自动装填系统要将弹（药）仓中的弹药类型、数目等信息实时传递给火控计算机。对于制导弹药，弹药自动装填系统还可以负责装定引信，为制导弹药装定飞行数据等。

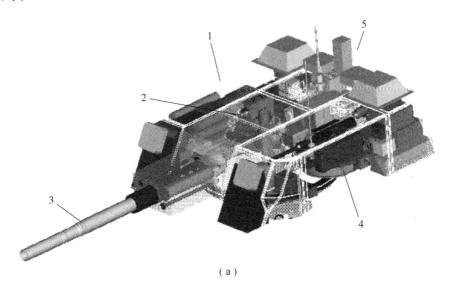

（a）

（b）

图 2 - 59　弹药自动装填系统对火炮武器系统信息化和数字化的影响

（a）数字化火炮概念；（b）数字化火炮下的人机界面模式

1—主动防护系统；2—自动装填；3—火炮；4—近战武器；5—C^4ISR 系统

8）与火炮武器的其他子系统的耦合关系强

弹药自动装填系统与炮尾、闩体、开关闩机构、击发机构、反后坐装置、火炮药室结构、底盘以及火炮操瞄驱动控制系统、火控系统等关系密切，彼此间的耦合关系强，要求与它相关的武器部件具有良好的界面。

（1）与炮尾、闩体、开关闩机构的界面。弹药自动装填系统要采用与之相匹配的炮尾、炮闩结构，择优选择螺式和楔式炮尾。可以考虑炮闩的操作有自己的动力，而不像传统炮闩那样依靠后坐力或复进动力，这加强了弹药自动装填系统和炮尾组合动作序列的安全性和可靠性，并且炮闩的位置容易由武器的控制系统来直接测量和操作。另外，炮闩的打开和闭合可以独立于反后坐装置，使开关闩机构的运动不会随气候变冷或采用模块药的改变而变化。图2-60所示为一种为适应模块药而采用的电动开闩机构，图2-61所示为在闩体上增加的模块药导向装置。

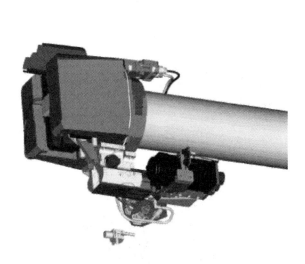

图2-60 适应模块药的电动开闩机构

图2-61 在闩体上增加的模块药导向装置

（2）与击发机构的界面。击发机构宜采用独立电子底火，需要安装一个底火自动装填机，在炮闩开关过程中自动完成装填底火动作，从而完成射击装备工作，使火炮处于待发状态。

（3）与反后坐装置的界面。为了维持理想的高射击速度，反后坐装置的工作时间应当与弹药自动装填系统的工作时间有部分重合。在后坐、复进过程中，弹药自动装填系统应当将炮尾后部空间腾出，使得在炮尾后部的装填动作与后坐动作可以在不同的时间域内使用相同的空间，达到节约空间的目的。图2-54所示为一种与复进机集成在一起的气动弹射输弹机；图2-62所示的旋转药室简化了装填动作，从而能提高射速。

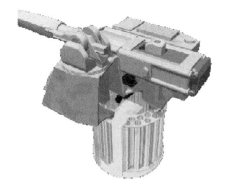

图2-62 旋转药室

（4）与火炮火力控制系统的界面。火炮操瞄驱动控制系统必须有与弹药自动装填系统相匹配的高速度和高精度。弹药自动装填系统能实现精确控制的前提是弹药自动装填对系统信息能准确感知。通过运用信息技术，各部件之间、系统与其他火炮子系统之间、系统与乘员之间在信息层面构成真正统一的整体。图 2-63 所示为苏联 T-72 坦克自动装填系统与火控系统的复杂界面关系。

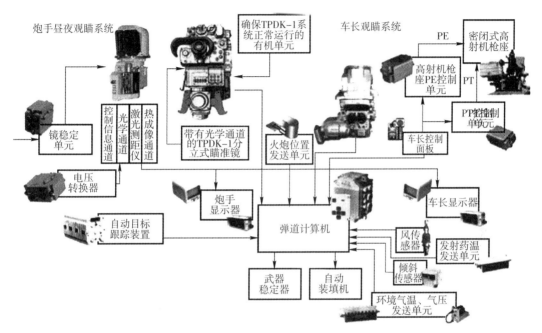

图 2-63　苏联 T-72 坦克自动装填系统与火控系统的复杂界面关系

2. 应重点解决的关键技术问题

火炮的弹药自动装填系统，从一般机械产品的观点来看，它是一个集机械、液压、自动控制与检测于一体、在冲击、振动环境下工作、变负载的高速机、电、液一体化机械系统。该系统涉及机构、控制、液压、气动、电气、结构、传感、信息技术、计算机通信等学科专业的分系统设计。为了保证弹药自动装填系统的研制成功，必须重点解决好以下关键技术问题：

1）创新机构与结构设计

在弹药自动装填系统中，各种机构在控制执行元件（电的或液的）的驱动下负责弹药的储存、选择、固定、解脱、移位、作动等功能的实现。可以说，机构系统是弹药自动装填系统的"骨骼"。大部分弹药自动装填系统的机构系统在民用机械中是见不到的。弹药自动装填系统机构系统的这种特殊属性，在于其自动装弹机与民用机械相比，要满足更加严格的设计约束要求。例如，对于整个弹药自动装填系统而言，要求其占用的空间非常小、能完成复杂的动作、机构运动要相互连锁、要具有较高的强度并承受较大的冲击和振动、要具有高可靠性等。几乎每个弹药自动装填系统的功能部件都要满足更加细致而严格的设计要求。

综观国内外的各种弹药自动装填系统，要想设计出结构紧凑、高装载密度、质量轻、工作可靠的弹药自动装填系统机构，可以从以下几个方面思考：

（1）机构创新设计。分析国内外弹药自动装填系统的形形色色的机构，它们的产生基本都可以归结为机构创新的结果，这包括机构演化与变异创新、应用机构学原理的创新、利用连杆或连架杆运动特点的创新、采用相对运动原理的创新、利用多种驱动原理的创新、机构组合创新等。

（2）双自由度机构或多自由度机构应用。当前的弹药自动装填系统机构以单自由度机构系统为主。单自由度机构的动作简单、可靠，但占用空间较大，缺乏动作的灵活性。双自由度或多自由度机构的动作灵活性高，且占用空间小，但对控制技术的要求更高。

（3）现代机构学运用。弹药自动装填系统机构的研制应吸收现代机构学的研究成果，包括混合输入机构、柔顺机构、变胞机构等。

2）复杂机电液系统的集成设计

机、电、液与控制系统的耦合作用，可能使系统特性出现一些意想不到的变化，在一定条件下可能产生不稳定现象，因此必须考虑这些耦合作用。尽管耦合问题的存在早已被人们认识到，但由于对该领域缺乏深入的研究，目前的设计状况是先由机械设计师设计机械部分，再由液压设计师设计液压部分，在设计过程中不考虑和控制系统的耦合影响，控制工程师根据机械设计师设计的结构进行控制系统设计，使用简化了的机械系统模型。这种设计模式常常会造成设计返工。

为了克服传统设计中存在的上述问题，需要进行结构与控制系统的协同并行设计，实施图 2 -64 和图 2 -65 所示的并行设计过程。

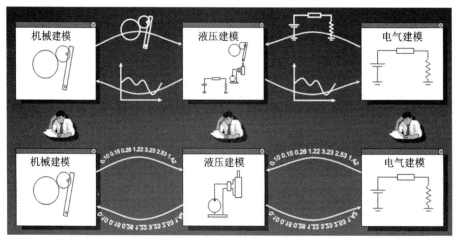

图 2 -64　机、电、液集成设计概念

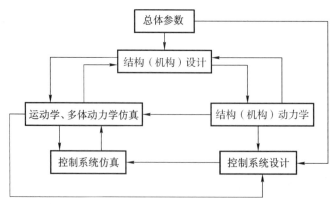

图 2 -65　结构与控制的并行设计流程

弹药自动装填系统的系统建模和仿真对弹药自动装填系统的设计起着重要的作用。为了获得高性能、低耗费、短研发时间的弹药自动装填系统，必须充分应用数字化功能样机，以便准确地预测系统在虚拟环境下的性能，进行系统水平的设计和模拟。在弹药自动装填系统的研制过程中，要充分利用系统层次的数字模拟技术，反复进行设计、分析迭代，以提高设计的一次成功率。图 2-66 所示为弹药自动装填系统的建模和仿真所需要的计算机辅助分析环境。

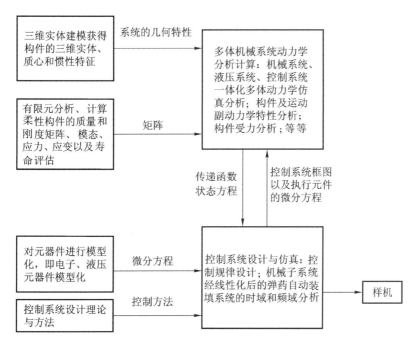

图 2-66 弹药自动装填系统的计算机辅助分析环境

3）信息感知与精确控制技术

弹药自动装填系统的性能提高不单依靠机械精度的提高，其机构动作精度主要靠闭环控制技术和相关传感检测技术来保障。

弹药自动装填系统精确控制的实现，前提是能对系统信息准确感知。通过运用信息技术，各部件之间，系统与其他火炮子系统之间，系统与乘员之间在信息层面构成真正统一的整体。另外，弹药自动装填系统在工作时对各种信息实时获取，不仅是进行故障诊断和为维护所期望的系统有序状态进行控制调节的前提，还是进行弹药自动装填系统内在规律研究的关键依据。因此，信息感知和处理必须在系统总体框架中统一考虑，包括信息流程设计、信息传输和实时性保障等。

弹药自动装填系统精确控制的实现还必须处理一些复杂的非线性控制问题，需要考虑系统受到的干扰、不确定性因素、结构柔性、噪声、空回、作动器非线性、饱和、时变效应、动力消耗、实时计算速度等因素。

所以，应重点解决好以下几个方面的控制问题：

（1）协调器等大转动惯量高速机构系统的快速精确定位控制问题。

（2）弹射输弹机在不同射角下的弹射速度控制问题。

（3）系统循环时间最短的控制问题。

（4）基础发生振动情况下的弹药自动装填系统部件的控制问题。

（5）多发同时弹着发射模式下的控制问题。

总之，弹药自动装填系统作为火炮武器的一种新的子系统，它的成功创造源自系统集成。系统集成是指按设定的功能形成原理，将各种物理过程与载体从能量流、物质流与信息流的层面进行协同组织，从而构建能够满足预定功能指标和性价比的物理系统。所以，应当从系统层面来研究弹药自动装填系统的机械单元、液压单元、信息感知单元、控制单元、作动器单元的划分和设计，统筹考虑系统的硬件集成、信息集成和功能集成问题。此外，容错和冗余设计作为提高系统可靠性的重要指标之一，也应纳入系统设计的基本考虑内容。

第3章

典型弹药自动装填系统

本章将介绍一种典型弹药自动装填系统。该系统需要人工取药，但是弹丸从弹种选择到入膛发射均采用自动化的方式来实现，输药入膛也采用自动化的方式。该弹药自动装填系统是某大口径自行榴弹炮的关键技术子系统之一，在火炮武器系统中，该弹药自动装填系统负责弹药的储存、选取、卸载、补给、记忆、传输，并在火控计算机或指挥员的指挥下，实现自动、半自动或人工发射。在诸多弹药自动装填系统中，该装填系统具有典型代表性，这包括自动化弹仓的结构形式、协调器的结构和工作原理、刚性链式强制输弹机的工作原理等。本章将介绍该弹药自动装填系统的系统构成、技术性能、各部件的结构形式以及装填系统主要参数的确定等。

3.1 系统构成与工作流程

该弹药自动装填系统主要由自动弹仓、固定药仓、协调器、输弹输药机、液压系统及自动控制系统等组成，系统可以根据射击命令经火控机传递来自动实现弹丸的快速发射。

自动弹仓和固定药仓均布置在炮塔尾舱内（图3-1），其中药仓位于自动弹仓的上方。

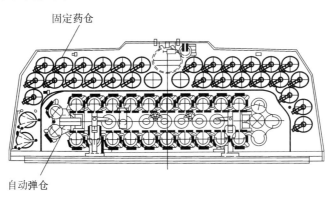

固定药仓

自动弹仓

图3-1 自动弹仓与固定药仓

1）自动弹仓

自动弹仓采用筒式循环弹筒链的形式，储存有不同弹种的若干弹丸，由安装在弹仓框架上的推弹器在固定位置将弹丸传送至弹丸协调器。链式弹仓可以实现自动快速选弹功能，还可以自动接受车外弹的补给。

2）固定药仓

药仓以固定药架的形式固定在炮塔的顶部，载有若干刚性药筒。发射时，人工能快速将药筒放于防护舱左侧的托药盘上，在液压油缸的作用下自动摆动到输药线上，由输弹机将药筒推入药室。

3）协调器

协调器安装在火炮右耳轴上，用于接收弹仓的弹丸，在电控系统和液压油缸的驱动下将弹丸传送到输弹线上，并在弹丸输弹入膛过程中给弹丸起导向作用。

4）输弹输药机

输弹输药机固定在防护舱的后部，将位于输弹线上的弹丸或药筒迅速可靠地输送到炮膛内。输弹输药机为强制链条式输弹输药机，由液压马达驱动。

5）液压系统

液压系统负责为输弹输药机的液压马达、协调器的摆动油缸，以及防护舱托药盘的摆动液压缸等液压元件提供合理的流量。

6）自动控制系统

自动控制系统完成弹药自动装填系统所有自动机构动作的集成控制，实现弹丸种类、数目和所处位置的信息化管理和显示，实时检测装填系统中主要部件的工作状态，并保持与上位计算机进行有效通信联系。自动控制系统的详细阐述见第4章。

本弹药自动装填系统的系统构成示意见图3-2。

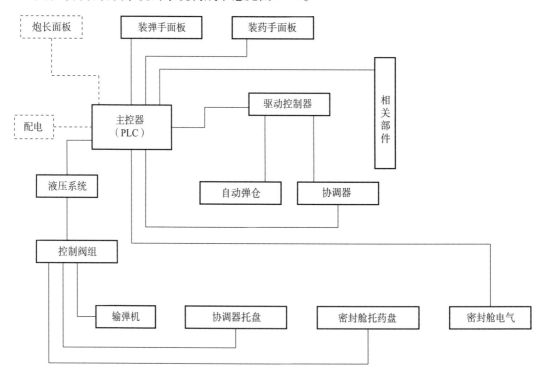

图3-2 典型弹药自动装填系统的系统构成示意

不同工作模式的弹药自动装填系统，其工作流程也有所不同。持续射击车内弹是该弹药自动装填系统的主要工作模式，输入信息为弹药的弹种、数量、模块药号、引信，其工作流程示意见图3-3。

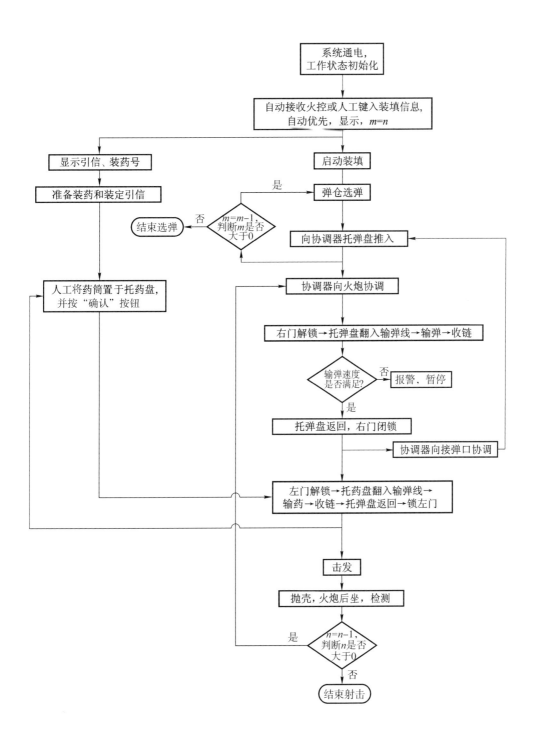

图 3 - 3 典型弹药自动装填系统的工作流程示意

m—控制指令给定的选弹发数；n—火控指令给定的总射弹发数

3.2 系统技术性能及工作模式

应用于某大口径自行榴弹炮的弹药自动装填系统具有以下技术性能：

（1）最大射速为 7 发/min，在 8 min 内的最大持续射速为 4 发/min。

（2）具有底凹弹、底排弹等常规弹的自动发射能力，同时可储存制导弹药，并携带与弹丸数目相匹配的药筒装药。

（3）可实现在 −3°~65°任意射角下的自动供输弹。

（4）人工供药，在 −3°~65°任意射角下自动输药，发射后自动将空药筒排出炮塔外。

（5）能够自动记忆弹种、弹数，并能自动选择弹种。

（6）能对制导弹药实施装填。

（7）可以实时检测系统主要部件的工作状态。

为了适应战场情况的复杂性，在实际操作使用过程中，弹药自动装填系统应可以实现以下工作模式：

（1）系统各部件补弹、装填和行军状态的自动初始化。

（2）连续射击车内弹模式。

（3）各执行部件单步动作模式。

（4）装填制导弹药模式。

（5）从车外向弹仓和药仓快速补充弹药。

（6）在战斗室内向弹仓补弹。

（7）在战斗室内从弹仓卸弹。

3.3 自动弹仓的结构及主要参数的确定

3.3.1 弹仓结构

自动弹仓布置于炮塔的后部。由若干个贮弹筒相互连接形成弹筒链，每个弹筒相当于一个链的链节，整个弹筒链在主动组合链轮的驱动下可以沿导轨作 360°循环旋转。在弹架本体安装有链条式推弹器，用于将待发射弹丸推送至协调器上；在弹架本体中部有若干个用于存放弹丸的固定位置，由前限位器固定，这些弹丸在发射时由人工手动取出。

1）弹仓

弹仓由弹架本体、回转弹筒链、减速箱、主动组合链轮、从动组合链轮、弹架前桥、推弹器、弹筒位置测量装置等主要部件组成，如图 3−4 所示。

2）回转弹筒链

回转弹筒链由贮弹筒、转臂、滚轮、轴、扭簧、限位铁、前挡块、后挡块等组成，如图 3−5 所示。贮弹筒用于储存弹丸，弹筒与弹筒之间彼此链接成弹筒链。

3）减速箱

图 3−6 所示为减速箱外形，减速箱包括箱体装配、蜗轮、轴、蜗杆、大齿轮、小齿轮、套、端盖、支架等零部件。减速箱内由两台电动机并联驱动，其传动原理参见 8.1 节。

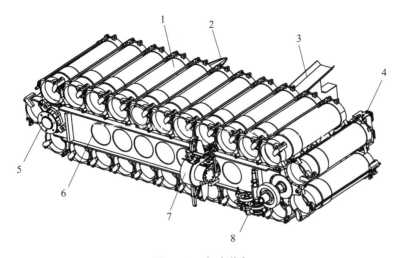

图 3 - 4　自动弹仓

1—弹筒链；2—弹丸；3—弹架前桥；4—弹筒位置测量装置；5—组合链轮；6—弹架本体；7—推弹器；8—减速箱

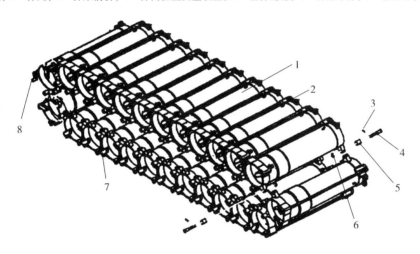

图 3 - 5　回转弹筒链

1—贮弹筒；2—前挡块；3—销；4—轴；5—滚轮；6—垫圈；7—后挡块；8—转臂

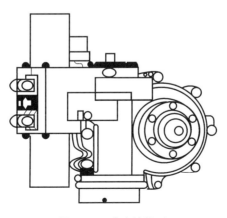

图 3 - 6　减速箱外形

4）弹筒位置测量装置

弹筒位置测量装置（图3-7）配合控制系统工作，用于选择需要发射的弹筒，并在选择弹筒时实现弹筒的准确定位。该装置包括箱体、角度传感器、齿轮、齿轮轴等零部件。

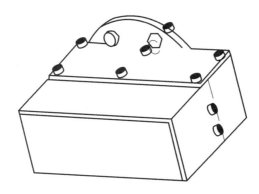

图3-7　弹筒位置测量装置外形

5）弹架前桥

弹架前桥（图3-8）是弹仓向协调器推弹的通道，为钢板冲压焊接结构，固定于弹架本体。弹架前桥由盖板、下槽、上槽、底板、内槽等部分焊接组成。前桥导弹槽与弹架本体的夹角为3°。

6）推弹器

推弹器（图3-9）安装于弹架本体的后右部，用于将选定的弹丸从贮弹筒内推出，向协调器供弹。推弹器包括链轮总成、链条、蜗轮箱、蜗轮、蜗杆等零部件。

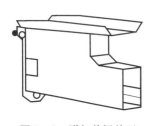

图3-8　弹架前桥外形

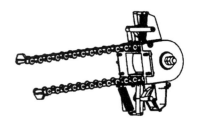

图3-9　推弹器外形

7）弹架本体

弹架本体为钢板焊接结构，中间位置为固定弹架，两侧工字钢横条为贮弹筒的运动导轨。减速箱、弹架前桥、后过桥、前限位器、推弹器等均固定在弹架本体上。

8）贮弹筒

贮弹筒可以储存圆柱底凹、底排两种弹丸。贮弹筒前后均有弹丸限位器。贮弹筒的中心部位有凸出，目的是让弹带悬空，在行军过程中不因颠簸而损伤弹带。

9）后过桥

后过桥是弹丸从车外供弹机通往贮弹筒的通道，为钢板冲压结构，固定于弹架本体与炮塔后甲板之间2.5°。

10）前限位器

弹架前限位器用于限制和固定弹架中部固定位置的弹丸，手工可以旋转解脱限位，取出弹丸。

11）弹仓控制系统

弹仓控制系统包含硬件部分和软件部分，硬件部分由控制箱、驱动箱、装弹手操作面板、装药手操作面板、装药手显示面板、方舱分线盒、弹仓分线盒等组成。弹仓控制系统将在第 4 章作详细介绍。

3.3.2　弹仓主要参数的确定

弹仓由两台电动机并联驱动，减速箱传动简图如图 6 - 21 所示。为了节省空间，减速箱传动轴采取并行排列的结构方式。根据装填系统时序分配，循环弹仓应在 2 s 内走完两个弹距，弹仓定位精度要求为 ±5 mm，弹仓转动一圈的时间应不超过 28 s。若启动和制动分别按 0.5 s 计算，则弹丸的平动最大速度 V_{max} 应为 0.247 m/s。

1. 传动比确定

选额定功率为 500 W 直流电动机，额定转速为 5 000 r/min，额定电流 40 A，额定电压为 24 V。额定工作制为短时工作制，所选定的直流电动机瞬时可过载 2～2.5 倍。

取链轮节圆直径为 262 mm，总减速比为 $i_{总} = 265$，则链轮主轴角速度可达 18 r/min，满足在 2 s 内走完两个弹距的要求。

三级减速分别为：

一级直齿：$Z_1 = 13$，$Z_2 = 38$。

二级直齿：$Z_1 = 13$，$Z_2 = 38$。

三级蜗轮蜗杆副：$Z_1 = 1$，$Z_2 = 31$。

测角器与减速箱配合使用。提供弹位信号和弹筒停靠位置信号。循环弹架主轴与测角器、减速箱相连。减速箱内一级直齿增速，两级直齿减速。减速箱总减速比为：$i_{总} = 23/4$。

测角器 BQ4 提供贮弹筒停靠位置信号，测角器 BQ3 提供弹位信号。即：链轮主轴每转一个弹距，BQ4 转一周，BQ3 转 $1/n$ 周，n 为弹筒数目。

2. 电动机功率选择及动力学计算结果

弹仓弹筒链的运动按 2 s 走两个弹距计算。弹筒质量为 8 kg，弹丸质量约 48 kg。运动规律按启动 0.5 s，匀速 1.2 s，刹车 0.3 s 计算，则弹筒链的平动最大速度 V_{max} 为 0.232 m/s，加速度 a 为 $a = 0.46$ m/s²。

弹筒链的水平最大牵引力 F：$F = m(a + fg) = 2\ 490$ N。其中，m 为满载弹丸时的弹筒链总质量，摩擦系数 f 取 0.15。

最大功率 P：$P = FV_{max} = 2\ 490 \times 0.232 = 577$ W。

则链轮轴扭矩 T：$T = rF = 326.2$ N·m。其中，r 为主动链轮的分度圆半径。

需电动机输入扭矩 M：$M = T/i_{总} = 326.2/265 = 1.23$ N·m。

以上选定电动机满足功率和扭矩要求。

根据 6.6 节列出的弹丸动力学方程，图 3 - 10 所示为在弹筒满载状态下，电动机以额定电压工作时，弹仓主动组合链轮的角速度和角加速度分别随时间的变化规律。

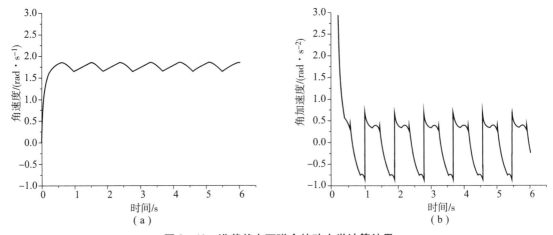

图 3-10 满载状态下弹仓的动力学计算结果

（a）主动组合链轮的角速度随时间的变化规律；（b）主动组合链轮的角加速度随时间的变化规律

3.4 药仓结构

药仓用于储存和固定装有发射药的药筒，适用于金属药筒、塑料药筒，以及全变和减变两种模块药方式。药仓由主药仓和副药仓组成，如图 3-11 所示。

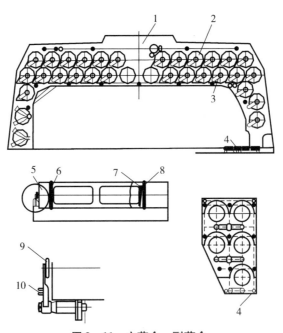

图 3-11 主药仓、副药仓

1—主药仓；2—药筒；3—挡杆装配；4—副药仓；5—储药筒；
6—前立板；7—压紧机构；8—后立板；9—挡杆；10—卡销

主药仓布置于炮塔的后方、弹仓的上方位置，含有普通装药筒若干。由贮药筒、前立板、后立板、挡杆、压紧机构等部件组成。挡杆用于轴向固定带模块药的药筒。压紧机构用于压紧模块药的紧塞盖，防止在行军和射击时模块药松散。

副药仓布置于炮塔左侧底甲板，可存储若干发药筒，并可以在射击时存放准备好的、待发射的模块药，方便装药手装药。

3.5 协调器结构及主要参数的确定

3.5.1 协调器结构

协调器用于接受弹仓内被推弹器推送出来的弹丸，将该弹丸传送到输弹线上，由输弹输药机推弹入膛，然后，协调器返回原位。

协调器由协调器本体、托弹盘、右前耳轴、减速箱、驱动电动机、摆弹油缸、协调器平衡机、行军固定器、电位器、行程开关等组成，如图3 – 12所示。

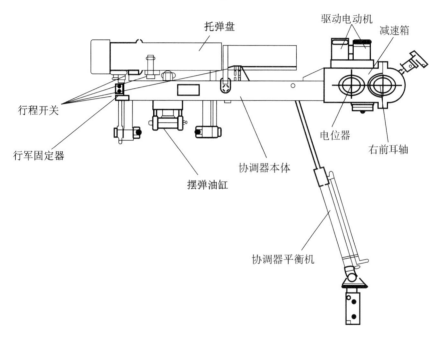

图 3 – 12 协调器结构简单示意

协调器在电气单元的控制下，通过电动机驱动协调器本体绕耳轴转动，实现与火炮射角和接弹口的协调。

1）协调器本体

协调器本体由型钢焊接而成，安装在右耳轴上，可以绕耳轴转动，协调器本体上焊有托弹盘回转支座、油缸安装下支座和协调器平衡机支座。

2）托弹盘

托弹盘安装在协调器本体的左上方，通过销、轴与协调器本体相连。托弹盘由半圆形板和梯形钢板焊接而成，弹丸储于其内。托弹盘上有后挡弹器及油缸上支座。后挡弹器可以绕托弹盘上的后挡弹器转轴转动，与协调器本体上的前挡弹器共同作用，实现弹丸在托弹盘内的定位。

托弹盘在接弹口接弹，随协调器本体协调到射角后，在翻转油缸作用下进行翻转，将弹丸放至输弹线上。弹丸被输弹机推入炮膛后，协调器返回。

3）协调器平衡机

协调器平衡机由平衡油缸和蓄能器等组成，用于平衡协调器的重力矩，减小驱动电动机的负载，支撑协调器平稳运动。

4）电位器

协调器与托架之间有角度传感器（电位器），角度传感器和安装于托架上的小齿弧啮合，用于提供协调器相对于起落部分的角度信号，使协调器转至正确位置。协调器有若干个行程开关，分别提供托弹盘初位、输弹线位置、托弹盘有弹、托弹盘接弹到位信号。

5）行军固定器

行军固定器用于行军时将协调器和吊篮相对固定，以减小行军时对协调器传动部分的冲击。

图 3 - 13 所示为协调器的两种工作状态。

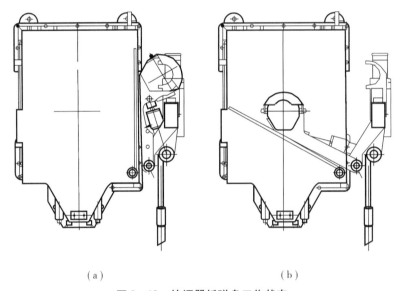

（a）　　　　　　　　　　　　　　（b）

图 3 - 13　协调器托弹盘工作状态

（a）在射角时的初始状态；（b）等待输弹状态

3.5.2　协调器主要参数的确定

协调器应能够实现在所有射角下的协调动作，且在 $-4° \sim 60°$ 射角范围内的协调时间不超过 1.2 s。

协调器采用图 3 - 14 所示的双电动机并联，利用两级直齿和蜗轮蜗杆来实现减速。蜗轮与耳轴刚性连接，蜗杆安装在协调器本体上，协调器本体和蜗杆一起绕耳轴转动，实现协调器绕耳轴回转。

采用两个 400 W 串激直流电动机，额定转速为 5 000 r/min，额定转矩 $N = 0.732$ N·m，表 3 - 1 列出了协调器所用电动机的转矩特性。为了实现规定的时间要求，图 3 - 14 中各齿轮副的减速比为：

第一级直齿：$i_1 = 2.91$。

第二级直齿：$i_2 = 2.53$。

蜗轮蜗杆：$i_3 = 64$。

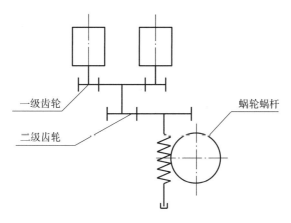

图 3 - 14 协调器减速传动

表 3 - 1 协调器所用电动机的转矩特性

电压/V	电流/A	转速/(r·min⁻¹)	转矩/(N·m)
26	6.7	6 360	—
26	20.7	6 044	0.5
26	26.0	5 300	0.7
26	29.3	4 738	0.8
26	32.0	4 502	0.9
26	39.4	3 345	1.17

协调器在工作时，分为带弹和不带弹两种情况。在不同射角下，结构重力对回转中心形成的力矩变化很大。通过应用协调器平衡机，驱动电动机的负载力矩在不同射角、不同工况下可以保持相对恒定，既提高了协调器工作的平稳性，又提高了协调器的定位精度。

协调器平衡机改进前后的工作原理示意见图 3 - 15、图 3 - 16。

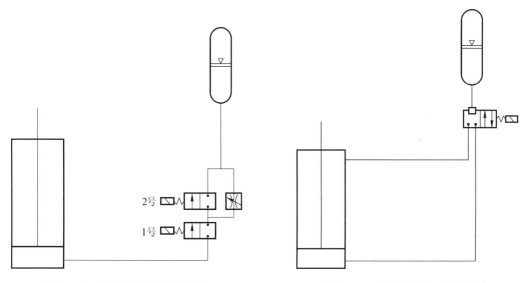

图 3 - 15 改进前的协调器平衡机
工作原理示意

图 3 - 16 改进后的协调器平衡机
工作原理示意

作为平衡性能来说，协调器绕耳轴回转分为带弹和不带弹两种情况。协调器在带弹情况下对回转中心的重力矩 M_1 为

$$M_1 = l_1 G_1 \cos(\theta + \theta_1) + l_2 G_2 \cos(\theta + \theta_2) \tag{3-1}$$

式中，l_1 ——协调器质心与耳轴的距离；

G_1 ——协调器所受的重力；

θ ——协调器转动的角度；

θ_1 ——协调器在 0°时，协调器质心与耳轴的连线与水平线之间的夹角；

l_2 ——位于协调器上的弹丸的质心与耳轴的距离；

G_2 ——弹丸所受的重力；

θ_2 ——协调器在 0°时，弹丸质心与耳轴的连线与水平线之间的夹角。

协调器在不带弹情况下对回转中心的重力矩 M_2 为

$$M_2 = l_1 G_1 \cos(\theta + \theta_1) \tag{3-2}$$

从上述公式可知，两种情况下的重力矩差异较大。因此，平衡力矩应介于带弹重力矩和不带弹重力矩之间。

在早期研制协调器平衡机时，采用的是单作用活塞缸的形式，如图 3-15 所示。协调器绕耳轴回转时，协调器平衡机的两个电磁阀打开，提供平衡力矩；即将到位时，关闭 1 号电磁阀，通过节流阀节流使回转减速，当协调器协调到位后，关闭 2 号电磁阀。试验表明，协调器自上而下运动时，效果较好。但是在协调器自下而上的运动过程中，减速节流时，由于油缸的上腔和大气相通，在驱动力和协调器本体惯性的作用下将活塞杆向外拉，油缸液腔产生负压，气体通过活塞密封装置进入液腔。当协调器处于和身管协调、向输弹线供弹状态时，弹丸在托弹盘内，由于弹丸所受的重力和协调器本体所受的重力大于密封舱右门对协调器的挤压力，平衡缸受压，协调器位置相对固定不动；当输弹机输弹后，将弹丸从协调器上推开，这时协调器受到密封舱右门扭力杆向上的支撑力。由于传动空回，因此在传动机构不动的情况下，协调器本体向上发生位移。此时协调器油路处于关闭状态，导致活塞向上移动，气体向液腔渗漏。这两种情况的最终结果导致平衡缸液腔进入空气。气体的弹性使协调器在协调位置无法准确定位，所以早期研制的协调器平衡机最终靠蜗轮蜗杆限位，导致传动机构冲击磨损得严重。

改进后的协调器平衡机采用差动缸结构，其原理示意见图 3-16。差动缸活塞的上腔、下腔均充满液体，靠面积差提供平衡力。平衡性能仍能保持原单作用活塞缸的水平。当协调器绕耳轴运动时，打开电磁阀，平衡缸提供平衡力矩。当协调器协调到位后，电磁阀关闭，这样油缸两液腔的油路均被锁死，活塞杆位置被牢靠固定，从而将协调器牢靠固定。协调器本身的刚度很好，其本身变形量很小，因此在输弹过程中可以克服因托弹盘负载变化而引起的协调器的位移，不影响输弹动作。

根据多方方程——$p(\theta)(V_0 + \Delta V)^n = $ 常量[①]，选择协调器平衡机在协调器处于水平位置时的主要参数：采用气囊式蓄能器，蓄能器容积为 2.1 L，初始压力为 3.2 MPa，协调器平衡机油缸内径为 32 mm。

---

① $p(\theta)$ 是随协调器角位移变化的蓄能器气体压力；V_0 是蓄能器气体初始体积；ΔV 是蓄能器气体体积变化量；n 为蓄能器气体的多变指数。

　　运用单自由度刚体动力学的等效法，容易列出协调器的动力学方程。根据表 3-1 所示的电动机在额定电压下的转矩特性，可以获得协调器的动力学参数随时间的变化规律，如图 3-17 所示。从图中可以看出，所选择的参数满足协调器的设计要求。

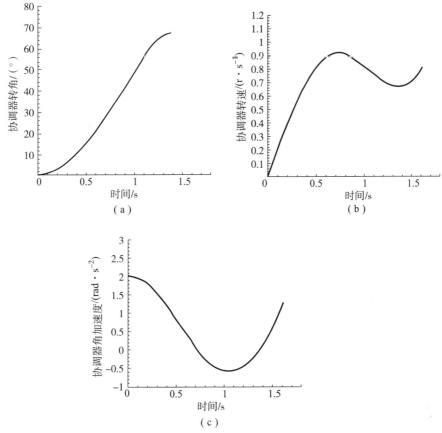

图 3-17　无控情况下协调器的动力学参数随时间的变化规律
（a）协调器转角；（b）协调器转速；（c）协调器角加速度

　　由于协调器带弹质量约 140 kg，考虑其特殊的传动结构，需要计算协调器在自重以及密封舱作用下的静力变形，以评价其静态刚度。图 3-18 所示为协调器的有限元模型，图 3-19 所示为蜗轮的有限元模型。

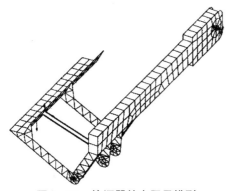

图 3-18　协调器的有限元模型

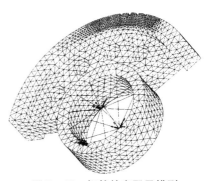

图 3-19　蜗轮的有限元模型

在计算时，分为两种状态：一种状态为托弹盘在初始位置时，协调器带弹、不带弹工况下的变形；另一种状态为托弹盘处于打开状态时，受密封舱右门的挤压力作用，协调器带弹和不带弹工况下的变形。计算时，考虑蜗轮的变形。

计算结果为：托弹盘打开时，y 方向总变形。不带弹时，静力变形为 0.411 mm；带弹时，静力变形为 1.266 mm。

如果蜗轮蜗杆的加工精度按 8 级考虑，则齿间间隙取 0.2 mm；蜗轮轴沿轴向窜动量取 0.2 mm；再考虑蜗轮蜗杆之间一定磨损量，取 0.1 mill。在此条件下，不考虑协调器和蜗轮的变形，当机械传动空回量累积为 0.5 mm 时，引起协调器托弹盘后部位移 8.7 mm。

有限元分析表明：如果不考虑蜗轮刚度，且不考虑协调器平衡机的作用，协调器受自重和弹重影响，所产生的弹性变形很小，满足静态刚度要求。但是，如果在其工作过程中产生的冲击载荷过大，协调器也会发生需要注意的弹性变形；计及蜗轮刚度和不计蜗轮刚度的结果对比显示，蜗轮本身的变形量很小，所以蜗轮和蜗杆的连接刚度才是影响协调器系统刚度的重要因素；当协调器托弹盘打开时，受到密封舱右门的挤压，向外侧的变形量虽然不大，但耳轴回转轴的承受力较大；为了减轻蜗轮蜗杆之间的冲击和接触应力，在协调器快协调到位时，应减慢运动速度；待协调到位后，协调器须由协调器平衡机进行固定。

根据以上分析结果，对协调器的结构进行以下几点改进：

（1）加强蜗轮与蜗轮连接轴的连接方式，将原来的平键连接改为花键连接，尽可能保证蜗轮和安装轴的连接牢靠。蜗轮采用钢质轮毂、锡青铜轮齿的典型结构，加强本身的强度。将扇形蜗轮结构改为整圆结构，有利于蜗轮、蜗杆传动副的跑和，且在使用一段时间后，蜗轮磨损到了一定程度，转一个角度就可以继续使用，从而延长蜗轮的使用寿命。

（2）加宽协调器本体减速箱部分宽度，从原 80 mm 增至 100 mm。提高协调器横向的刚度，适当减小回转轴承受力。协调器与耳轴滑动轴承改为圆锥滚子轴承，减小传动间隙。

（3）提高协调器减速箱的速比，保证在给定工作时间内完成协调动作，同时提高机械传动的平稳性，减小传动过程的冲击。

（4）在托弹盘翻转油缸上增加单向节流阀，用于托弹盘向供弹线摆动时，增加油路阻尼，减慢活塞运动速度，使托弹盘摆动动作平稳，从而减小协调器的冲击和振动。

3.6　输弹输药机

输弹输药机负责将位于输弹线上的弹丸或药筒迅速可靠地输送到炮膛内。输弹机为电控液压驱动链条式输弹机，安装在防护舱的后部和下部。输弹机由液压马达驱动，带动链轮链条分别输送输弹线上的弹丸和药筒快速入膛，并随火炮起落部分俯仰，实现在任意角度能自动装填。通过离合器手柄转换，可以用手摇柄实现检查功能。输弹输药机主要由齿轮箱体装配、链盒、链条、推壳机构、测速装置和手动机构装配等组成，如图 3 - 20 所示。

1）齿轮箱体装配

齿轮箱体装配内装直齿轮和锥齿轮副传动。

2）链条

链条实现将弹丸或药筒按一定速度送入炮膛，链条安置在链盒内。不工作时，链条在链盒中。链条的使用寿命为 500 发，即每输弹 500 发，就需换新链条。输弹的链条伸出长度可以

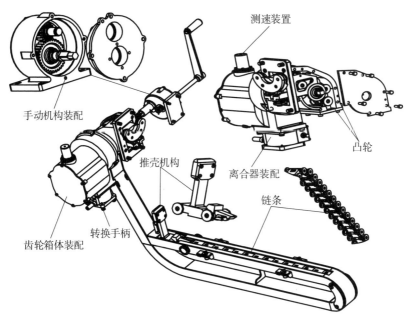

图 3 - 20 输弹输药机

满足最高射角卡膛要求。高射角卡膛点的速度约为 3 m/s，低射角卡膛点的速度约为 3.5 m/s。

3）推壳机构

推壳机构用于将发射后抛出的药筒推到规定位置。

4）测速装置

测速装置用来测量弹丸在卡膛点的速度。

5）手动机构装配

手动机构装配实现手摇检查功能。

3.7 液压传动系统及主要参数的确定

3.7.1 液压传动系统

液压传动系统主要为输弹机、协调器、托弹盘以及防护舱上的托药盘的液压执行元件提供多种不同的流量，满足输弹、收链、输药、摆弹和摆药所需的多种不同的速度，同时给小平衡机迅速补油。液压传动系统的工作原理示意见图 3 - 21，液压系统简图示意见图 3 - 22。

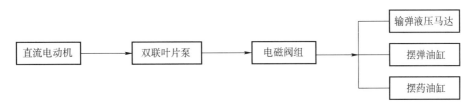

图 3 - 21 液压传动工作原理示意

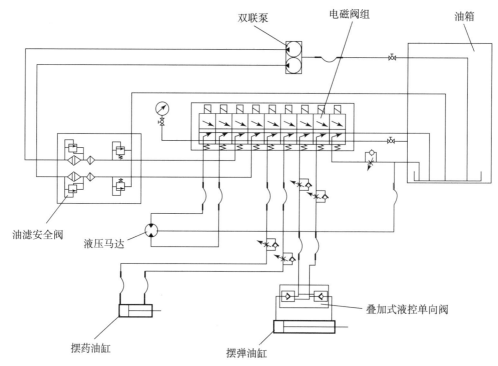

图 3 – 22　液压系统简图示意

液压传动系统主要由以下元件、部件组成：

（1）动力部分包括直流电动机和两个双联泵。

（2）控制部分包括若干个电磁阀和两个集流盘。

（3）执行元件包括液压马达、摆弹油缸和摆药油缸。

（4）辅助装置包括油箱、压力表、双向液压锁、双油滤安全阀组件、截流阀等。

图 3 – 23 所示为液压系统各部件示意。

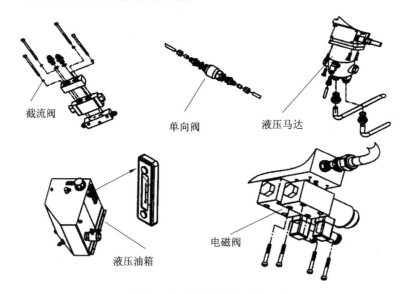

图 3 – 23　液压系统各部件示意

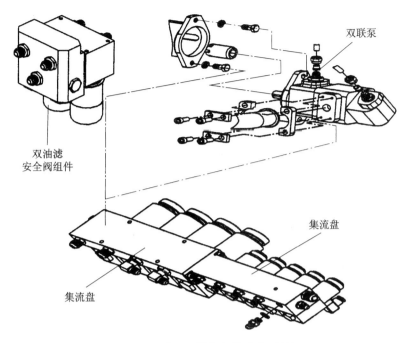

图 3 - 23 液压系统各部件示意（续）

图 3 - 24 所示为液压执行元件各动作所用到的电磁阀。

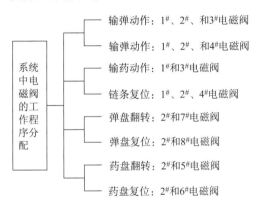

图 3 - 24 液压执行元件动作及相应电磁阀

3.7.2 液压系统主要技术参数的确定

1. 主要器件选型

直流电动机：额定电压为 56 V，额定功率为 4 kW，额定转速为 3 000 r/min，额定转矩为 12.73 N·m，空载电流不大于 30 A。

双联泵：大泵排量 16 mL/r，小泵排量 10 mL/r。

柱塞马达：排量 10 mL/r。

敞开式油箱：油箱容积 45 L。

系统工作压力为 10 MPa，安全阀压力为 12.5 MPa。

液压系统是典型容积调速系统，由两个定量泵向系统提供三种恒定的流量，根据负载情况的不同，由控制阀组向不同的执行元件提供相应的流量，保证其达到相应的速度。另外，该系统能较好地克服输弹时由高低角不同引起的输弹力的差异，可以保证卡膛速度的一致性。

2. 液压系统负载分析

液压系统动力传动路线如图 3-25 所示。

图 3-25 液压系统的动力传动路线

根据弹药自动装填系统工作时序图（图 3-32）所规定的时间，可以计算出液压系统在一个主循环过程中各执行部件的平均功率，以及转化到电动机轴上的系统功率。

计算过程中的效率取值如下：

（1）减速箱：齿轮传动效率为 0.95，两对轴承效率为 0.98^2，连轴器效率为 0.99，总效率为 0.90。

（2）液压：泵和马达的容积效率为 0.93，泵和马达的机械效率为 0.90。

（3）输弹机机械效率：锥齿轮效率为 0.95，链轮效率为 0.85，两对轴承效率为 0.98^2，连轴器效率为 0.99，总效率为 0.77。

各动作需要的时间和功耗如表 3-2 所示。

表 3-2 液压执行元件的主要动作及相应的最大功耗

动作	完成时间/s	最大功耗/kW
协调器托弹盘向输弹线翻转	0.7	1.25
输弹机输弹并推壳加速段（65°）	0.5	6.46
输弹均速段（65°）	0.6	4.04
输弹收链	0.9	1.2
协调器托弹盘返回初始位置	0.65	0.94
托药盘向输弹线供药	0.7	1.2
输弹机输药	0.8	1.8
输弹机收链	0.6	1.2
托药盘返回	0.5	0.94

图 3-26 所示为一个主循环的液压系统功率谱。

从表 3-2 和图 3-26 可知，在大多数工况下，液压系统的功耗较小，且都在 1 kW 左右。在最大射角输弹的过程，功率最大，输弹机输弹并推壳加速段（65°）的功率为 6.46 kW，

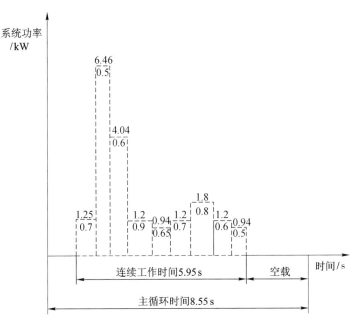

图 3-26　液压系统功率谱图

时间为 0.5 s 左右，作用时间较短。在输弹匀速段（65°）的功率为 4.04 kW。因此，如果配置 6 kW 的电动机就很不经济，且体积大、质量较重、噪声大。如果在电动机和减速箱之间增加一个飞轮装置，适当选择转速较高、功率较小的电动机，就可以满足大部分动作的功率要求，且在最大功率点的功率瞬时短缺可以靠飞轮存储能量和电动机的瞬时过载来弥补。

3. 液压输弹过程计算

1）输弹过程设计要求

输弹机在输弹过程中，要求总时间在 1.1 s 以内，输弹行程约 2.3 m，最大输弹速度必须达到 3.3~3.5 m/s（具体最大输弹速度要求与实际情况有关），期望加速段遵循图 3-27 所示的规律，加速段和匀速段的总时间为 1 s。则：加速段时间 t_1 为 0.685 s；匀速段时间 t_2 为 0.315 s；加速段的加速度 a 为 5.1 m/s^2。

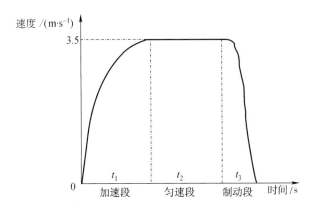

图 3-27　输弹机的期望时间—速度曲线

2）输弹机的输弹力估算

在输弹过程中，输弹力包括以下几项：

弹丸重力分力及摩擦力 F_D：$F_D = M_D g(\sin\theta + f\cos\theta)$；

钢质药筒重力分力及摩擦力 F_T：$F_T = M_T g(\sin\theta + f\cos\theta)$；

输弹筒链条重力分力 F_L：$F_L = M_{L1} g\sin(\theta + 18°)$；

链条开锁力 F_K：$F_K = 50$ N；

惯性力 F_G：$F_G = (M_D + M_T + M_L)a$。

式中，M_D——弹丸质量；

M_T——钢质药筒质量；

M_L——链条质量；

M_{L1}——部分链条质量；

a——加速段的加速度；

f——摩擦系数，取 0.15；

θ——射角。

65°加速段最大输弹力 F_J：$F_J = F_D + F_T + F_L + F_K + F_G = 977$ N；

65°匀速段最大输弹力 F_R：$F_R = F_D + F_K + F_L g\sin\theta = 647.6$ N；

0°匀速段最大输弹力 F_{R0}：$F_{R0} = F_D + F_K + F_L = 180.7$ N。

3）推弹过程主要液压参数估算

根据图 3-28 所示的输弹机传动原理，推弹过程中的主要液压参数计算如下：

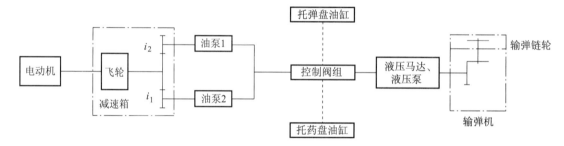

图 3-28　输弹机传动原理示意

电动机到两油泵的速比 i_1、i_2：$i_1 = 2.027$，$i_2 = 3.333$。

输弹机速比 i：$i = 2.7586$。

两油泵的转速 n_1、n_2：$n_1 = 3\,000/i_1 \approx 1\,480$ r/min，$n_2 = 3\,000/i_2 \approx 900$ r/min。

油泵和马达的排量相同，均为 q：$q = 10.31$ mL/r。

两泵总流量 Q：$Q = q(n_1 + n_2) = 24.538$ L/min。

液压马达的最大转速 n_m：$n_m = Q\eta_V/q = 2\,215.8$ r/min。其中，η_V 为马达的泄漏系数。

链轮的最大速度 V_L：$V_L = ZPn_m/(60i) = 3.4$ m/s。其中，Z 为链轮的齿数，P 为最大功率。

链轮的最大扭矩 T_L：$T_L = FR_L = 42.13$ N·m。其中，F 为水平最大牵引力，R_L 为链轮的分度圆半径。

液压马达的最大扭矩 T_M：$T_M = T_L/i/\eta = 19.37$ N·m。其中，η 为机械效率。

液压马达的单位弧度排量 q_g：$q_g = 10.31/(2\pi) = 1.641\ \text{mL/rad}$。

液压马达入口的最大压力 p_g：$p_g = T_M/q_g/\eta = 13.11\ \text{MPa}$。

液压马达入口的压力按 14 MPa 设定，计及管道各种压力损失，系统安全阀的压力按 15 MPa 设定。可得，液压马达的输出扭矩为 20.68 N·m，输弹机的输弹力为 1 041 N。

液压泵的工作扭矩 T_B：$T_B = p_g q_g/\eta = 27.35\ \text{N·m}$。

同理，在 65°时，输弹机匀速段的输弹力为 647.6 N，$T_B = 15.88\ \text{N·m}$；在 0°时，输弹机匀速段的输弹力为 180.7 N，$T_B = 6.25\ \text{N·m}$。

4）输弹过程的动力学计算

在进行输弹机的动力学分析时，应充分注意链条运动的以下特点：

（1）由于链轮仅有 5 个齿，链条的线性速度是不稳定的，或者认为是跳跃的，而且链头推弹速度不等同于链轮的切向速度。

（2）向前运动的刚性链条会发生一定程度的起伏，这种运动的不稳定性造成锁爪与杠杆之间有很大摩擦力，并造成链头与弹丸底部的摩擦阻力大。

（3）锁爪与杠杆斜面及锁卡底平面之间存在较大的撞击。

应用刚体动力学单自由度等效法对输弹机进行动力学分析。将输弹机机械部分所有元件的惯性特性和所受负载等效到液压马达轴上，形成等效转动惯量和等效负载力矩。

构成系统等效转动惯量的组分有：链轮后面的柔性链条的等效转动惯量（考虑弯道效应以及滚轮的等效转动惯量），刚性链杆和弹丸的等效转动惯量，链轮及驱动链轮的各齿轮及轴的转动惯量。

构成系统等效负载力矩的组分有：柔性链条的重力分量形成的等效力矩；链盒对链条的摩擦力形成的等效力矩（考虑弯道段）；刚性链杆和弹丸的重力分量形成的等效力矩；托弹盘与大滚轮及弹丸之间的摩擦力形成的等效力矩；锁爪与锁卡和杠杆间的撞击卡滞力形成的等效力矩；锁爪头部和杠杆之间的摩擦力形成的等效力矩。

输弹机液压传动部分的动力学模型参见第 6 章。在计算时，忽略管道中的压力降。

图 3-29～图 3-31 所示为部分计算结果。图 3-29 所示为 0°射角时，链轮受到的阻力矩随时间的变化规律；图 3-30 所示为 0°射角时，液压马达的输出转矩随时间的变化规律；图 3-31 所示为不同射角下，输弹链条的速度随时间的变化规律。

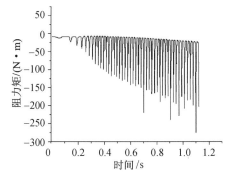

图 3-29　0°射角时，链轮受到的
阻力矩随时间的变化规律

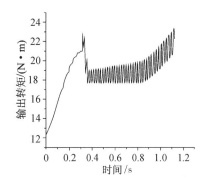

图 3-30　0°射角时，液压马达的输出
转矩随时间的变化规律

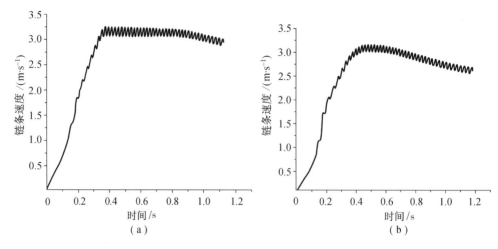

图 3-31 不同射角下，输弹链条的速度随时间的变化规律

（a）0°射角；（b）30°射角

3.8　弹药自动装填系统的使用程序

1. 单步动作

打开电源和油源，操作电气控制系统，自动弹仓上的推弹器将弹丸推到协调器的托弹盘上，托弹盘带着弹丸翻转到输弹线上，输弹机伸出链条，将弹丸推到接近卡膛位置时，弹丸因惯性运动直至卡膛。若弹丸的卡膛速度能达到约 3 m/s，就能够保证卡膛闭气。当链条伸出 2.2 m 左右时，末位行程开关起作用；链条回收到位，初位行程开关起作用，液压马达停止运转，托弹盘返回。此时，人工已在防护舱左侧托药盘上先期放上药筒，只要按一下放药筒的"完成"按钮，托药盘就立刻带着药筒翻转到输弹线上，输弹机伸出链条，将药筒推进药室。这时，关闩动作准备开始，通过一个行程开关发出关闩动作开始信号。收链到位后，液压马达就停止运转，待托药盘返回到位后，即可发出击发信号。

2. 单发连动

单发连动是指把单步动作连起来，只发射 1 发弹丸。

3. 多发连动

多发连动就是本发连动完成并击发后，下一发连动自动进行。具体来说就是：本发连动完成后，托药盘在原位，弹仓的推弹器将下一发弹丸推到协调器的托弹盘上，协调器带着弹丸与炮身协调，使弹丸轴线和炮膛中心线平行，这时控制系统发出本发可击发信号。击发后，火炮后坐复进到位，托弹盘带着弹丸翻转到输弹线上以后，输弹、收链，托弹盘返回，托药盘带着药筒翻转到输弹线上以后，输药、收链，托药盘返回，弹仓推弹器将第 3 发弹丸推到协调器弹盘上，再协调，发出第 2 发可击发信号，……，就这样不停地循环，直至把预定发数的弹丸击发完。

上述多发连动由弹药自动装填系统的电气系统控制完成。

4. 弹药自动装填系统与火控的协调

火控调炮瞄准目标后，火控计算机给弹药自动装填系统的电气控制系统发出信号，协调器按炮身位置自动协调。协调后，托弹盘（带弹）和托药盘（带药）分别翻转，完成自动弹、药入膛后，发出可击发信号。发射后，重复第一发弹丸的装填动作。

3.9 弹药自动装填系统的时序

弹药自动装填系统在工作前，系统各部件处于初始状态，协调器和供弹口协调，人工将模块药放置于托药盘内。

要完成一发弹药的装填，供输弹系统各部件必须依次完成以下动作：

（1）弹仓选弹。

（2）推弹器向协调器推弹。

（3）推弹器收链。

（4）协调器带弹向火炮射角协调。

（5）密封舱右门解锁。

（6）协调器托弹盘挤压密封舱右门向输弹线供弹。

（7）输弹机输弹，同时排壳小车推壳。

（8）输弹机收链。

（9）协调器托药盘收回到初始位置。

（10）密封舱右门闭锁。

（11）密封舱托药盘解锁。

（12）托药盘向输弹线供药。

（13）输弹机输药。

（14）输弹机收链。

（15）托药盘收回到初始位置。

（16）托药盘闭锁。

按最大射速为 7 发/min 的要求计算，每个射击循环为 8.55 s，其中包含 2 s 的火炮射击后坐、复进、开闩时间。因此，系统工作时间只有控制在 6.55 s 内，才能达到指标要求。在分配时序时，应考虑以下原则：

（1）充分考虑系统动作的重叠，以便缩短总的循环时间。

（2）由于每个运动件的工作时间直接影响运动件的执行功率，所以应尽可能缩短功率部件的动作时间，适当延长大功率部件的动作时间，使系统动作过程中，功率谱趋于平缓。

（3）将以上 16 个动作分成主副两个循环。主循环时间就决定了系统的工作时间，也决定了系统的最大射速，所以要尽量压缩主循环的动作时间。副循环的时间不大于主循环的时间，在此条件下，其内每个动作时间可适当延长。

通过计算，时序分配如图 3 - 32 所示。

在射击过程中，每发射一发弹，火炮要进行复瞄，在装填全过程均可进行方向的复瞄，只有在托药盘动作过程中才可以进行高低复瞄，时间满足随动系统复瞄的要求。

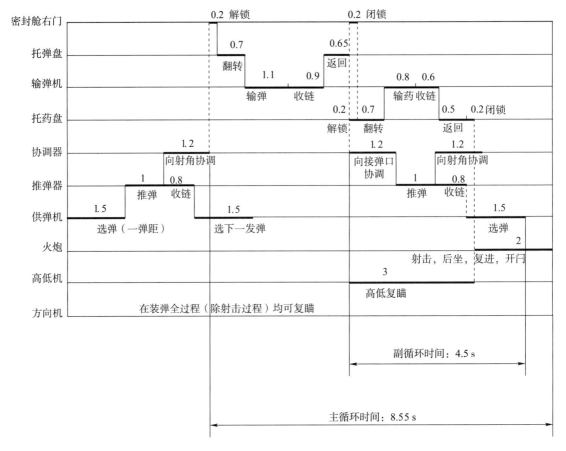

图 3 - 32　自动供输弹系统时序图

第4章
坦克火炮自动装弹机

为了使我军能够打赢未来数字化战场条件下的局部战争，"更加轻便、更加机动、更加灵活"是我国陆军建设的主流思想，要求安装火炮武器的坦克和装甲战车火力更猛、重量更轻，因此配备自动化的弹药装填系统是必然需求。本章将对坦克火炮的弹药自动装填系统——自动装弹机作简要阐述。自行榴弹炮是远射程弹药分装的间瞄武器，弹药依次装填；坦克火炮是视距内弹药整装直瞄武器，弹药同时一起装填。但是，坦克火炮的自动装弹机和自行榴弹炮的弹药自动装填系统在技术层面上没有太大区别，两者在称呼上不尽相同。本章将保留"自动装弹机"这种传统称呼，对坦克火炮自动装弹机的效用、基本设计要求以及不同形式的结构方案作简要介绍，并对苏联 T－64A 型和 T－72A 型坦克自动装弹机作比较详细的分析。

4.1　坦克火炮自动装弹机的效用

坦克火炮的自动装弹机是一种用于实现坦克弹药自动化装填的设备，可以把所要求种类的弹药自动装填入火炮的炮膛。在世界坦克制造史上，第一辆配备自动装弹机的坦克是苏联的 T－64 型坦克。这种坦克的自动弹药仓装有 115 mm 口径分装式弹药 30 发（破甲弹、穿甲弹、爆破杀伤榴弹），这些弹药能够根据射手的指令以任何组合形式装填到火炮炮膛中。带有 125 mm 口径 Д－81 火炮的 T－64A 型坦克能携带 28 发弹药。T－64A 型坦克由于采用了自动装弹机，与未使用自动装弹机的同类火炮相比，可以缩短一半弹药装填时间，在战斗室增加了 3 倍的弹药装载数量，在很大程度上提高了火炮的发射速度。T－64A 型坦克采用自动装弹机后，可以减少一个乘员，这使战斗室的布局更加紧凑，从而可以降低坦克的高度，缩小坦克的体积。

坦克火炮的自动装弹机可以实现下列操作：

（1）向弹药仓里装载弹药。

（2）在记忆单元中存储被装填弹药种类等的相关信息。

（3）向火炮中装填所要求种类的弹药。

（4）抛出弹筒或将其移位。

（5）传输有关现存弹药种类及数目的信息。

（6）卸载弹药仓。

在坦克中应用自动装弹机，可以达到以下效用：

（1）降低车高，减小坦克外廓尺寸。

装填手在战斗室选择和装填弹药时，基本保持站立姿势工作，会占用较大的空间、需要足够的高度。采用自动装弹机后，将取消装填手，这可以大大节省车内容积，并降低车高。另外，由于取消了装填手，炮塔中只有车长、炮长两名乘员，他们可以不在火炮一侧前后就座，而在火炮两侧并列就座，这也有利于降低炮塔高度。例如，T-72 型坦克采用了自动装弹机，至炮塔顶的车高降低到 2.19 m；而豹 2 型坦克未采用自动装填，其至炮塔顶高为 2.46 m。炮塔高度的降低，能使坦克在隐蔽位置射击时减小正面暴露的面积。

（2）缩小装甲包容的体积，降低车重，增加防护。

由于取消了装填手，缩小了战斗室空间，因此包容它的装甲能相应减少，从而能减轻坦克质量，或允许增加装甲防护。

（3）便于实现隔舱化，提高坦克生存能力。

采用自动装弹机易使弹药与乘员分开，从而减少坦克装甲被击穿后因弹药爆炸造成的危害。例如，将弹药布置在炮塔吊篮底板下面，弹药只在装弹瞬间经过乘员室，从而大大减少了弹药中弹爆炸的可能。

（4）可装填大口径弹药。

火炮口径的加大将导致弹药质量增加。实践表明，人工装填大于 120 mm 口径的火炮将比较困难。据外刊介绍，M1A1 坦克使用的 120 mm 坦克弹药已趋向一个坦克乘员安全有效装弹能力的极限。为了提高未来坦克火力，目前各主要国家正在研制 140 mm 口径火炮，而与该口径火炮配用的弹药，如果不使用自动装弹机，将无法装填。

（5）可提高射速。

射速是自动装弹机、弹药、火炮和火控性能的综合指标。现代战争实践证明，一门火炮在单位时间内发射到目标区域的弹药数量越大，则火炮的威力越大。突然的密集火力能大大提高火炮的整个射击效果。在坦克战中，谁打得快，谁就占据优势。目前装备的主战坦克（如 M1、豹 2 等）使用的 105～120 mm 火炮的人工装填速度一般为 4～6 发/min；T-72 坦克 125 mm 火炮的自动装填最高速度为 8 发/min，勒克莱尔坦克 120 mm 火炮的自动装填最高速度为 12 发/min。可见，动力机械装置代替人力装填后，火炮射速有所提高，尤其在坦克行进间装弹，差别更为明显。

（6）自动装填比人工装填更加可靠、持久。

人工装填并不完全可靠，有时可能出现装错弹种、未能推弹上膛，有时可能因手中有汗导致炮弹从手中滑落，等等。人工装填必须在有限的空间、很短的时间内搬动很重的弹药（如 M1A1 坦克的 120 mm 多用途破甲弹全重 24.2 kg），会使人员体力很快下降，特别是在行进间和核生化作战条件下，身着防护服更难以长时间坚持工作。考虑到大口径火炮发展趋势和连续作战的可能性，采用自动装填的意义更大。

（7）取消装填手，每辆主战坦克只需要征召和训练 3 名乘员。

采用 3 名乘员意味在一定兵员数量条件下可以使用较多的主战坦克，或投入一定数量的主战坦克可以使用较少的兵员。节省兵员对人口出生率下降、兵员不足的国家是非常重要的。

（8）自动装弹机为改变主战坦克的常规结构形式创造了条件。

顶置式或外置式火炮坦克必须采用自动装弹机。

总之，自动装弹机的使用能提高坦克火炮的威力，还能提高己方坦克的生存能力。

但是，自动装弹机在坦克中的应用会导致一些特殊的问题的出现。例如，如何保证自动装弹机的高可靠性、无故障性。如果相关科技人员缺乏研究和使用自动装弹机的经验，在使用过程中影响自动装弹机工作性能的各种因素（如含尘量、机械作用、潮湿等），都会影响自动装弹机的可靠性。因此，坦克自动装弹机的零部件及各功能部分（如机械、电气、液力、电子等）在设计、生产和使用各阶段，相关科技人员只有付出大量辛勤劳动，才有可能使自动装弹机达到可以接受的无故障水平。

在研制自动装弹机首轮样机时，还需要考虑的是，当坦克遭到反坦克火力打击（包括地雷，以及核爆炸余压作用）时，自动装弹机应能保持功能的完整性。

4.2　坦克火炮自动装弹机的基本设计要求

1. 总的技术要求

对自动装弹机可以提出以下几条总的技术要求：

（1）装填循环持续时间应不制约瞄准射击的准备和发射的循环持续时间。

（2）自动装弹机的可靠性应不低于坦克武器系统其他组成部分的可靠性。

（3）弹药基数应当保证完成战斗任务所必需的弹药消耗量。

（4）在射击前不需要对自动装弹机进行技术维护。

2. 设计要求

对坦克火炮自动装弹机可以提出以下设计要求：

（1）自动装填速度应不低于 8～9 发/min。

（2）车辆能装载较多的弹药，弹药基数应大于 40 发。

（3）在一定载弹量下，使自动装弹机和弹药仓占用最小的空间，且要有利于缩小坦克的外廓。

（4）自动装弹机的设计要考虑将乘员和弹药分开，保护乘员免遭弹药爆炸伤害。

（5）弹药应能固定牢靠，以便在碰撞和振动等外力作用下，自动装弹机的工作性能可靠。

（6）具有弹药管理功能，能监视弹仓中弹药的种类和数量，有相应指示装置。

（7）自动装弹机能与火控系统协调工作，并尽量减少能量消耗。

（8）必须有进行半自动或手动装填的备用装置。当自动装弹机出现故障时，可以在降低一些性能的状态下，实施手动装填弹药。

3. 可维修性的基本要求

对自动装弹机可维修性的基本要求是：自动装弹机主要部件的更换时间应满足坦克战斗使用周期中维修工作的时间约束。

4.3　坦克火炮自动装弹机的结构方案

坦克的传统布局主要分为以下 4 种弹药布置方案。

方案Ⅰ：布置在可俯仰的炮塔尾舱内，或者安装在位于带有炮身的单独基座上，相对于炮架固定不动。

方案Ⅱ：布置在普通炮塔的尾舱内。

方案Ⅲ：布置在炮塔吊篮内。

方案Ⅳ：布置在车身战斗室内。

4.3.1　布置在可俯仰的炮塔尾舱内

图4-1所示为按方案Ⅰ布置的例子。整个炮塔为武器和弹药的载体，可以绕火炮耳轴旋转。一个输弹机位于弹药仓和武器之间。弹药仓内安装有弹药弹射器，同时也起到供弹的作用。弹药仓内设置有曲线形传动装置，将弹药传送到指定位置后，弹药被弹射到输弹盘上。在弹丸进入炮膛后，输弹机放下，允许火炮后坐。

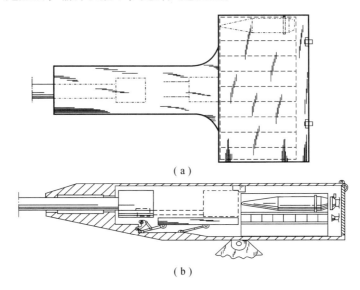

（a）

（b）

图4-1　俯仰炮塔概念

（a）俯视图；（b）纵剖图

俯仰炮塔里能够携带的弹药数量较少，因此可以安排一个辅助弹仓进行补给，图4-2所示为一种弹药补给概念。

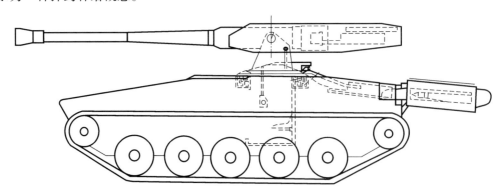

图4-2　俯仰炮塔的弹药补给

由于存在下列缺点，方案Ⅰ在实践中未获得广泛应用：

（1）存在比较大的未被利用的空间，这些空间被武器的起落部分在俯仰时扫略过。

（2）高低瞄准角受到限制。

（3）随着弹药数量的消耗，炮身的平衡会变坏，并因此恶化稳定条件。

（4）布置在炮身后面的弹药仓中的弹药数量少。

（5）反坦克火力击中弹药布置区的概率高。

法国 AMX－13 轻型坦克是按照方案 I 布置的实例，这种型号的坦克具有可俯仰的炮塔，在炮塔尾舱安装有两个转鼓，共带有 6 发弹药。

4.3.2 布置在普通炮塔的尾舱内

方案 II 的布置方式有很多具体的形式。

1. 闭环链式弹仓

图 4－3 所示为一种紧凑型、高装载密度的弹仓，安装在炮塔尾舱内。盛弹管相互连接，形成一种弯曲迂回的封闭传动链，在若干个链轮的驱动下，将弹药传送到一个固定的出口。

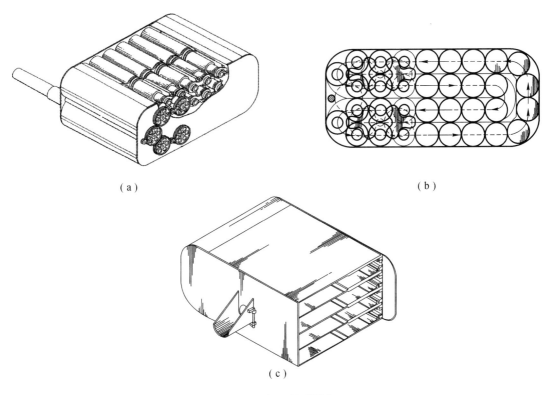

（a）　　　　　　　　　　　　　　（b）

（c）

图 4－3　闭环链式弹仓

（a）弯曲迂回闭合链式弹仓；（b）弯曲迂回闭合链式弹仓的工作原理示意；（c）弹仓的壳体

另一个相似的设计概念是美国 Western Design 公司制作的一种紧凑型坦克装弹机，如图 4－4、图 4－5 所示。该自动装弹机为全电式、全自动的弹药装填系统，并且容易集成于 M1 主战坦克。在炮塔尾舱内，弹药仓存放 34 发 120 mm 口径弹药。协调器与输弹机集成为一个弹药传输系统，该弹药传输系统完全位于火炮后坐路径的后面，它的工作区域不会侵占炮塔内的任何有用空间。于是，仍然允许保持原来的 4 个乘员。自动弹药仓设计采用了一个双排的弹筒闭环链，使得空间利用率比较高。弹药回转到预定的取出位置后，被弹药传输系统取走。采取了某种保护措施，以避免 17 个内部排列的弹筒相互碰撞、破坏。弹药传输系统有三个自由度,所有动作具有协调一致性,这些动作包括弹药抽取、弹药定位,以及在任意射角下将所选择的弹药装入火炮的炮膛,弹药可自动处理的射角为 -3° ~ 10°。该装弹机可以实现 12 发/min 的射速,即使在运动中也可以实现发射。该装弹机具有完全的自动化弹药记录能力和后备人工操作模式。

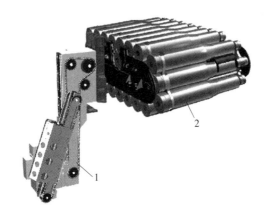

图 4 - 4　美国 Western Design 公司制作的一种紧凑型坦克装弹机

1—弹药传输装置;2—34 发密排弹药仓

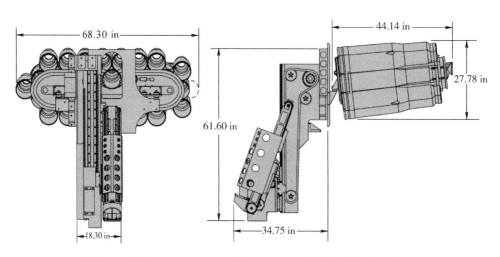

图 4 - 5　美国 Western Design 公司 120 mm 坦克自动装弹机的尺寸

这种弹药仓的主要优点是空间利用率高。34 发弹药占用的空间尺寸近似为宽 68 in①、长 44. 5 in、高 26 in。

2. 弹药呈鱼刺状布置在炮塔尾舱弹架上

弹药仓和乘员分开,输弹机安装在一个滑轨上,既可以平移又可以向两侧摆动,因而能到达每发弹药位置取弹,然后将弹药旋转到炮膛轴线方向,通过隔板上的窗口推弹上膛(图 4 - 6)。

---

① 1 in = 2. 54 cm。

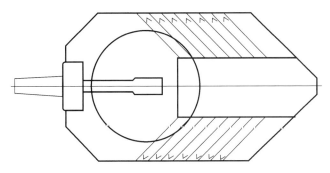

图 4 - 6　弹药呈鱼刺状布置

3. 弹药的弹架呈放射状布置在炮塔尾舱

在炮尾后方有一个可以水平旋转的转鼓，输弹机安装在转鼓上并可作高低方向转动，因而可以到达三排弹药中的每一发弹药的位置取弹，然后将弹药送到装填位置并装入炮膛（图 4 - 7）。

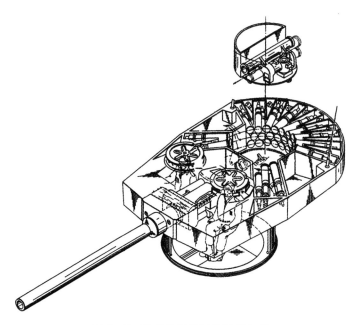

图 4 - 7　弹药的弹架呈放射状布置

4. 在炮塔尾舱布置两个与火炮轴线平行安装的带状弹仓

两个弹仓可以将弹药送到安装在战斗室隔板上的输弹装置上，由输弹装置将弹药输往火炮炮膛。这种布置形式由于弹仓接近火炮，使供弹简化，因此便于手动控制装弹机和火炮（图 4 - 8）。

布置形式 2、3、4 的优点是全部弹药（包括应急弹药和备用弹药）基本上可以都储放在炮塔尾舱；其缺点是炮塔尾舱较大，弹药易被来自空中的微型炸弹和反坦克导弹毁坏。此外，在炮塔满载和空载状态时，炮塔质量的不平衡问题难以解决。

美国 MBT - 70 试验坦克的自动装弹机可能是根据方案 II 制作的，安装在炮塔尾舱中的水平布置弹药仓包含 26 发 152 mm 口径可燃药筒式弹药；每发弹药都布置在带有定位器的

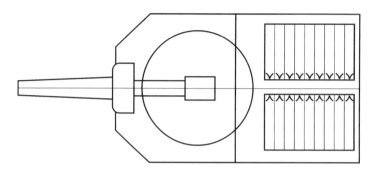

图 4 - 8　两个平行安装的带状弹仓

管状式托弹盘里；输弹机为双排链式。

　　按方案 Ⅱ 制作的装弹机的主要缺点：弹药布置的有效利用空间不足，反坦克火力击中弹药布置区的概率高。

4.3.3　布置在炮塔吊篮内

　　苏联的 T - 64A 坦克和 BMP - 1 步兵战车采用的是设置在炮塔吊篮内的环形弹仓（图 4 - 9 和图 4 - 10）。将弹药放置在吊篮四周，弹药相对炮塔吊篮旋转，使每发弹都能转到炮尾后方的取弹位置，再用一个旋转机构将弹药调转到炮膛轴线位置后推入炮膛。豹 2 坦克改进型也类似此方案，分装式的弹丸和药筒垂直储放在旋转底板上，装填时按指令选择弹种，弹丸和药筒旋转 90° 后被送入火炮炮膛。

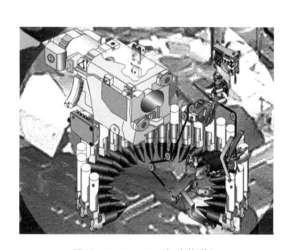

图 4 - 9　T - 64A 自动装弹机

图 4 - 10　BMP - 1 的炮塔吊篮

　　美国的 M8 装甲火炮系统的自动装弹机（图 4 - 11 和图 4 - 12）也是一种设置在炮塔吊篮上的装弹机。M8 轻型坦克的主要武器是 1 门 XM35 型 105 mm 低后坐力线膛炮，用自动装弹机装填弹药，只需配备 3 名乘员。XM35 型 105 mm 低后坐力线膛炮可以发射尾翼稳定脱壳穿甲弹、空心装药破甲弹和碎甲弹等弹种。火炮的高低射界为 - 10° ~ + 20°。当火炮达到最大俯角时，液压系统可以将炮尾上方的舱盖升高，以提供火炮发射后坐时需要的空间。火炮装有双向稳定器，可以在行进间射击。火炮配弹 30 发，其中 21 发待发弹位于自动装弹机曲线弹仓内，其余 9 发存放在车体弹仓内。射击时，炮长将选好的弹种信号输入计算机终端，自动装弹机便记忆弹药的种类和数量，并从曲线弹仓中选定欲发射的弹种。弹药由一种采用四杆机构工作原理的弹药提升装置输送至炮尾，然后由推弹杆推入炮膛。每 5 s 装 1 发弹药，火炮的最大射速能达到 12 发/min。火炮射击后，自动装弹机即可回复到装弹位置，并将空弹壳从炮尾拨出，经炮塔尾舱的窗口抛出车外。随后，炮长可以再次输入弹药种类信号，自动装弹机根据信号装弹，将火炮指向目标。炮塔内隔舱化设计将乘员舱和自动装弹机隔开，在隔板上还设有方便门，供乘员在自动装弹机出现故障时进行人工装弹。人工装弹时的射速为 3 发/min。

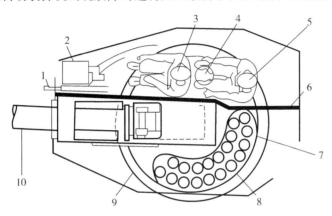

图 4 - 11　M8 装甲火炮系统炮塔内布置示意

1—7.62 mm 并列机枪；2—炮长瞄准镜；3—炮长；4—车长独立热成像观察瞄准镜；5—车长；6—隔板；7—自动装弹机弹仓（装弹 19 发）；8—炮塔吊篮直径 1.6 m；9—炮塔座圈直径 2.06 m；10—105 mm 坦克炮

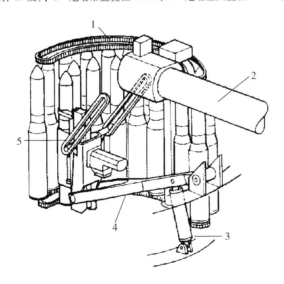

图 4 - 12　M8 自动装弹机的工作原理示意

1—弹仓导轨；2—火炮；3—油缸；4—装弹臂；5—导轨

方案Ⅲ的优点：

（1）可以减小炮塔的正面投影面积。

（2）不需要对弹药执行方位协调。

方案Ⅲ的缺点：

（1）增加了方向调炮的转动惯量。

（2）吊篮本身增加了额外的空间与体积。

（3）在有乘员的情况下，乘员必须随吊篮旋转，降低了乘员的舒适性。

4.3.4　布置在车身战斗室内

美国"斯崔克"机动火炮系统自动弹仓就布置在车身内，如图4-13、图4-14所示。美国"斯崔克"机动火炮系统自动弹仓是一种双层转鼓式弹仓，它可以根据需要来选择所需弹种的弹药。整装式弹药被一种弹药抓取与提升装置移位到炮尾的后部，然后被推入炮膛。

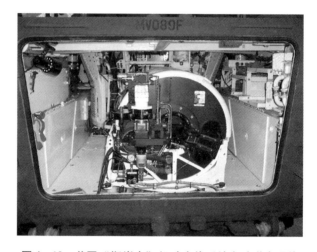

图4-13　美国"斯崔克"机动火炮系统自动弹仓照片

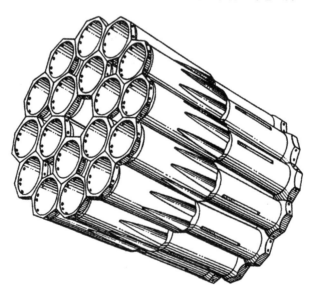

图4-14　美国"斯崔克"自动弹仓结构原理示意

苏联的T-72坦克（图4-15）是方案Ⅳ的典型代表。弹药放在炮塔吊篮底板下方弹仓的弹架上，弹架可以相对于吊篮底板旋转。提升机构将弹药从弹药仓出口提起，再由推弹机将弹丸和药筒推入炮膛。

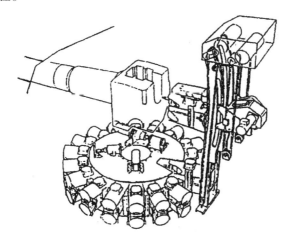

图 4-15　T-72 坦克自动装弹机示意

方案Ⅳ的优点：

(1) 弹药放在车内最低位置，被命中率低。

(2) 结构简单，待发弹药仓内弹药数量较多。

(3) 炮塔和火炮的稳定条件较好。

方案Ⅳ的缺点：

(1) 弹药仓到炮尾的距离较远，装填时间较长。

(2) 弹药仓位于战斗室内，不能开设爆炸气浪排放口。

综合分析上述各种结构方案，对于现代火炮和弹药而言，弹药的装填过程至少必须具有与弹药的移动相关的以下两个工序：

(1) 弹药轴线与炮膛轴线对齐。

(2) 弹药被推入炮膛。

在第一个工序中，弹药的最小运动距离等于弹药的最大外径。

对于具有环形闭合链式的弹药仓方案Ⅰ，如果弹药基数中包含若干种弹药，那么第一个工序中的弹药运动距离就取决于自动弹药仓的弹药装载量。

如果每种类型的弹药数量相同，则弹药可以按照不同类型成组布置，输弹机可以只向一个方向旋转。在最差的情况下（即在离弹药出口最远的弹药位置），输弹机必须回转 $\dfrac{N(n-1)}{n}+1$ 个行距。其中，N 为总的弹药数量，n 为弹药的种类数。

利用系数 K_g 和主炮口径 d 来表示弹药仓中相邻弹药发之间的间隙，利用系数 K_p 和主炮口径 d 来表示弹药的最大外径，那么弹药被传送到推弹线上的最大时间 T_B 为

$$T_B = [N(n-1)/n + 1](K_g + K_p)d/v_k \qquad (4-1)$$

式中，v_k——弹药仓的平均线速度。

通常，弹药长度大于炮身后坐长度。在输弹过程中，弹药运动距离由弹药长度、炮身闭锁装置的长度构成，可以以弹药长度 l_B 为基准来表示。如果用 $k_{LAT}l_B$ 表示闭锁装置的长度，就可以获得在顺序输弹方案情况下，弹药被推入炮膛的时间与输弹机链收回时间之和 T_D 为

$$T_D = (1 + k_{LAT})l_B(1/v_D + 1/v_P)$$

式中，v_D 和 v_P——分别为推弹机链正行程、反行程的平均速度。

在弹药分装式输弹条件下，由于这个工序分为两个往复，因此弹药被传送到输弹线上的时间也延长了。

用 T_{throw} 表示弹筒从输弹区被抛出的相关时间，并认为该时间与上述研究的工序不重合，可以获得方案 I 的装填循环最大总时间 T_1 为

$$T_1 = [N(n-1)/n + 1](K_g + K_p)d/v_k +$$
$$(1 + k_{LAT})l_B(1/v_D + 1/v_P) + T_{throw} \qquad (4-2)$$

从式（4-2）可以看出，当 $n > 1$ 时，弹药类型数目的增加、自动弹药基数的装载容量的增加、弹药外形尺寸的增大、火炮有关尺寸参数的增大，都会导致装填循环持续时间延长。

如果弹药仓按方案 II 布置，在推弹、药入膛之前，需要一个使身管膛线与输弹线重合的工序，即将火炮调到装填角。这个工序可以部分地或完全地与弹药仓的旋转重合。在弹药被推入炮膛以及输弹机链收回到炮身闭锁装置的长度 $k_{LAT}l_B$ 之后，火炮被转换到发射角并处于稳定状态。因此，方案 II 的装填循环持续时间与方案 I 相比要更长。

在方案 IV 中，增加了把弹药提升到输弹线上并返回（即托弹盘和提升机构回复到原始状态）的工序。这些工序与其他工序的时间不重合。除此之外，尽管输弹入膛的距离有所减小，但输弹机链返回时间与火炮被调到发射角的时间之间也不会存在部分重合的可能性。在这种情况下，装填循环持续时间与方案 II 相比要长一些。

4.4 典型坦克火炮自动装弹机分析

4.4.1 T-64A 和 T-72A 坦克自动装弹机的基本结构及其特点

1. T-64A 坦克自动装弹机

T-64A 坦克自动装弹机是按照方案 III 制作的，由自动弹药仓、送弹机构、输弹机、弹筒抛出机构、炮身闭锁器、手工传动、电气设备和液压系统等部分组成，如图 4-16 所示。

1）自动弹药仓

自动弹药仓安装在炮塔吊篮的内环上，是一种环形弹药仓形式，可以在滚珠支座上回转。弹药放置在弹药仓内的弹药盘里。弹药盘由两个铰接连接的部分构成，上半盘放置垂直布置的发射药，下半盘放置弹丸，弹丸水平布置在战斗室的底板下面。弹药仓的旋转由液压传动机构驱动。

2）送弹机构

送弹机构是将弹药盘传送至输弹线上的机构。该机构由带有托架的杠杆机构和托架闭锁装置组成，安装在战斗室的底板上，由液压油缸驱动。

3）输弹机

输弹机负责将弹、药依次推入炮膛。

4）弹筒抛出机构

弹筒抛出机构由收集器（用于弹筒的回收和卡定）和弹筒移位机构（将弹筒移位至发射后腾空的弹药盘中）组成。弹筒回收机构的控制由传送机构杠杆带动的钢索传动实现。

5）炮身闭锁器

炮身机液闭锁器（机液型）用于在炮身调到装填角后固定炮身。

6）手工传动

手工传动用于自动机发生故障时的弹药装填，由弹药仓回转机构中的独立运动链和杠杆的手动提升减速器组成。

7）电气设备和液压系统

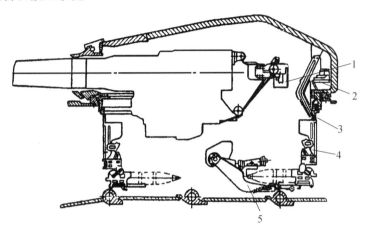

图 4 – 16　T – 64A 坦克自动装弹机

1—弹筒抛出机构；2—输弹机；3—自动弹药仓；4—弹药盘；5—送弹机构

火炮的弹药自动装填循环包括以下工序：

（1）按下所需弹药类型的选择按钮。

（2）将火炮从稳定状态调到装填角度并锁定。

（3）弹药仓回转至指定弹药种类提升线方向的出口。

（4）弹药被传送至输弹线上。

（5）弹药被推入炮膛。

（6）输弹机的伸出部分回复到原始位置。同时，由前一发弹药发射产生的弹筒从收集器移位到弹药已被推入膛内的弹药盘里。

（7）送弹机构和收集器回复到原始位置。

（8）火炮解脱闭锁并调到稳定状态。

（9）弹药仓回转到该种弹药类型的供弹线出口。

（10）回收发射后抽出的药筒。

（11）弹药装填准备工作：先接通火炮稳定器，再接通操作控制台上的自动装弹机转换开关。这时，火炮炮闩应当是打开的。

2. T – 72A 坦克自动装弹机

T – 72A 坦克自动装弹机是按照方案Ⅳ制作的，主要由自动弹药仓、弹匣提升机构、弹筒抛出机构、输弹机等部分组成，如图 4 – 17 所示，其工作过程示意图 4 – 18 所示。

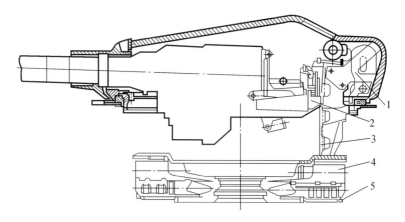

图 4 – 17 T – 72 坦克自动装弹机结构示意

1—输弹机；2—弹筒抛出机构；3—弹匣提升机构；4—弹匣；5—自动弹药仓

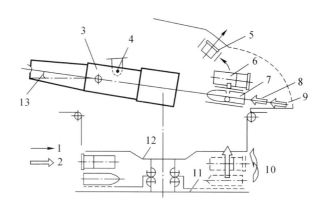

图 4 – 18 T – 72 坦克自动装弹机的工作过程示意

1—药筒运动；2—弹药运动；3—火炮；4—炮耳；5—药筒；6—发射药；7—弹丸；
8—弹丸装填循环；9—发射药装填循环；10—弹药仓旋转；11—坦克底部；12—炮塔底板；13—装填角

1）自动弹药仓

自动弹药仓（图 4 – 19）采用环形或盘形弹药仓，沿炮塔回转轴线安装在坦克底板上，带有 22 个槽口，每个槽口内安置一个盛装一发 125 mm 口径分装式弹药的弹匣。弹匣由两个管形件构成，两个管形件呈上下布置。上面的管形件安放发射药，下面的管形件安放弹丸。在弹药仓的上面盖有盖板，充当战斗室的底板。

2）弹匣提升机构

弹匣提升机构（图 4 – 20）安装在炮塔尾舱，用于升降弹匣。该机构由减速器、导轨、链条、抓具构成。减速器用于保障弹匣的 4 个定位位置：在弹药仓中（最下部）；在输弹入膛线上；在输药入膛线上；在弹药装载补给线上。

3）火炮闭锁器

火炮闭锁器用于将火炮在闭锁角锁定。

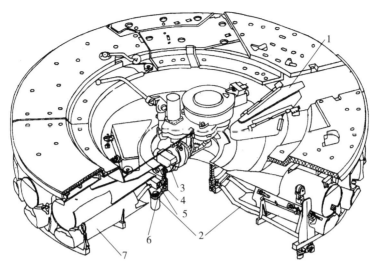

图 4 – 19　T – 72 坦克的自动弹药仓（输弹机）

1—出弹口门；2—旋转弹架；3—闭锁器；4—滚珠筒；5—上座圈；6—下座圈；7—弹匣

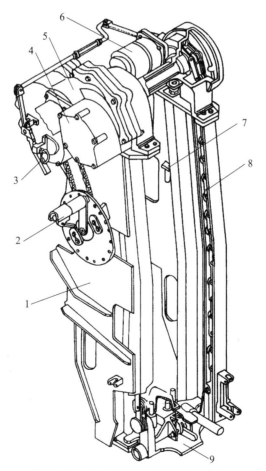

图 4 – 20　T – 72 坦克的弹匣提升机构

1—提升架；2—手传动机构；3—手动转换拉臂；4—控制箱；5—传动机构；
6—提升机构电磁铁；7—弹丸解脱板；8—提升链；9—抓具

4）推弹机

推弹机（图4-21）用于将弹、药分别推入炮膛。

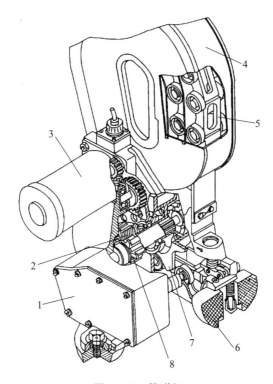

图4-21　推弹机

1—控制箱；2—保险离合器；3—电动机；4—链盒；5—推弹链；6—链首；7—链轮；8—花链轴

5）药筒抛出机构

药筒抛出机构（图4-22）安装在火炮的炮架护板上。在炮塔的顶部开有带有驱动机构的窗口，炮弹发射后产生的药筒经由窗口抛出。

6）手动传动和手动提升机构

弹药仓的手动传动和手动提升机构用于在发生机械故障时，实现手动操作。

7）电力传动和电气自动装置

电力传动采用Му-431型电动机。电气自动装置采用接触继电器型，记忆装置采用机电型。

4.4.2　自动装弹机的结构特性分析

坦克自动装弹机的组成分为机械装置和电气设备。

1. 机械装置

坦克自动装弹机的功能结构包括若干个"功能组"，以各机构以及它们之间的相互运动关系来具体实现。自动装弹机的组成以及各个机构的具体形式取决于弹药的类型（是整装还是分装，有药筒还是无药筒）和自动弹药仓的布局方式（弹药相对于身管轴线的相互布置方式）。

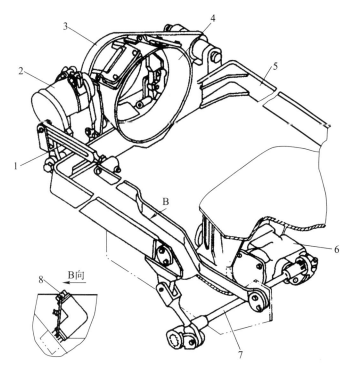

图 4 – 22　药筒抛出机构

1—带槽螺杆；2—抛壳电磁铁；3—弹底挡铁；4—弹壳收集器；5—框架；6—减速器；7—扭杆；8—限位螺钉

任何坦克的自动装弹机都至少具有两个"功能组"：输弹（药）机构和弹药仓。如果弹药仓的一个弹筒单元在起始位置与输弹线或炮膛轴线重合，就可以不使用送弹机构。对于全可燃药筒，就不需要弹筒抛出机构。

尽管不同的坦克有不同的具体结构和布局，但是归纳起来它们都具有以下若干典型结构：

1）自动弹药仓

自动弹药仓在坦克自动装弹机中充当储存仓的角色，为火炮提供待发射的弹药。同时，它作为选弹装置，在使用条件下储存弹药，保障自动化弹药基数在发射前的完整性。自动弹药仓一般采用环形输送机或其他闭环链式输送机形式。

环形弹药仓应用在弹药基数呈径向布置的场合，它是一种盘状、仓形、旋转式弹药供给机构。串联式自动装弹机的弹药仓由架体和支撑回转装置构成，在架体的槽口安放带有弹药的弹匣。弹药仓通常布置在战斗室的底板下，或者安装在坦克车身的底板上（如 T – 72 坦克），或者安装在炮塔的座圈上（如 T – 64A 坦克）。支撑回转装置可以采取不同形式，可以是安装在车身底板上、采用沿圆周布置支撑滚柱的中心支撑轴架形式（图 4 – 17），也可以采用副座圈的形式，副座圈与炮塔座圈形成一个统一的整体（图 4 – 16）。

扁筒形闭环链式弹药仓用在弹药轴呈平行布置的场合。这种形式的弹药仓表现为一种无尾的弹筒单元连接链，具有两个链轮，其中一个链轮为强制转动链轮（即主动链轮）。链节即弹药仓里盛放弹药的弹筒或弹匣，这些弹筒起着布置和储存弹药的作用。借助安装在其上的滚轮，弹筒单元可以沿导轨运动，导轨的外形与弹药仓的外形具有相同的形式。

根据弹药在弹药仓中垂直放置和水平放置的不同，弹药仓又可以分为垂直式弹药仓和水平式弹药仓。从侧面装卸弹药基数的垂直式弹药仓具有上、下两个导轨。在这种情况下，链节表现为一种带有水平弹药支架的垂直弹盘或弹筒，导向滚轮分别安装有上、下两部分。弹药的固定通过弹性夹具来实现，在装载弹药时，夹具还起到对弹药缓冲与制动的作用。

水平式弹药仓的链节通常为管状，利用管件中的挡爪来阻止弹药在水平方向的移动。链节通常采用在管子外表面进行铰接连接。美国的 MBT – 70 实验坦克的弹药仓是水平式弹药仓的实例。

2）送弹机构或提升机构

送弹机构或提升机构用于将弹药轴线与输弹线对齐，并保证装载弹药的操作。提升机构的动力部分通常使用杠杆传动（如 T – 64A 坦克）或提升链驱动形式（如 T – 72 坦克）。两种供弹方式的区别是：

（1）送弹机构在弹药仓里存储弹药的弹盘中实现供弹。

（2）提升机构借助提升机构的进行来实现供弹。

在第一种情况下，在杆杆或提升机构的滑架上，安装有位于弹匣上并带有配合件的卡具。在无弹盘（如 BMP – 1 步兵战车）供弹的情况下，送弹机构所安装的卡具实际上就是一个托架式弹盘，卡具具有弹力，在供弹时起缓冲制动作用。

在分装式装填情况下，弹匣由两个半式弹盘组成。在供弹时，如果存在相互的角位移，则半式弹盘之间采用铰接连接（如 T – 64A 坦克）；否则，采用刚性连接（如 T – 72 坦克）。

半式弹盘如果采用管形件的形式，则可以利用卡锁来实现弹药元件的固定。半式弹盘也可以采用悬挂式支撑架的形式，每个弹盘都装有两个夹具，为了保证弹丸在轴向定位所必需的力，借助于专用工具，两个夹具之间利用卡锁来相互夹紧。

3）输弹机构

输弹机构即输弹机，用于将弹药推入火炮炮膛。坦克自动装弹机里的输弹机采用单向折叠链作为顶推元件。在坦克战斗室里，输弹机安装在座圈上面的炮塔尾舱，因此链条就不可能安置在更下面的位置。在批量生产的输弹机中，使用以下两种类型的链条：

（1）具有两条链，使用两个整体杆头相互连接，并沿水平面进行折叠（如 T – 64A 坦克）。

（2）只有一条链，沿垂直面折叠（如 T – 72 坦克）。

相应地，链盒呈水平布置，或者采用垂直布置。

为了减小输弹机的外形尺寸和质量，可以采用卷绕在鼓轮上的柔性金属带作为顶推元件，采用柔性顶推元件的可能性与所需弹药的质量相关。

以上两种结构类型的输弹机都具有诸如月样弯曲、扭曲度以及侧偏等表征性能的参数，实践表明，这些性能首先取决于链节滚轮制造的质量和精度。

4）弹筒抛出机构

弹筒抛出机构用于从战斗室里抛出弹筒。弹筒抛出机构分为两种：预先收集式和非预先收集式。预先收集式弹筒抛出机构区别于弹筒向空弹盘里的抛出方法（如 T – 64A 坦克）和从战斗室向外抛的方法（如 T – 72 坦克）。弹筒抛出机构铰接安装在炮身护板上，由锥形管或圆柱形管构成，其上安装有凸爪，用于制动和支撑弹筒，可以利用收集器的底部来实现，也可以单独安装。

收集器里的弹筒可以利用弹性元件（弹簧、扭力杆等）的能量抛出。在收集器本体的抬起或放下过程中，弹性元件被扳起。弹筒向外抛时，利用两个夹具将弹筒沿轴向抛出；如果移位到空弹盘，借助杠杆式推杆，弹筒可以沿着两个导轨向下移动。收集器的传动装置可以自主作用（如 T – 72 坦克），或与送弹机构的传动装置相关联（如 T – 64A 坦克）。

无预先收集的弹筒抛出机构是一种导向装置，用于被抽出的弹筒的运动轨迹与外抛窗之间对齐。

在某些坦克武器系统的实验样机中，所运用的自动装弹机的结构基本上与上述介绍的结构不同（如采用转鼓式弹药仓）。然而，由于这些结构方式存在其自身的缺点（如弹药基数有限、坦克的防护性能差和寿命低），或受到战斗室总体布局的限制，因而未被广泛使用。

2. 电气设备

电气设备包括电气自动装置和传动装置。T – 64A 坦克中采用液压装置代替电力装置。电气自动装置既可以保证装填循环工序执行的连续性，又可以保证自动装弹机的防护联锁装置协调动作，避免损坏的发生。自动装弹机的电气自动装置和传动装置可以分为以下主要功能组件：

1）执行元件

在批量生产的坦克自动装弹机中，执行元件使用的都是串激直流电动机、电磁铁、液压马达和液压油缸。例如，T – 72 坦克的自动装弹机使用的是 MУ – 431 型可逆式电动机和 ЭМТ – 81、ЭМТ – 11、ЭВУ – 74 型电磁铁。T – 64A 坦克的自动装弹机中的液压传动中使用的是 ПД – 1 电动机，滑阀箱里使用的是 ЭМ – 74 电磁铁，目测指示器中使用的是 ЭВУ – 74 型电磁铁，旋转弹仓的传动机构中使用的是液压马达。在输弹机、送弹机构和制动器的传动装置中，使用的是动力液压油缸。

2）自动装弹机运动机构的位置传感器

自动装弹机运动机构的位置传感器主要采用 Д – 703、Д – 701 和 МП1 – 1 型微动转换开关，作为运动部件的位置传感器。

3）输出控制装置

批量生产的自动装弹机的输出控制装置都使用 TKE、8Э、РЭН 型平均功率电磁继电器来进行工作。

4）逻辑控制装置

批量生产的自动装弹机的逻辑控制装置使用 РЭС 和 ВЭ 型平均功率电磁继电器。

5）记忆装置

批量生产的自动装弹机使用机电记忆存储装置。

6）信号装置和输弹机中弹药数量指示装置

T – 64A 坦克直接通过存储器上的目视指示器来显示弹药的种类数量，而 T – 72 坦克则借助指针式指示仪来显示。

研究表明，对于 T – 64A 坦克自动装弹机的控制部件，若将继电器逻辑电路更换为微集成电路，则体积可减小至原来的2/3，质量可减轻至原来的1/3。

自动装弹机中所使用的电气自动装置的发展对自动装弹机运动部件的位置传感器提出了新的更高的要求，其中包括在转换时接触传感器的接触电阻和振动的稳定性。应当合理制造位置传感器，以保持在使用和储存过程中转换电阻的高稳性。

采用故障诊断技术可以缩短查找自动装弹机部件故障的时间，还可以缩短检查自动装弹机功能状况的时间。查找部件故障可以借助最简单的预测装置（如 T–64A 坦克的 КПК–74 型成套检测设置）来进行人工检查，也可以按照专门程序，采用较复杂的检测工具自动查找或显示故障。

4.4.3　坦克自动装弹机的主要性能参数

坦克自动装弹机的主要性能参数是根据坦克火炮武器系统与坦克构成的大系统的效能要求、自动装弹机配置的可能性及其结构现代化水平，以及坦克武器系统中其他组成部分的性能参数及彼此间的相互关系来确定的。例如，自动装弹机的时间特性既要符合火控系统的要求，又取决于自动装弹机的布局和结构方案，还与自动化弹药基数的布置、弹药的外形尺寸和结构密切相关。

1）装填循环持续时间

装填循环持续时间是自动装弹机的主要性能参数。它可以用直角坐标循环图表示，为运动循环的图示形式。循环图能反映出自动装弹机的功能结构、单个机构间的运动关系，以及控制系统中所使用的执行元件的协调作动原理。

多种相关因素都会在循环图中反映出来。利用循环图可以预先确定装弹循环持续时间的量值，以及某些主要原始数据的值。通过对这些数据进行分析，可以确定缩短装填时间的技术途径和可能性。

坦克自动装弹机采用顺序路径控制，接通执行元件后，不论上一项工序持续多长时间，下一步工序都只有在上一步工序结束时才能进行。为了制定循环图，除了给定执行机构工作的持续时间外，还必须了解其工作位移和空载位移的时间间隔。对于单个工序持续时间的确定方法，理论计算获得的循环图与实验获得的循环图是不同的。

计算时间间隔时，除了考虑驱动电动机的功率和机械特性外，还应考虑静态和动态运动阻力。

在实验上，循环时间可以用弹药装填过程的示波法来确定。显然，在实际使用条件下，单个工序的持续时间不可能是稳定的。诸多因素都有可能对单个工序的持续时间产生影响。例如，高含尘量、温度和湿度、线路中电压的波动、当前时刻弹药仓中剩余弹药的数量、接通自动装弹机时弹药仓中被供弹药相对于供弹口的位置、坦克在运动条件下的过载等。

但是，在绘制循环图时（不论是实验循环图还是计算循环图），计算各个工序的持续时间将不考虑上述因素，它们的影响可以在专项实验中进行评估。

测定装填循环持续时间时的条件为：电路电压 27 V；空气温度 15℃；无空气含尘量；自动弹药仓转动三个行距。

测试在倾斜20°的静止坦克上进行，炮塔每次换向90°，在不同的方位角下进行测试。上述指定的条件限制可以缩小在不同样机上得出的自动装弹机工作循环中，单个工序持续时间的计算值和实验值之间的偏差。

在计算单个工序的持续时间时，必须确定自动装弹机的各执行元件的运动规律。作为最终计算结果，需要确定以下关系：

$$a = a(T) ; v = v(T) ; s = s(T)$$

或

$$\ddot{\varphi} = \ddot{\varphi}(T) \; ; \dot{\varphi} = \dot{\varphi}(T) \; ; \varphi = \varphi(T)$$

式中，a、v、s、φ——分别为加速度、速度、行程、相应的转角。

考虑到在一般情况下，自动装弹过程中的弹药的运动轨迹可以用三个坐标来描述——相对于炮塔的转角、垂直位移、水平位移，因此自动弹药仓、提升机构和输弹机的一般形式的运动方程可以分别写为

$$I_{MAG}\ddot{\varphi} = T_k - \sum T_R \qquad\qquad (4-3)$$

$$(m_d + m_{mp})\ddot{y} = F_{mp}\cos\alpha - \sum R \qquad\qquad (4-4)$$

$$m_d\ddot{x} = F_{sd} - m_d g[\sin(\beta + \gamma) + f\cos(\beta + \gamma)] \qquad\qquad (4-5)$$

式中，I_{MAG}——自动弹药仓的等效传动惯量；

$\ddot{\varphi}$、$\ddot{y}$、$\ddot{x}$——分别为角加速度、垂直位移加速度、水平位移加速度；

T_k、F_{mp}、F_{sd}——分别为自动弹药仓的驱动力矩、提升机构的驱动力、输弹机的驱动力；

$\sum T_R$、$\sum R$——分别表示自动弹药仓旋转的静阻力矩和提升过程的静阻力；

m_{mp}——送弹机构的质量；

m_d——弹药的质量；

α——驱动力矢量和装弹机构速度矢量之间的夹角；

β——装填角；

γ——坦克车身在装填平面内的倾斜角；

f——摩擦系数；

g——重力加速度。

方程右边的第一项反映的是驱动电动机的驱动力矩，取决于电动机的机械特性。如果装弹机构（弹药仓，链式输弹机）工作时的静态阻力矩保持为常数，那么驱动力矩仅为速度的函数，计算任务归结为根据电动机的机械特性来计算装弹机构的稳态运动速度。

为了避免电动机功率过多盈余，建议根据装弹机构在稳态情况下的阻力来选择电动机。这样，在电动机轴处于额定转速的情况下，可以充分利用电动机的功率，而阻力的动力分量[即式（4-3）~式（4-5）的等式左边部分]可以利用电动机的启动特性来补偿。

除了主要功能机构的工作工序和空转工序之外，自动装弹机循环还包括：装填循环开始时，操作手按动按钮的时间间隔；炮身与弹药仓的闭锁与解脱；火炮炮闩的打开与关闭；将火炮调到装填角和发射角的时间；等等。

图4-23和图4-24所示为T-72坦克和T-64A坦克自动装弹机循环图，从图中可以看出，工作位移和空转位移所消耗的时间在一个循环内占了绝大部分时间。

在功能机构的工作过程中，还应存在停歇，停歇持续时间 T_0 为

$$T_0 = T - (T_p + T_x) \qquad\qquad (4-6)$$

式中，T——机构工作的总时间；

T_p——工作位移的持续时间；

T_x——空转位移的持续时间。

例如，自动弹药仓的停歇时间 T_0 为：

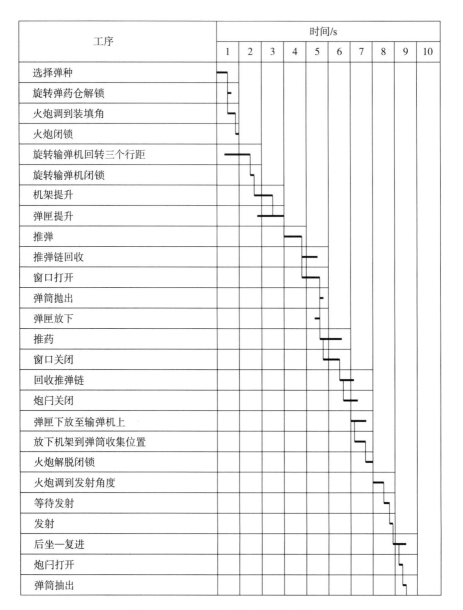

工序	时间/s									
	1	2	3	4	5	6	7	8	9	10
选择弹种										
旋转弹药仓解锁										
火炮调到装填角										
火炮闭锁										
旋转输弹机回转三个行距										
旋转输弹机闭锁										
机架提升										
弹匣提升										
推弹										
推弹链回收										
窗口打开										
弹筒抛出										
弹匣放下										
推药										
窗口关闭										
回收推弹链										
炮闩关闭										
弹匣下放至输弹机上										
放下机架到弹筒收集位置										
火炮解脱闭锁										
火炮调到发射角度										
等待发射										
发射										
后坐—复进										
炮闩打开										
弹筒抽出										

图 4 – 23 T – 72 坦克自动装弹机循环图

$$T_0 = T - T_p \tag{4 - 7}$$

从自动装弹机开始工作，直到功能机构回复到原始位置，这段时间称为相位时间。缩短相位时间（主要依靠各工序在时间上的相互协调配合）是缩短装填循环持续时间的一条主要技术途径。

实际上，在准备第一发弹药时，自动装填与瞄准同时进行，在某些情况下，还与测距同时进行，即与火控系统的功能特性紧密相关。

装填循环持续时间应不制约瞄准弹药的准备时间与发射时间。因此，现代坦克武器系统的自动装弹机，应能根据火控系统的技术能力来保证主战火炮射击的顺利完成。因此，诸如自动装弹机在保障坦克武器系统效能中的地位、自动装弹机样机的循环时间特性，以及对新

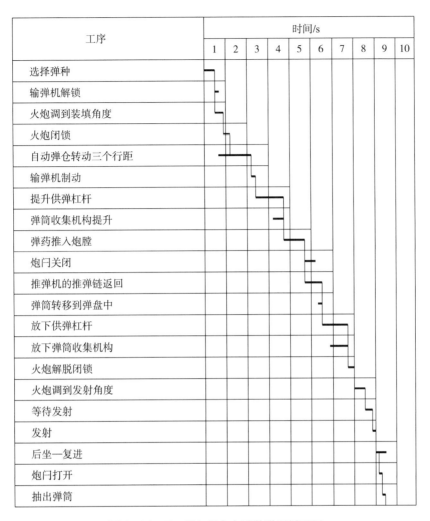

工序	时间/s
	1	2	3	4	5	6	7	8	9	10
选择弹种										
输弹机解锁										
火炮调到装填角度										
火炮闭锁										
自动弹仓转动三个行距										
输弹机制动										
提升供弹杠杆										
弹筒收集机构提升										
弹药推入炮膛										
炮闩关闭										
推弹机的推弹链返回										
弹筒转移到弹盘中										
放下供弹杠杆										
放下弹筒收集机构										
火炮解脱闭锁										
火炮调到发射角度										
等待发射										
发射										
后坐—复进										
炮闩打开										
抽出弹筒										

图 4 - 24　T - 64A 坦克自动装弹机循环图

研制自动装弹机战技指标的论证等技术，都应该符合所使用的火控系统的技术性能。

即使在同一种坦克武器系统，射击循环图也会随武器使用具体条件的不同而发生变化。例如，在车长发现目标的情况下，以车长发出目标指示的时刻作为第一次发射准备时间的计算起点；在射手发现目标的情况下，则须车长核准开火决定。在这两种情况下，射击初始设定与自动装弹机启动的总时间是不同的。在第一种情况下，自动装弹机开始工作的时刻由射手对指挥员目标指示的反应确定；在第二种情况下，自动装弹机开始工作的时刻与射击准备时间的计算起点相重合。应当指出，在具有复式指挥仪式火控系统的条件下，实际可以认为仅发生第二种情形。在坦克武器系统仪器设备和射手共同参与完成的工序中（如视场导引、目标标识、瞄准修正等），不论是在行进中射击，还是原地不动射击，工序间的时间间隔都将发生变化。另外，也有可能发生原始数据准备不足（如未测量距离）的射击，这种情况发生在目标距离已知的情况下（或近距离）射击。

测距方法对火控系统的操作持续时间影响很大。

为了实现火控系统的技术效能，装填循环在时间上应当与视场导引和目标标识操作相互协调配合（对于光学测距仪），或与这些操作及测距协调一致（对于激光测距仪）。

在第一种情况下，由于光学测距仪的底座与火炮刚性地连接在一起，因此装填操作和测距操作在时间上不可能重合，测距只能在装填循环结束后进行。在修正用于发射下一发和再下一发弹药的初始设定时，花费的时间不取决于测距方法和目标探测时的状况，而取决于上次发射结果的评估与瞄准校正的时间间隔。准备下一发弹药和再下一发弹药的时间，实际上由装填循环持续时间来确定。

火控系统的发展，要求缩短装填循环持续时间。缩短坦克自动装弹机装填循环持续时间的潜在可能性依赖于以下几点：

（1）压缩单个工序的时间。

（2）在装填循环时间内实现各个工序协调配合。

（3）实现不同循环间的相位差。

（4）取消不属于弹药装填循环的操作。

现有的坦克装弹机的装填循环持续时间受制于以下特性：

（1）固定装填角。

（2）相对于输弹线，自动弹药仓的布置位置偏低。

（3）采用弹匣盛放弹药，弹匣同时充当弹药仓、提升机构以及弹药推送的运动构件。

（4）执行构件的运动循环控制按路径实施，下一步操作只能在上一步操作完成后才能开始。

（5）相对于弹药的质量，执行构件的质量小。

所有这些特性决定了坦克自动装弹机的功能结构，同时存在相应的功能组。

装填循环持续时间不但取决于自动装弹机的工作时间，而且取决于两个装填循环外的操作的时间——火炮调到装填角度和发射角度的时间。

缩短单个单独工序时间的可能性，依赖于传动机构的动力学特性和工况。

自动弹药仓的动力学行为具有质量大、位移小的特征。弹药仓传动机构的工作速度具有双周期性质，即包括加速段和减速段。因此，如果仅依靠提高传动的功率来实现加速，那么工序的平均速度和时间都不会变化太大。

计算表明，如果这些机构的传动装置功率提高40%，平均速度就会加快20%，而装弹循环总时间就会缩短0.7 s。

作为一种单向作用机构，输弹机的输弹链条在减速状态下不对弹药推送产生作用。然而，在满足弹带卡膛力的条件下，推送主动段和惯性段之间的比例，以及弹药的末速，都取决于链条推送速度。

从现有的自动装弹机结构布局方案来看，输弹机的布置都尽量缩短推弹距离。如果能提高最大输弹速度（如采用蓄能的方式进行弹射输弹），则可以较大幅度地缩短推弹时间。

从根本上来说，考虑如何缩短弹药装填过程中的总时间的问题时，不考虑循环外工序（例如，去除火炮调到装弹角度和发射角度两项操作），该问题可以通过在稳定状态下实行火炮装填来解决。

2）自动弹药基数

自动弹药基数决定了使坦克能够以最大射速、最少乘员发射的弹药数目。这项指标和其他指标（如射速、射击精度、弹药的终点效应等）一样，决定了坦克在最短时间内击毁目标的数量。

自动弹药基数取决于：

（1）坦克中规划出的用于布置弹药仓的空间的尺寸和形状。

用于布置弹药仓的空间的尺寸和形状取决于坦克总体布局和战斗室布局。在批量生产的带有自动装弹机的 T-64A 和 T-72 坦克中，该空间布置在战斗室的下面，是一个绕垂直轴线的旋转体，其最大直径受限于车身在弹药仓径向的内部宽度。

为了增大直径，并相应地增加弹药仓的容积，T-64A 坦克的外侧被制成鼓出状，而 T-72 坦克的外侧则是平的。这两种坦克中的弹药仓都呈圆环形，它们之间的区别仅仅在于发射药的布置方式不同。

（2）整装情况下弹药的形状和尺寸，分装情况下弹丸与发射药的形状和尺寸。

弹药的形状和尺寸取决于对目标的打击要求、弹道特性、坦克的总体布局和使用要求。弹药的长度会影响布置方案，而弹药的径向尺寸则在确定的约束条件下影响弹药基数的规模。为了实现在战斗室有限宽度内的水平布置弹药基数，弹药的长度应小于车身宽度的一半。在安装自动装弹机的坦克中，为了在战斗室的选定空间尽可能多地布置弹药基数，一般使用弹丸最大长度为 680 mm、发射药长度为 408 mm 的分装式弹药。

环状弹药仓使用上述形状和尺寸的弹药时，如果呈径向放射状放置弹丸、沿弹药仓转动轴线垂直并列布置发射药，则弹药仓的容积可以达到最充分的利用。T-64A 坦克的自动装弹机正是采用这种布置方案；而在 T-72 坦克的自动装弹机的弹药仓中，药筒则呈放射状布置在弹丸的上面。

（3）弹药仓和弹药形状和尺寸的兼容性。

自动弹药仓容积的使用充满度取决于弹药的形状和尺寸与弹药仓内盛装一发弹药的空间的兼容性。弹丸和药筒是带有凸起（如弹带，药筒底缘）的圆锥（或圆柱）形回转体。不同种类的弹丸有不同的外形和轮廓尺寸，它们的体积也不同。弹药仓容积的使用充满度 K_1 取决于弹药的体积 V_d 与弹药仓内盛装一发炮弹的空间容积 V_{sm} 之间的比率，即

$$K_1 = V_d / V_{sm}$$

对于配备有自动装弹机和 Д-81 型火炮的坦克来说，$K_1 \approx 0.4$。

自动装弹机在坦克中所占的总体积除了包括自动装弹机所有部件所占的（或所扫略过的）体积外，还包括部件与车身之间的体积，这主要是弹药仓和车身（底面与侧面）之间的间隙。该间隙也是判定自动装弹机效能的一项重要参数。自动装弹机容积的使用充满度 K_2，取决于弹药的体积 V_d 与整个自动装弹机盛装一发弹药所需容积 V_{sv} 之间的比率，即

$$K_2 = V_d / V_{sv}$$

对于配备自动装弹机和 Д-81 型火炮的 T-72 坦克来说，$K_2 \approx 0.25$。

在规定的限制条件下，增加自动弹药基数是一项非常复杂的技术课题。自动装弹机容积的使用充满度 K_2 若能提升到 0.4，就可以使 T-72 坦克的自动弹药基数达到 40 发，即达到现代化水平。

第5章

弹药自动装填系统的自动控制系统

弹药自动装填系统的自动控制系统接受武器系统指挥中心发出的装填弹种、药号、允许装填等指令，或者装填手依据战场需要来发送装填指令，实施将弹丸、发射药分别从弹仓、药仓取出，然后将其送入炮膛并保证弹丸正确卡膛，以及发射药的定位全过程的机构动作控制，并将弹药自动装填系统的状态与弹仓中的余弹、药仓中的余药等弹丸、发射药的管理情况实时上传至武器系统指挥中心。

本章将阐述弹药自动装填系统自动控制系统的功能及基本设计要求，自动控制系统的主要构成和基本设计原则；介绍弹药自动装填系统中常用的检测开关、传感器与执行电动机；较详细地分析某链式回转弹仓的控制器软件、硬件设计的基本思想和方法；对弹药自动装填系统的多路数字控制系统进行较详细的描述。

5.1 弹药自动装填系统自动控制系统的功能及基本设计要求

5.1.1 自动控制系统的功能

弹药自动装填系统的自动控制系统要能够完成以下功能：

（1）接收武器系统指挥中心下达的装填弹种、药号、允许装填等指令。

（2）将弹药自动装填系统的状态与弹仓中的余弹、药仓中的余药等弹丸、发射药的管理情况实时上传至武器系统指挥中心。

（3）装填手依据战场需要，通过操作面板发送装填指令。

（4）显示面板能实时显示弹药自动装填系统的状态与弹仓中的余弹、药仓的余药的管理情况。

（5）实施将弹丸从弹仓取出、送入炮膛，并保证弹丸正确卡膛全过程的机构动作控制。

（6）实施将发射药从药仓取出、送入炮膛，并保证发射药正确膛内定位全过程的机构动作控制。

（7）每个机构运动的控制速度与精度符合总体与部件的要求。

（8）控制机构动作时序必须满足系统射速指标要求。

（9）必须兼顾全自动、半自动控制功能。

5.1.2 自动控制系统的基本设计要求

自动控制系统应满足下列基本设计要求：

（1）满足自动控制系统的功能要求。

（2）环境适应性。

由于火炮的工作环境温度变化范围较宽，道路表面的优劣程度相差很大，烈日、暴雨天气、战场作战造成温度、冲击、振动、电磁辐射环境悬殊，因此，要求弹药自动装填系统的自动控制系统的环境适应性很高。例如，工作环境温度为 –40~50 ℃；储存环境温度为 –43~70 ℃；工作环境湿度为 95% ±3%；冲击加速度为 30 倍重力加速度；振动加速度为 4 倍重力加速度；固定处振动频率为 20~200 Hz；具有电磁兼容性。

（3）高可靠性、安全性与稳定性。

弹药自动装填系统的自动控制系统在战场作战环境下，实施对弹药的管理、装填控制工作，必须具备高可靠性、安全性、稳定性。

（4）受到火炮体积、重量的限制，弹药自动装填系统的自动控制系统的组成元部件必须尽可能小型、轻量、便于安装。

（5）具备批量生产性和通用性。

（6）供电体制尽量符合直流电源（如电压为 ±28 V DC）。

5.2 自动控制系统的主要构成和基本设计原则

5.2.1 自动控制系统的主要构成

自动控制系统主要包括：系统中心控制器、人机界面控制器、驱动器、执行电动机、传感器、软件等。

1. 系统中心控制器

系统中心控制器是弹药自动装填系统的指挥控制核心，须在火炮射击的战场环境下能可靠地工作。该控制器由硬件和软件组成。硬件由电源、CPU（中央处理器）、存储器、接口及通信电路、负载驱动电路等组成；软件由支撑软件、逻辑运算软件、专用控制软件、通信及采集信息软件等组成。系统中心控制器完成以下任务：

（1）与武器系统指挥中心的通信。

（2）对各种传感器的信息采集。

（3）对各种驱动器的控制与信息交换。

（4）控制逻辑、控制算法的运算。

（5）具备对小功率控制器件的驱动。

2. 人机界面控制器

人机界面控制器是弹药自动装填系统的主要监控部件，通过系统的统一通信接口与系统中心控制器、上级指挥中心保持信息通信和数据交换。人机界面控制器的显示器可以实时显示弹药自动装填系统的三维状态。人机界面控制器主要完成以下任务：

（1）接收武器系统指挥中心下达的装填弹种、射弹数、射击方式、允许装填、击发时间等指令。

（2）将弹药自动装填系统的状态与弹仓中的余弹、药仓中的余药等弹丸、发射药的管理情况实时上传至武器系统指挥中心。

（3）装填手依据战场需要，通过操作面板来发送装填指令。

（4）显示面板能实时显示弹药自动装填系统的状态与弹仓中余弹、药仓中的余药的管理情况。

3. 驱动器

驱动器是弹药自动装填系统中大功率负载动力部件的驱动控制装置，它可以分为电动机驱动器和液压控制阀驱动器。驱动器必须具备以下能力：

（1）与系统中心控制器的信息交换能力。

（2）对传感器的信息采集能力。

（3）对负载动力部件的驱动控制能力。

（4）控制逻辑、控制算法的运算能力。

4. 执行电动机

执行电动机是弹药自动装填系统中的大功率负载动力部件，它可以分为液压油源电动机和运动机构伺服电动机。执行电动机必须具备以下能力：

（1）伺服执行电动机必须具备低速、高速运行的稳定性和转速的可控性。

（2）伺服执行电动机必须具备一定倍数的瞬时过载能力。

（3）能配合控制系统实现运动机构速度和位移的控制精度。

5. 传感器

传感器是弹药自动装填系统中的信息采集器件，它可以分为位移传感器、速度传感器、压力传感器、流量传感器、温度传感器等。传感器必须达到以下要求：

（1）检测精度必须高于系统控制精度的两倍以上。

（2）接口必须符合系统中心控制器要求的形式。

（3）尽量采用数字传输的信号输出形式。

6. 软件

软件采用模块化结构的设计思想，程序为循环结构。主程序首先调用状态检测模块进行系统状态归纳分析，然后调用上位信息交换模块，而后调用操作指令分析模块，并根据分析结果来调用相应的控制模块，最后调用与显示器的数据交换模块。各模块的功能相对独立，有利于增加功能和升级，也便于调度与查找故障，同时提升了程序的可读性，并特别注重了可靠性的设计，以求在软件的可靠性方面尽善尽美。

5.2.2 自动控制系统的基本设计原则

自动控制系统的总体设计是弹药自动装填信息化自动控制系统研制的一个重要阶段。总体设计的依据是由用户提出并经上级审定的系统战术技术指标和使用要求。

总体设计阶段的任务是：依据系统战术技术指标和使用要求来划分系统设计的边界条件，并协调与其他相关系统的接口关系，以及制定系统设计方案。自动控制系统总体设计方案的内容一般包括系统的目标、任务、范围、设计指标、系统组成、工作方式、运行环境、接口关系、进度计划、经费概算、性能测试和效能评估等。由于设计方案的质量直接影响整个系统的成败，因此，在进行自动控制系统的总体设计时，必须与相关系统密切合作，并请有关专家对设计方案进一步论证和评审。

1. 总体设计原则

弹药自动装填系统的自动控制系统是一项复杂的机、电、液控制与电子信息一体化的系统工程。在设计时，应遵循系统工程的原则和方法，强调整体性、层次性、协调统一性和实用性。因此，在系统开发、研制过程中，既要符合战术技术指标和使用要求、满足经费和研制周期的约束条件，又要遵循以下总体设计基本原则：

1）强化总体技术，注意系统集成

弹药自动装填系统的自动控制系统是一个多种新技术高度集成的复杂系统，涉及的专业面比较广泛。自动控制系统的总体技术是系统工程研制的关键技术，它始终贯穿系统研究、开发和研制的全过程；系统集成则是系统研制的重要阶段。

2）充分利用现有的、先进的成熟技术

在系统开发、研制过程中，只有充分利用现有的先进技术，才能保证系统满足用户日益增长的使用要求和以后新型开发系统的兼容性。另外，为了降低研制风险、加快进度，应利用现有的成熟技术，并尽量吸收国内外武器现有的（或类似系统的）优点，把重点放在应用开发和系统集成优化上，充分利用已有成果，争取早见成效。

3）处理好整体优化和局部优化的关系

在系统开发、研制过程中，应着眼于整体优化，而不应追求局部优化；应着重注意系统各组成部分的充分协调，要支持对提高整个系统性能有利的局部优化设计和局部技术攻关，并控制那些对整个系统性能没有明显好处的局部优化设计。

4）注意系统的互通性和兼容性

互通性设计是系统信息化功能实现的关键。在强调系统互通性的同时，还要强调与半自动装填系统的兼容性。

5）重视系统设计的标准化、规范化、模块化

在自动控制系统中，系统与上级指挥中心之间、系统中心控制器与人机界面控制器之间、中心控制器与执行机构专用控制器之间频繁地进行着信息交换，如果没有使用标准、技术标准和各种规范约定，没有共同遵循的依据，就无法达到系统功能要求。因此，在系统开发、研制过程中，必须坚持统一规划、统一技术体制、统一标准规范，对各独立的运动机构控制进行模块化设计，尽量选择通用化、系列化的成熟产品，使整个系统结构清晰、层次分明、系统互连、信息互通、资源共享。

6）重视可靠性、安全性、保密性设计

自动控制系统是弹药自动装填系统的中枢，因此必须采取各种措施来提高系统的可靠性、安全性和保密性。

2. 应注意的事项

自动控制系统是弹药自动装填系统的机构运动控制的核心。在自动控制系统的设计中，还必须注意以下几个方面：

（1）供电体制一般为直流电源（如电压 ±28 V DC）。

（2）采取适应火炮射击环境的耐高温、耐低温、抗振动冲击、电磁兼容等设计。

（3）尽量减少运动机构的动力源种类。动力源优先顺序为：电气、液压、气动。

（4）尽量减少控制环节，将主要的控制、协调、指挥功能交由系统中心控制器软件完成，控制环节一般最多包括传感器、系统中心控制器、驱动器、执行元件四个环节。

（5）尽量实现全数字化、信息化，并预留通信接口，接口应符合系统的通信协议标准。

（6）设计应采用标准化、模块化设计，传感器、驱动器与系统中心控制器接口统一标准，各传感器、各负载控制器应尽量统一采用模块设计。

（7）体积尽量小，质量尽量轻。

5.3　弹药自动装填系统中常用的检测开关与传感器

弹药自动装填系统是一种运动机构多、协调控制动作多的复杂系统，其运动机构的位置、速度均要进行检测，根据控制精度的不同、检测对象的不同，检测元件也有所不同。本节将介绍几种常用的检测开关与传感器。

5.3.1　行程开关

行程开关又称限位开关，用于控制机械设备的行程及限位保护。在运动机构中，将行程开关安装在预先安排的位置，当安装于生产机械运动部件上的模块撞击行程开关时，行程开关的触点动作，实现电路切换。因此，行程开关是一种根据运动部件的行程位置来切换电路的电器，它的作用原理与按钮类似。行程开关按其结构可以分为直动式、滚轮式、微动式和组合式。

5.3.2　涡流式接近开关

涡流式接近开关也称为电感式接近开关，由 LC 高频振荡器和放大处理电路组成。当导电物体在接近这个能产生电磁场的振荡感应头时，物体内部产生涡流，产生的涡流反作用到接近开关，使接近开关的振荡能力衰减、内部电路的参数发生变化，由此即可识别出有无导电物体接近，进而控制开关的接通和关断。这种接近开关所能检测的物体必须是导电体。涡流式接近开关的工作流程示意如图 5-1 所示。

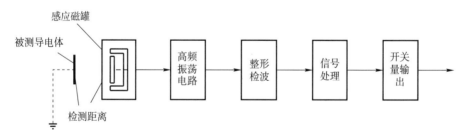

图 5-1　涡流式接近开关工作流程示意

5.3.3　电容式接近开关

电容式接近开关是一种具有开关量输出的位置传感器，它的测量头通常是构成电容器的一个极板，而构成电容器的另一个极板是物体本身。当物体移向接近开关时，物体和接近开关的介电常数发生变化，使得和测量头相连的电路状态也随之发生变化，由此便可以控制开关的接通和关断。这种接近开关的检测物体并不限于金属导体，也可以是绝缘的液体或粉状物体。在检测较低介电常数 ε 的物体时，可以顺时针调节多圈电位器（位于开关后部）来增加感应灵敏度，一般调节电位器使电容式接近开关在 0.7 ~ 0.8 Sn（Sn 为电容式接近开关的标准检测距离）的位置动作。电容式接近开关的工作流程示意如图 5 - 2 所示。

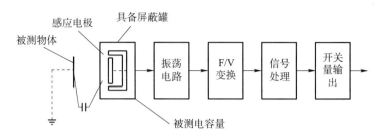

图 5 - 2　电容式接近开关工作流程示意

5.3.4　霍尔开关

霍尔元件是一种磁敏元件。利用霍尔元件做成的开关，叫作霍尔开关。当磁性物件接近霍尔开关时，开关检测面上的霍尔元件因产生霍尔效应而使开关内部的电路状态发生变化，由此即可识别附近有磁性物体存在，进而控制开关的接通和关断。这种接近开关的检测物件必须是磁性物体。

霍尔开关的功能类似干簧管磁控开关，但是比它寿命长、响应快，且无磨损。在安装霍尔开关时，要注意磁铁的极性，如果磁铁极性装反，将无法工作。图 5 - 3 所示为霍尔开关内部原理示意及输入/输出的转移特性示意。

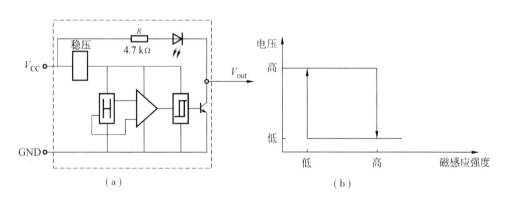

图 5 - 3　霍尔开关内部原理示意及输入/输出的转移特性示意

（a）内部原理示意；（b）输入/输出的转移特性示意

5.3.5　光电式开关

利用光电效应做成的开关叫作光电开关。将发光器件与光电器件按一定方向安装在同一个检测头内，当有反光面（被检测物体）接近时，光电器件在接收到反射光后便输出信号，由此即可"感知"有物体接近。

光电开关（光电传感器）是光电接近开关的简称，被检测物对光束遮挡或反射后，由同步回路选通电路，从而检测有无物体接近。光电式开关能检测的物体不限于金属，所有能反射光线的物体均可。光电开关将输入电流在发射器上转换为光信号射出，接收器再根据接收到的光信号的强弱（或光信号的有无）来对目标物体进行探测。光电式开关的工作原理示意如图 5 - 4 所示。多数光电开关选用的光波是波长接近可见光的红外线。

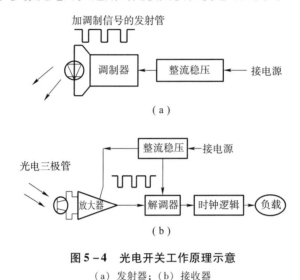

图 5 - 4　光电开关工作原理示意

（a）发射器；（b）接收器

5.3.6　热释电式接近开关

用能感知温度变化的元件做成的开关叫作热释电式接近开关。这种开关是将热释电器件安装在开关的检测面上，当有与环境温度不同的物体接近时，热释电器件的输出就发生变化，由此便可以检测到有物体接近。

5.3.7　光电编码器

光电编码器是一种通过光电转换来将输出轴上的机械几何位移量转换成脉冲或数字量的传感器，是目前应用得最广泛的传感器。光电编码器由码盘（光栅盘）和光电检测装置组成。码盘是在一定直径的圆板上等分地开通若干个长方形孔。由于光电码盘与电动机同轴，所以当电动机旋转时，码盘与电动机同速旋转，经发光二极管等电子元件组成的检测装置检测后输出若干脉冲信号，其原理示意如图 5 - 5 所示。通过计算光电编码器每秒输出的脉冲个数，就能了解当前电动机的转速。此外，为了判断旋转方向，码盘还可以提供相位相差 90° 的两路脉冲信号。

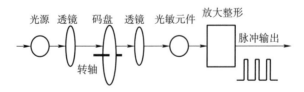

图 5 - 5　光电编码器原理示意

根据检测原理的不同，光电编码器可以分为光学式、磁式、感应式和电容式。根据其刻度方法及信号输出形式的不同，光电编码器可以分为增量式、绝对式以及混合式。

1. 增量式编码器

增量式编码器用于测量转轴从起始位转动到终点位增量角的数值。优点：原理构造简单，机械平均寿命在几万小时以上，抗干扰能力强，可靠性高，适合长距离传输。缺点：无法输出轴转动的绝对位置信息。

2. 绝对式编码器

绝对式编码器是直接输出相对于某个固定位置转轴任意角度数值的传感器，在它的圆形码盘上沿径向有若干同心码道，每条码道上有透光和不透光的扇形区相间，相邻码道的扇区数目是双倍关系，码盘上的码道数就是它的二进制数码的位数。码盘的一侧是光源，另一侧对应每一条码道有一个光敏元件。当码盘处于不同位置时，各光敏元件根据受光照与否而转换出相应的电平信号，形成二进制数。这种编码器的特点是无须计数器，在转轴的任意位置都可以读出一个固定的、与位置相对应的数字码。显然，码道越多，分辨率就越高。对于一个具有 N 位二进制分辨率的编码器，其码盘必须有 N 条码道。目前国内已有 16 位的绝对式编码器产品。

绝对式编码器是利用自然二进制或循环二进制（格林码）方式进行光电转换的。绝对式编码器与增量式编码器的不同之处在于码盘上的线条图形是否透光，绝对编码器可以有若干编码，根据读出码盘上的编码来检测绝对位置。绝对式编码器的编码设计可采用二进制码、循环码、二进制补码等。绝对式编码器的特点有：可以直接读出角度坐标的绝对值；没有累积误差；电源切除后，位置信息不会丢失。

3. 混合式绝对值编码器

混合式绝对值编码器输出两组信息：一组信息用于检测磁极位置，带有绝对信息功能；另一组信息则完全与增量式编码器的输出相同。

光电编码器是一种角度（角速度）检测装置，它将给轴输入角度量，利用光电转换原理转换成相应的电脉冲或数字量，具有体积小、精度高、工作可靠、接口数字化等优点。它广泛应用于数控机床、回转台、伺服传动、机器人、雷达、军事目标测定等需要检测角度的装置和设备。

5.3.8　旋转变压器

旋转变压器是自动装置中较常用的测量装置，但只能输出电信号。信号的幅值与转子转角成正弦、余弦、线性或特种函数关系。

为了提高系统精度，往往将旋转变压器或自整角机组成粗、精两个（或多个）通道的双速（或多速）系统，分为机械的和电气的两种类型。前者用两对精度等级相同的电动机分别组成粗通道、精通道，其间用机械升速方法连接；后者则分别采用两对电动机用电气方法升速。粗通道一般为二极式结构，精通道则为多极式结构。极对数越多，精度越高。目前，最多的极对数为 128，元件精度可达 $2''$。感应同步器是特殊结构的多极元件，极对数更多，精度更高，但输出信号却很小。

旋转变压器的结构与绕线式异步电动机类似，其定子、转子的铁芯通常采用高磁导率的铁镍硅钢片冲叠而成，在定子铁芯和转子铁芯上分别冲有均匀分布的槽，槽里分别安装两个在空间上互相垂直的绕组（通常设计为 2 极），转子绕组经电刷和集电环引出。

旋转变压器的种类很多，正余弦旋转变压器、线性旋转变压器较为常用。

线性旋转变压器的输出电压与转子转角成正比关系。事实上，正余弦旋转变压器在转子转角 θ 很小时，$\sin\theta \approx \theta$ ，此时就可以将其看作线性旋转变压器。在转角 θ 不超过 $\pm 4.5°$ 时，线性度在 $\pm 0.1\%$ 以内。若要扩大转子的转角范围，则可以将正余弦旋转变压器的线路进行改接。

如图 5-6 所示，正余弦旋转变压器改接后，在转子转角在 $\pm 60°$ 范围内可以作为线性旋转变压器使用。

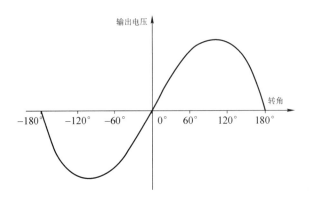

图 5-6 正余弦旋转变压器的输出电压曲线

5.3.9 测速发电机

测速发电机是一种输出电动势与转速成比例的微特发电机。测速发电机的绕组和磁路经过精确设计后，其输出电动势 E 和转速 n 呈线性关系，即 $E = kn$（k 是常数）。改变旋转方向时，输出电动势的极性就相应改变。在被测机构与测速发电机同轴连接时，只要检测出输出电动势，就能获得被测机构的转速，所以测速发电机又称为转速传感器。

为了保证电动机性能可靠，测速发电机的输出电动势具有斜率高、特性成线性、无信号区小（或剩余电压小）、正转和反转时的输出电压不对称度小、对温度敏感度低等特点。此外，直流测速发电机要求在一定转速下输出电压交流分量小，无线电干扰小。

测速发电机广泛应用于各种速度（或位置）控制系统。在自动控制系统中，测速发电机作为检测速度的元件，用于调节电动机转速或通过反馈来提高系统的稳定性和精度；在解算装置中，测速发电机可以作为微分、积分元件，也可以作为加速或延迟信号，或用来测量各种运动机械在摆动或转动以及直线运动时的速度。

直流测速发电机分为永磁式和电磁式两种，其结构与直流发电机相近。永磁式采用高性能永久磁钢励磁，受温度变化的影响较小、输出变化小、斜率高、线性误差小。这种电动机在 20 世纪 80 年代因新型永磁材料的出现而发展较快。电磁式采用他励式，不但结构复杂，而且因励磁受电源、环境等因素的影响，输出电压的变化较大，所以使用得不多。

用永磁材料制成的直流测速发电机还分为有限转角测速发电机和直线测速发电机。它们分别用于测量旋转运动速度和直线运动速度，其性能要求与交流测速发电机相近，但结构有些差别。

直流测速发电机的工作原理与一般直流发电机相同，如图 5-7 所示。在恒定的磁场 Φ_0 中，外部的机械转轴带动电枢以转速 n 旋转，电枢绕组切割磁场从而在电刷间产生感应电动

势 $E_0 = C_e \Phi_0 n$，C_e 为电动机额定励磁下的电动势转速比。

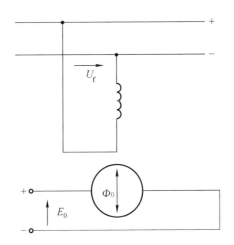

图 5 - 7　直流测速发电机的工作原理示意

U_f—励磁电压

在空载时，直流测速发电机的输出电压 U_0 就是电枢感应电动势 E_0，$U_0 = E_0$。显然，输出电压 U_0 与转速 n 成正比。

有负载时，若电枢电阻为 R_a，负载电阻为 R_L，电枢电流为 I，不计电刷与换向器间的接触电阻，则直流测速发电机的输出电压 U 为

$$U = E_0 - I R_a = E_0 - \frac{U}{R_L} R_a$$

5.4　弹药自动装填系统中常用的执行电动机

伺服电动机又称为执行电动机，在自动控制系统中作为执行元件。它将输入的电压信号转变为转轴的角位移或角速度输出，由于改变输入信号的大小和极性可以改变伺服电动机的转速与转向，所以输入的电压信号又称为控制信号或控制电压。

根据使用电源的不同，执行电动机分为直流伺服电动机和交流伺服电动机。

5.4.1　直流伺服电动机

直流伺服电动机实际上就是他励直流电动机，其结构和原理与普通他励直流电动机相同，只不过直流伺服电动机的输出功率较小而已。

当直流伺服电动机的励磁绕组和电枢绕组都通过电流时，直流电动机转动起来，当其中的一个绕组断电时，电动机立即停转。因此，输入的控制信号既可以加到励磁绕组上，又可以加到电枢绕组上。若把控制信号加到电枢绕组上，通过改变控制信号的大小和极性来控制转子转速的大小和转动的方向，则这种方式称为电枢控制；若把控制信号加到励磁绕组上来控制转子转速的大小和转动的方向，则这种方式称为磁场控制。由于磁场控制有严重的缺点（调节特性在某一范围不是单值函数，每个转速对应两个控制信号），因此使用的场合很少。

直流伺服电动机进行电枢控制时，电枢绕组即为控制绕组，控制电压 U_c 直接加到电枢

绕组上进行控制。其励磁方式分为两种:一种使用励磁绕组通过直流电流进行励磁,称为电磁式直流伺服电动机;另一种使用永久磁铁作为磁极,省去励磁绕组,称为永磁式直流伺服电动机。直流伺服电动机进行电枢控制的线路示意如图 5 - 8 所示。

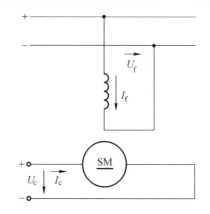

图 5 - 8　直流伺服电动机电枢控制线路示意

U_f—励磁电压; I_f—励磁电流; I_c—控制电流

5.4.2　交流伺服电动机

交流伺服电动机实际上就是两相异步电动机,所以有时也叫两相伺服电动机。交流伺服电动机的定子槽中装有两相绕组:一相为励磁绕组 f,接到交流励磁电源上;另一相为控制绕组 C,接入控制电压 $\dot{U}_c$。两相绕组在空间上互差 90° 电角度,励磁电压 $\dot{U}_f$ 和控制电压 $\dot{U}_c$ 频率相同。

交流伺服电动机的工作原理与单相异步电动机有相似之处。当交流伺服电动机的励磁绕组接到励磁电压 $\dot{U}_f$ 上,若控制绕组加上的控制电压 $\dot{U}_c$ 为 0 V(即无控制电压),则产生脉振磁通势,建立脉振磁场,电动机无启动转矩;当控制绕组加上的控制电压 $\dot{U}_c \neq 0$ V,且产生的控制电流 $\dot{I}_c$ 与励磁电流 $\dot{I}_f$ 的相位不同时,则建立起椭圆形旋转磁场(若 $\dot{I}_c$ 与 $\dot{I}_f$ 的相位差为 90° 时,则为圆形旋转磁场),于是产生启动力矩,电动机转子转动起来。如果交流伺服电动机的参数与一般单相异步电动机一样,那么当控制信号消失时,虽然电动机的转速会下降一些,但电动机仍会不停地转动。交流伺服电动机在控制信号消失后仍继续旋转的失控现象称为自转。交流伺服电动机的工作原理示意如图 5 - 9 所示。

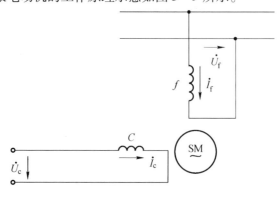

图 5 - 9　交流伺服电动机原理示意

交流伺服电动机的转子主要有以下两种结构形式：

1）笼型转子

交流伺服电动机的笼型转子的结构和三相异步电动机的笼型转子的结构一样，但这种笼型转子的导条采用高电阻率的导电材料制造，如青铜、黄铜。另外，为了提高交流伺服电动机的快速响应性能，往往把笼型转子做得又细又长，以减小转子的转动惯量。

2）非磁性空心杯转子

如图 5 - 10 所示，非磁性空心杯转子交流伺服电动机有两个定子：外定子和内定子。外定子铁芯槽内安放有励磁绕组和控制绕组；内定子一般不放绕组，仅作为磁路的一部分。空心杯转子位于内、外绕组之间，通常用非磁性材料（如铜、铝或铝合金）制成。在电动机旋转磁场作用下，杯形转子内感应产生涡流，涡流与主磁场作用产生电磁转矩，使空心杯转子转动起来。

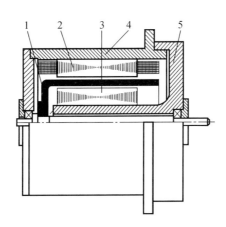

图 5 - 10　非磁性空心杯转子结构示意

1—空心杯转子；2—外定子；3—内定子；4—机壳；5—端盖

由于非磁性空心杯转子的壁厚为 0.2 ~ 0.6 mm，因而其转动惯量很小，所以电动机不但快速响应性能好，而且运转平稳、平滑，且无抖动现象。由于使用内、外定子，气隙较大，所以非磁性空心杯转子的励磁电流较大，体积也较大。

如果在交流伺服电动机的励磁绕组和控制绕组上分别加以两个幅值相等、相位差为 90° 电角度的电压，那么电动机的气隙磁场是一个圆形旋转磁场。如果改变控制电压 $\dot{U}_c$ 的大小或相位，那么气隙磁场是一个椭圆形旋转磁场，控制电压 $\dot{U}_c$ 的大小或相位不同，则气隙的椭圆形旋转磁场的椭圆度不同，产生的电磁转矩也不同，从而可以用于调节电动机的转速；当 $\dot{U}_c$ 的幅值为 0 V 或者 $\dot{U}_c$ 与 $\dot{U}_f$ 相位差为 0° 电角度时，气隙磁场为脉振磁场，无启动转矩。因此，交流伺服电动机的控制方式有三种：幅值控制、相位控制、幅值—相位控制。

5.5 某链式回转弹仓的控制器设计

5.5.1 链式自动弹仓工作过程简述

整个自动弹仓控制系统的机构和工作原理参见第 3 章，包含控制部分的自动弹仓的系统构成示意如图 5-11 所示。

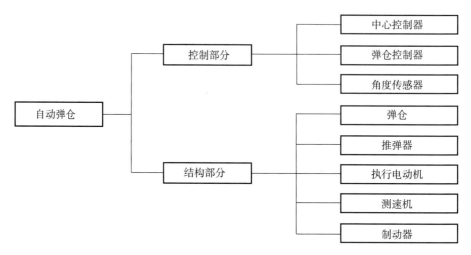

图 5-11 自动弹仓的系统构成示意

如图 3-1 所示，自动弹仓布置在炮塔上，由若干个圆形弹筒彼此连接成一个闭合无尾链。整个"弹筒链"可以沿相应导轨作顺时针（或逆时针）360°旋转，并能够根据控制指令将指定弹筒旋转到固定位置。一个推弹器安装在弹架本体的右后部，可以将选定的弹丸从贮弹筒推出至协调器托弹盘。推弹器以一台电动机作为动力，带动链条向前伸，将弹筒内的弹丸推出。自动弹仓的基本结构参见图 3-4。

5.5.2 自动弹仓控制系统设计的基本要求和基本设计思想

1. 基本要求

自动弹仓控制系统提供单步工作模式和自动工作模式，实现选弹、补弹、卸弹、弹种校验等功能。

弹仓定位精度要求为 ±5 mm，弹仓转动一圈的时间应不超过 28 s。

自动弹仓的控制方式分为有定位精度要求的位置控制和逻辑动作控制。位置控制主要指弹筒的定位控制，逻辑动作控制主要包括推弹和收链两个动作的控制。

弹筒链的回转由电动机驱动，要求控制系统不仅要完成位置控制，还要根据弹筒内弹丸的种类信息和接收到的装填弹种命令来自动完成待发射弹种和弹丸的选择。为了实现这一功能，弹仓控制系统必须具有弹种信息管理能力，即能够记忆和识别不同弹筒内的弹种信息，并根据具体工作模式来对弹丸信息进行相应处理。

推弹和收链的逻辑动作控制为开关量控制，每个动作设有两个传感器，一个指示其动作的初始位置，另一个指示动作行程的到位位置。传感器采用行程开关，根据指令和行程开关的状态来直接控制电动机的接通和关断，从而实现对动作的控制。

2. 基本设计思想

整个自动弹仓控制系统采用模块化设计思想，控制系统包括位置控制器和逻辑动作控制器两个主要模块，通过省略单片机，采用模拟电路和比较简单的位置速度闭环控制方法来实现旋转弹仓的定位控制。另设一个中心控制器，借助中心控制器的"智能"信息管理能力，结合弹仓位置速度闭环控制系统，最终实现选弹功能，并将弹丸信息记忆于中心控制器。其他开关量的动作控制由中心控制器直接实现。这样，控制系统可以分为两个功能既相对独立、又相互联系的主要模块。操作面板与火炮其他子系统的信号接口都可以设置于中心控制器。

自动弹仓控制系统的基本架构示意如图 5 - 12 所示。

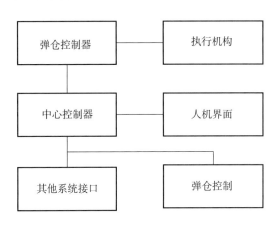

图 5 - 12　自动弹仓控制系统的基本架构示意

5.5.3　自动弹仓控制系统的硬件组成

自动弹仓控制系统主要包括显示系统、中心控制器、控制驱动系统等。

1. 显示系统

显示系统是控制系统的人机界面接口。一方面，操作人员通过操作面板来实现自动弹仓的预期动作；另一方面，显示系统直接与中心控制器相连，兼有工作状态指示器的功能。

操作面板上的主要组件有各种开关、按钮、七段数码管、发光二极管等。

2. 中心控制器

中心控制器由一台 PLC 和控制软件构成。PLC 硬件由输入模块、输出模块、A/D 模块、RS232 通信模块构成。

输入信号开关、操作开关等与 PLC 输入直接相连。显示信息、输出开关量、部分并口输出信号由输出模块实现。

RS232 通信模块接口直接与上级控制器相连，中心控制器与全炮的信息交换均由此串口进行。

自动弹仓的主要功能是选弹定位。在选弹定位过程中，要对弹仓数据进行采样和分析，并与理论数据进行比较，从而得出运动方向和步距。只有对系统的各种传感器进行准确的信息采集，才能保证系统的可靠运行。弹仓角度传感器输出的是模拟信号，而计算机能处理的是数字信号，因此在传感器和计算机之间应设置一个 A/D 环节，将模拟信号转换为数字信号。此外，还要考虑抑制外界干扰，以保证在数据采集时引入的误差尽量小。

3. 控制驱动系统

自动弹仓位置控制采用位置闭环控制方式，在控制过程中，通过控制电动机的电枢电压来调整电动机的速度。电动机输出转角以一定的速度比带动位置传感器。速度反馈信号由测速发电机提供，驱动电路由电力半导体器件 IGBT 作为功率元件来驱动电动机。在进行弹仓控制系统设计时，将弹仓控制、驱动作为一个整体模块进行设计，可以有效地缩小整个控制系统的体积。

自动弹仓控制系统的硬件组成示意如图 5 – 13 所示。

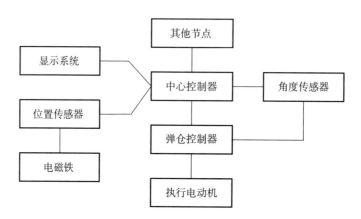

图 5 – 13　自动弹仓控制系统的硬件组成示意

5.5.4　自动弹仓控制系统软件

自动弹仓控制系统的所有功能都必须靠中心控制器软件来实现，在整个弹仓运动控制过程中，控制系统软件要实现过程控制、信息管理、显示处理和信息交换等功能。控制系统软件有以下几种工作模式：

1）自动模式

自动模式是控制系统软件最常用、最主要的工作模式。这种工作模式根据上级的命令（或从上一级控制器传来的炮长命令）来获取本次射击的各种参数，自动完成本组射击的弹药装填任务。在这种工作模式下，弹丸运动是全自动的，无须人工干预。当本组弹药射完时，弹药装填就自动停止，转入等待命令状态。

2）单步模式

单步模式主要用于日常检查、维护、调试等用途，也可以在作战中用于降级。

3）车外补弹模式

车外补弹模式用于从车外向炮塔内的自动弹仓补充弹药。通过程序控制，将待补弹筒转至补弹位置，待弹药补入后，记录所补弹种信息。如此反复，直到补满。在补弹过程中，须将同种弹药在弹仓中连续排列。

4）卸弹模式

卸弹模式分为车内卸弹和车外卸弹两种情况。通过控制弹仓转动，将待卸弹筒转至车外补弹口或车内接弹口，人工将弹丸卸出。在卸弹前，应指定卸弹方式及所卸弹种。

5）校验及自检模式

操作者通过校验来检查控制器内所存储的弹种信息与弹仓实际情况是否相符，并可以对其中的相关信息进行修改。利用单步选取弹筒和校验功能，可以实现完全由人工控制的补弹及卸弹过程。自检模式用于控制系统本身自检。

5.5.5　中心控制器设计

中心控制器设计是整个控制系统设计的关键，因此应根据控制系统的总体设计要求（如位置控制精度、弹仓运动速度等）来选择相应的控制器件和采样器件，并注重系统的软件设计。

1. 中心控制器的选型

控制系统硬件的确定是要选择一个合适的控制器。目前用于现场过程控制的控制器种类很多，根据具体的控制方案、体系结构以及复杂程度的不同，可以分为以下几种典型类型：

1）可编程控制器

可编程控制器（Programmable Logic Controller，PLC）是早期继电器逻辑控制系统与微计算机技术相结合而发展起来的。它的低端即为继电器逻辑控制的代用品，其高端实际上是一种高性能的计算机实时控制系统。

PLC 以顺序控制为其特长，可以取代继电器控制装置来完成顺序控制和程序控制，能实现闭环的位置控制和速度控制，也能构成高速数据采集与分析系统，如果与计算机相联，则可以实现整个控制过程完全自动。PLC 变革了传统的继电器控制系统和其他类型的顺序控制器。而且，在满足同样控制要求的情况下，PLC 没有计算机控制系统那样复杂。PLC 的使用既有利于将控制系统标准化、通用化和柔性化，又有利于缩短控制系统的设计、安装和调试周期，还有利于降低生产费用。

2）单片微控制器

单片微控制器将 CPU、RAM、ROM、定时/计数、多功能 I/O、通信控制器、图形控制器、高级语言、操作系统等集成在了一块大规模集成电路芯片上。由于单片微控制器高度集成化，因此它具有体积小、功能强、可靠性高、功耗小、价格低廉、易于掌握、应用灵活等优点。

3）工业控制计算机

工业控制计算机分为专用和通用两种类型，通常由两部分组成：计算机和过程 I/O。其中，计算机部分可以分别采用不同的 CPU 系列，而过程 I/O 部分则包含模拟量 I/O 系统和开关量 I/O 系统等。

4）分散型控制系统

分散型控制系统又称为集散系统，是 20 世纪 70 年代中期发展起来的一种新型过程控制系统。它是计算机技术、控制技术、通信技术和图形显示技术相结合的系统，能够实现过程控制和现代化管理的设备。

以上四种控制器都可以应用于工业现场过程控制，但从价格、功能、可靠性、与之配套的外围设备、应用在恶劣环境的能力等几个方面来比较，各有特点。具体分析如下：

（1）可编程控制器的价格不高，功能简单，可靠性很高，与之配套的外围设备要求简单,在恶劣环境的适应能力很强。

(2)单片微控制器的价格低廉,功能一般,可靠性不高,与之配套的外围设备要求较复杂,在恶劣环境的适应能力不强。

(3)工业控制计算机的价格较高,功能较强,可靠性较低,与之配套的外围设备要求较复杂,在恶劣环境的适应能力较差。

(4)分散型控制系统的价格昂贵,功能很强,可靠性很低,与之配套的外围设备要求很复杂,在恶劣环境的适应能力很差。

根据以上四种控制器的特点,结合自动弹仓控制系统的具体特点(输入点不多,输出点也不多,且基本上都为开关量,控制动作、过程相对简单),并考虑到自动弹仓安装在炮塔,而炮塔内的用电设备多,工作环境相对恶劣,但自动弹仓控制系统必须稳定地工作,且对其可靠性的要求很高,所以选用可编程控制器(PLC)作为中心控制器比较合适。

市场上流行的 PLC 有很多类型,通常根据 PLC 的外部 I/O 点数和用户程序存储容量的大小来将 PLC 划分为小、中、大三类:

小型 PLC:I/O 总数≤128,用户程序容量为 1~2(kW)(k = 1 024,W = 2 个字节)。

中型 PLC:I/O 总数≤512,用户程序容量为 4~8(kW)。

大型 PLC:I/O 总数达 1 024 或更多,用户程序容量为几十~上百(kW)。

在实际应用中,I/O 不超过 64 点的 PLC 也称为微型 PLC。

自动弹仓控制系统的实际情况为:输入点为 50 点左右,输出点为 45 点左右。其中,在输入点方面比较特殊的是旋转电位计的 4 个输入点须转换成 PLC 可直接读取的数据,要求与 PLC 的 A/D 采样模块连接;在输出点方面比较特殊的是直接驱动七段数码管(CMOS 管)输出,要求 PLC 的输出方式为 TTL(逻辑门电路)方式,以便能快速地反映数据变化。

根据以上情况,所选择的 PLC 必须满足以下几方面的要求:

(1)小型机。

(2)具有 A/D 输入单元。

(3)输出方式为 TTL 方式。

同时,由于系统配置的要求以及现在流行在线编程调试等特点,所选择的 PLC 必须具有与计算机通信的能力。

2. 中心控制器的组成

1)中心控制器的硬件组成

根据系统输入/输出功能特点的要求,中心控制器由供电电源单元、CPU 单元、输入单元、输出模块、A/D 采样模块、RS232 通信模块等组成,如图 5-14 所示。

2)中心控制器的输入/输出点

PLC 控制系统的输入点和输出点的确定对控制系统有着重要的影响。其中,输入点包括操作面板的多路开关、按钮开关、角度传感器的输入、各种检测开关和位置开关等,共计 128 点;输出点包括执行电动机、测速电机、电磁阀、指示灯、接触器、数码管输出等控制点,共计 96 点。

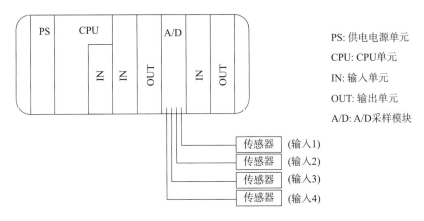

PS: 供电电源单元
CPU: CPU单元
IN: 输入单元
OUT: 输出单元
A/D: A/D采样模块

图5－14 中心控制器的组成示意

3. 软件设计

软件设计的基本思想是：以系统功能为框架，对系统所要实现的功能进行从上至下的详尽分析，从中归纳出若干基本程序功能单元；以这些基本程序功能单元为元素，运用模块化设计原则，实现系统功能，搭建出初步软件结构；对该软件结构进行修改优化，形成最终软件框架。在优化和具体设计中，要充分采用模块化设计思想，合理划分工作模块。

在进行软件设计时，要对自动弹仓的整个工作过程进行分析和动作划分。自动弹仓的主要工况包括自动选弹、补弹、卸弹。对弹仓的各种工作模式，控制系统都要实现弹仓运动控制，以及弹仓内的弹种信息管理。弹仓运动控制包括接收指令、统计余弹数、分析弹筒链位置、判断弹仓旋转的最短路径方向、弹筒链定位等；弹种信息管理包括对弹仓内弹丸信息的人工修改、补弹、卸弹、安排弹丸顺序，并实时对弹仓内各弹种的弹丸数量进行统计等功能。

整个软件系统分成两个模块：一个模块为弹种信息管理模块，另一个模块为运动过程控制模块。软件系统以这两个模块为基础，划分其他子功能模块。

运动过程控制模块的主要任务是根据所接收的指令，按预定的工作时序来实现弹仓运动并判别运动方向和步距，对各个传感器输入信号进行可靠识别、判断、容错，并对工作过程可能出现的意外情况进行处理和报警。

1）弹种信息管理模块

由于弹筒所形成的弹筒链是闭合的，在选弹过程中可能方向不唯一，因此存在如何选择最短路径的问题，有可能正转最近，也有可能反转最近，须对此进行判断。在编制软件时，要注意程序输入参数是要选取的目标弹筒号，执行结果应输出正转或反转的标志。

在弹仓自动模式下，弹种信息管理模块的任务主要是读取允许装填命令，并设置参数。当接到启动指令时，自检系统在自检完成后将指令参数显示到显示装置上供操作人员读取；根据射击指令参数中的弹种信息，找到装有该种弹的弹筒号，并将其传送至运动过程控制模块；当被选弹筒内的弹丸被推送至协调器托弹盘后，将所记忆的弹筒内弹丸信息清除，然后检查下一发弹筒号，直至找出的弹丸数等于命令射弹数为止。弹种信息管理模块的工作流程示意如图5-15所示。

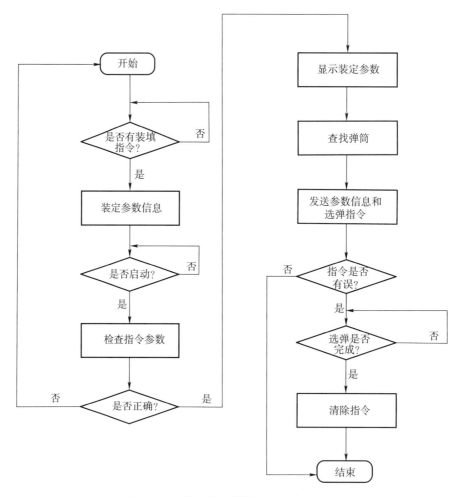

图5-15 信息管理模块的工作流程示意

2）弹仓运动控制模块

弹仓运动控制模块能够根据上位控制器指令，将弹仓内的待发弹丸通过一系列动作传送至协调器托弹盘内。弹仓运动控制模块的主要工作流程为：初始化系统后，接收待发弹筒号，对接收到的目标弹筒信息进行判断；如果信息正确，就先对初始弹位信息进行采样分析，再与理论目标弹位信息进行比较运算，根据旋转弹仓的运动方向和运动步距进行选弹工作；当进入目标弹位后，就切断运动指令，根据弹仓控制器的指示信息进行弹筒链的准确定位；当到位标志竖起时，表示完成了弹丸的动作控制。弹仓运动控制模块的控制流程示意如图5-16所示，图中的 n 为弹丸总数。

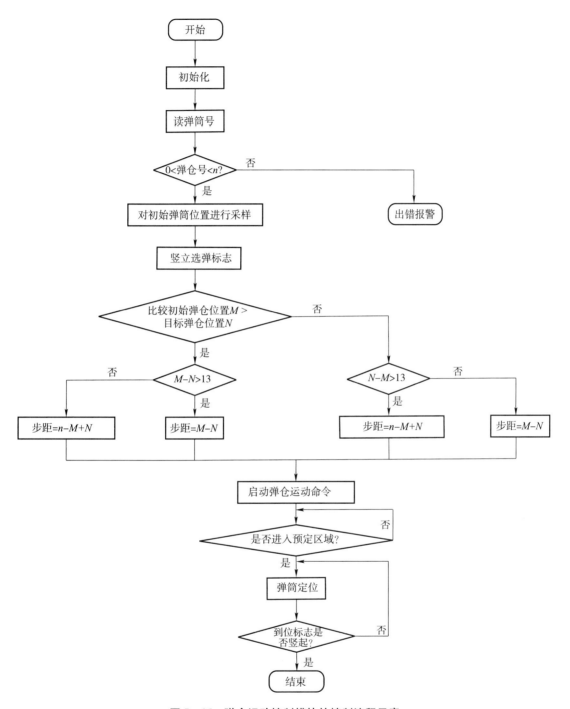

图 5-16　弹仓运动控制模块的控制流程示意

5.5.6　弹仓控制器设计

1. 基本设计思想

定位精度问题是弹仓控制器设计需要解决的首要问题。弹筒内每发 155 mm 口径的弹丸约45 kg，弹筒链在空载和满载的负载变化可达约1.2 t。负载变化如此大，给弹仓运动控制带来了困难。另外，弹丸在弹仓内的分布情况也可能使控制工况恶化。例如，在上排弹筒满载、下排弹筒空载，或下排弹筒满载、上排弹筒空载的情况下，整个旋转弹筒链的重力分布严重不平衡，当需要定位某一弹筒时，弹筒链处于"上坡"或"下坡"状态，运动阻力或惯性冲击力很大，这将造成运动控制困难，弹筒定位的准确性降低。对于弹筒运动控制的这种实际情况，采用简单的开环控制很难达到控制精度的要求。

在进行弹仓运动控制系统设计时，须把非线性问题作线性化处理，即不考虑实际系统所存在的缺点（如不灵敏区、反转误差、以及饱和限制等非线性因素），尽管它们都会对位置控制系统造成一定影响。此外，控制策略的选取还必须考虑弹筒链负载变化大的实际情况，那种从弹筒待发位置到弹筒目标位置实行全行程控制的控制方式不但会增加循环时间，而且会降低位置控制的精度。

经过理论分析和实际考虑，可以采用下面的控制思路。

弹筒链的受控运动可以简化为图5-17所示的弹丸运动。图中，线段 AB 为运动范围，点 C 为待发弹丸的起始位置，点 D 为弹丸定位的目标位置，点 E 为位置控制起作用的始点。将弹筒定位过程分成两段：在 CE 段，只需控制电动机的运动方向，可以将其认为是开关量控制，给电动机加额定电压，使电动机全速运转带动弹仓向点 D 快速运动；当弹筒链到达点 E 时，可将系统视为位置控制系统，把待发弹丸准确地定位在点 D。

上述控制策略不但可以使弹筒链运动的快速得到保证，而且可以实现待发弹丸的准确定位。一种理想的弹筒链速度—时间曲线如图5-18所示，图中的 v_{max} 为电动机额定转速所对应的弹筒链运动速度。

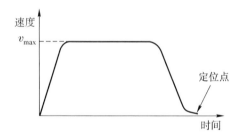

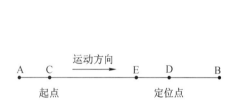

图5-17 弹丸运动及定位过程示意　　图5-18 弹仓从启动到定位过程的理想速度—时间曲线

在进行位置控制回路设计时，通过设置大的比例放大系数，在图5-17所示的 CE 段，使位置误差信号的输出处于饱和区，从而变成一个输出恒定的非线性环节；在 DE 段，使系统工作于线性区，以比例线性环节工作；点 E 的位置则可以在调试系统时通过调整反馈深度和位置环放大倍数来方便地调整后再确定。速度环可以用一个简单的积分电路来实现。

在进行位置控制回路设计时，应设置专门的检测电路来检测位置传感器的状态。该电路不参与闭环控制，仅作为中心控制器输入，为程序干预和改变控制模式提供信息。

大部分运动过程是以非控的最大速度运动，对暂态指标无要求，不需要用较大的超调来换取较少的时间。

在驱动电路中，应设置程序干预环节，以便可以通过程序来关断电动机驱动部分。在满足要求的精度时，关断驱动电路，解决干扰等引起的超调或振荡，使到位过程变成一个单调过程。这样做还有另一个优点，即对机械结构的齿轮间隙的要求大大降低，对机械装配的要求也相应地大大降低。

为了准确地实现弹丸定位精度，需要注意的另一个问题是位置传感器的安装位置。位置传感器必须安装在作动机构的最末端，以保证规定的到位精度。

在自行火炮内有多个复杂的火炮武器子系统，由于炮塔内空间狭小，因此选用体积小的串激电动机，且利用两台电动机并联工作。驱动电路直接控制其电枢以额压电压直通工作，而在 ED 段，以准脉冲形式工作。这样的电路不仅容易设计，还可以避免设计复杂的 PWM 电路（脉冲宽度变调电路）。

2. 控制方案

旋转弹仓采用位置速度闭环系统控制，用模拟电路实现。电路由位置环、速度环、驱动电路三部分组成。电路设有接口，用于接收中心控制器的指令及反馈执行结果。弹仓运动由两台串激直流电动机驱动。

控制传感器用两只线性电位器作为角度传感器，线性度为 1‰。两只传感器均加载电压 +10 V。一只传感器（BQ1）与中心控制器的 A/D 模块连接，用于标识弹仓；另一只传感器（BQ2）作为控制系统的位置反馈信号。两只传感器与机械结构的配合关系为：整个弹仓转一圈，BQ1 也转一圈。这样，当 25 个弹筒在接弹口位置时，就有大小不同的电压由 BQ1 输出，中心控制器据此来判断几号弹筒到了接弹口；旋转弹仓每转一个弹筒距离，BQ2 就转一圈，当某个弹筒在接弹口准确定位时，BQ2 就输出电压 5 V。

驱动电路用电力半导体器件 IGBT 作为功率元件来驱动两台电动机。速度反馈信号用测速发电机提供。

用电位器做传感器的好处是输出的角度信号为模拟量，可以方便地用模拟电路来处理，从而极大地简化了设计方案，而弹位信息则可以方便地由中心控制器的 A/D 模块读取。若采用旋转变压器，则 SDC（自整角机数字转换器）转换和单片机必不可少，还得用 D/A 电路提供模拟信号给模拟电路。

为了进一步简化设计，控制系统中未设置电流反馈，而是在驱动器中设置合适的保险起保护作用。

整个弹筒链转动一周的时间应在结构设计时考虑，由所选驱动电动机的功率和输出扭矩来保证。这是因为在选弹过程中，定位过程相对时间长一些，它由控制系统决定。但在其他行程中，电动机以其额定速度运行，弹仓运动时间主要由电动机及负载的相关特性来决定。在整个选弹过程中（特别是较远距离选弹时），定位过程的时间对整个选弹过程的时间影响可以认为很小或者认为无影响。旋转弹仓运动控制原理示意如图 5 - 19 所示。

从图中可以看出，弹仓运动控制系统的功能是要完成选弹和定位，即把某个指定的弹筒移动到推弹点，并定位于规定的位置精度范围之内。

当要选弹时，中心控制器发出指令，这时位置信息组合处理电路输出一个绝对值很大的量（远大于电动机全速运转时所反馈的速度信号），使系统所选弹仓以最短路径向接弹口运转。

当所选弹丸到达供弹点附近一定范围内，位置信息组合处理电路输出 BQ2 的位置反馈信号，使所选弹筒自动定位于和协调器托弹盘对准的位置。

当待发弹丸定位结束后，位置反馈信号将通知中心控制器，选弹和定位过程已完成，可以根据相应条件进行其他操作。

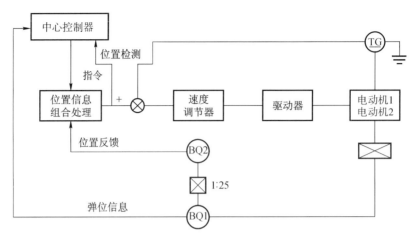

图 5 - 19 旋转弹仓运动控制原理示意

5.5.7 显示系统设计

1. 显示方法

采用七段数码管的显示方式，对弹药自动装填系统在发射过程中的各参数进行数据处理。操作人员可以在显示面板上观察到弹种、射弹数、引信、模块药号、射击方式等数据信息、火炮状态指示，以及由上级指挥所下达的射击命令等，采用 PLC 来控制数码管的运行。

七段数码管是一种工程上应用得非常广泛的显示器件，大量应用于未采用 CRT 显示器（阴极射线显像管）或液晶板显示的应用场合。

数码管一般是用单片机电路和相应的控制软件来进行驱动显示的，但火炮的使用环境对单片机工作的可靠性有一定影响，一些电磁干扰很容易导致单片机电路和显示电路出错，造成数码管不能正常工作。虽然在工程上可以采取措施来抑制这些不利影响，但会造成设计复杂化和成本上升。运用 PLC 直接驱动数码管显示与单片机电路驱动显示相比，既简化了电气结构设计，又提高了系统的可靠性、稳定性和抗干扰能力。使用 PLC 驱动数码管显示，可以简化硬件电气设计，提高系统的抗干扰能力。在程序设计中，应设立专用的显示数据缓冲区，利用系统循环扫描的运行方式，系统在扫描周期内对缓冲区进行扫描，实时更新显示数据，使数据显示具有实时性强、几乎不占用系统扫描时间、无须判断刷新显示时机的优点。

2. 驱动数码管的电气结构设计

弹药自动装填系统最主要的人机接口界面是装弹手操作面板，几乎所有操作都是通过该面板完成的，同时它还兼有工作状态及信息的显示功能。面板采用传统方式设计，主要由数码管、指示灯、按钮和旋钮开关等组成。其中，数码管有若干个，分别显示上级指挥系统发送的装定信息。在装填和射击过程中，装弹手操作面板应能实时、准确地显示弹药装填控制系统的工作状态及信息，正确接收并显示来自上级的射击命令和信息。所以，在设计时，应提高驱动显示电路的抗干扰能力。

1）显示驱动电路原理及硬件设计

由 PLC、光耦、译码器、数码管等器件组成的显示驱动电路结构简明、抗干扰性强，且有很强的驱动能力，只需一个输出模块就可以驱动 16 个数码管。

显示驱动电路由自动装填控制系统中心控制器中 PLC 的输出模块提供数据信号和地址

信号，分别将其通过光电耦合器隔离。将隔离后的数据信号接入数码管的数据端，而隔离后的地址信号则通过译码器对地址进行译码，再将译码地址信号分别接入数码管的选通端。这样便在硬件上实现了对数码管的驱动，这一原理示意如图 5 - 20 所示。

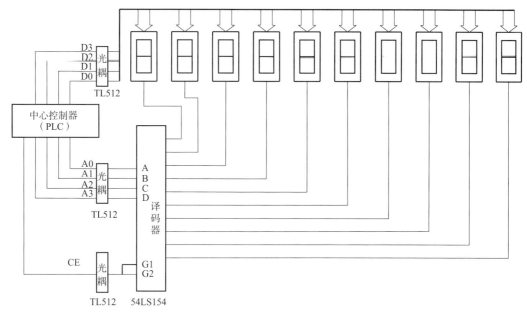

图 5 - 20　显示驱动电路原理示意

2）用 PLC 直接驱动数码管显示程序的设计

PLC 完成控制任务是在其硬件的支持下，通过执行反映控制要求的用户程序来完成的。从广义上来讲，PLC 实质上也是计算机控制系统，只不过它具有比计算机更强的与工业过程相连的接口，具有更适用于控制要求的编程语言。同时，PLC 采用了一种不同于一般微型计算机的运行方式——扫描技术。PLC 对整个用户程序采取循环扫描的工作方式，即执行用户程序不是一次就结束，而是一遍一遍地循环执行，直到停机。系统对实际 I/O 数据的刷新时机不是在程序执行时，而是在每一次程序扫描完成以后。

显示程序是装填过程控制总程序的子程序，它有 3 项功能：显示来自上级系统的射击指令信息；显示弹仓相关信息；显示各种操作管理中的相应状态信息。

依据显示程序的功能要求，在程序设计中有两个问题十分重要：一是显示数据在系统内存中的存放；二是显示数据在操作面板的实时刷新。

在 PLC 中，决定被控变量状态的逻辑关系组成因素多来自生产现场，随着程序的执行，需要某一信息时，就到生产现场去采集信息。采集到的信息是实时的，但对同一因素来说，采集的时刻不同，其状态可能会有所不同。当系统中的显示数据发生变化或在链接通信中接收到新的数据时，应及时对操作面板上的数据信息进行刷新后再显示。这就需要在程序中判断数据是否发生变化，是否需要刷新。这样做会增加系统运行时间，降低系统实时性，有可能使变化的数据不能及时更新显示，从而会降低系统的可靠性。因此，针对这一点，在程序的初始化阶段，应建立显示数据专用的数据缓冲区，专门用于存放显示数据。经实践证明，这是一种行之有效的方法。在程序运行过程中，当有数据发生变化时，显示数据缓冲区内的对应数据区也同时更新。另外，利用 PLC 独特的循环扫描运行方式，在程序设计中设置参数对系统扫描周期进行计数：在第 1 个系统扫描周期内，将显示数据的地址信号和数据信号从 PLC 输出模块输出；在第 2 个系统扫描周期内，选通 CE 信号置为高电平，使译码器译码并向数码管输出显示数据；在第 3 个系统扫描周期内，置 CE 信号为低电平，译码器停止译码和输出显示数据；在第 4 个系统扫描周期内，将对系统扫描周期做计数的参数清零，以便在下一个扫描周期内重新计数。

如上所述，显示程序通过对系统循环扫描次数的累加，以 4 个系统扫描周期为一组，不管显示数据是否发生变化，都不断重复对缓冲区内的显示数据进行扫描，将显示数据逐一输出到数码管。

工作流程：初始化内存，对系统循环扫描进行累计，当扫描一遍后，将数据地址和译码地址写入寄存器，如果地址溢出，则初始化数据和译码地址；当扫描次数为 2 时，选通信号置为高电平；当扫描次数为 3 时，选通信号置为低电平；当扫描次数为 4 时，循环计数器清零，开始下一个循环。这样可每扫描 4 次（一个周期）进行一次显示。显示程序工作流程示意如图 5 - 21 所示。

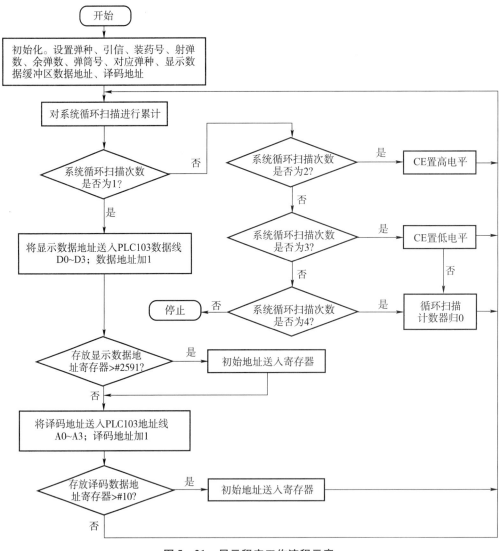

图 5 - 21　显示程序工作流程示意

5.6　典型弹药全自动装填控制系统总体设计的基本概念

5.6.1　某典型弹药全自动装填控制系统的基本组成

某大口径火炮弹药自动装填控制系统由供输弹系统、供输药系统和液压系统组成，如图 5-22 所示。供输弹系统由链式回转弹仓、弹丸转送机械手、弹丸协调装置和输弹机等组成，主要用于完成弹丸的存储、选择、传送、协调以及输弹入膛等功能。供输药系统由链式回转药仓、模块药选配装置、药协调器和输药机等组成，主要用于完成模块药的存储、选配、协调以及输药入膛等功能。液压系统由控制阀组、油源电动机和压力传感器等组成，其中控制阀组包括溢流阀、减压阀、换向阀和电磁开关球阀等，用于实现对液压系统的控制，为执行机构提供动力。

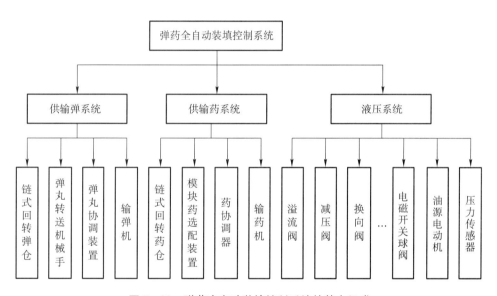

图 5-22　弹药全自动装填控制系统的基本组成

1. 链式回转弹仓

链式回转弹仓由对称布置的两个弹仓组成，每个弹仓均由 20 个完全相同的弹筒构成，相邻两个弹筒首尾串联构成链式循环结构。链式回转弹仓是供输弹系统的重要功能部件，用于存储各种类型的弹丸，包括底凹弹、底排弹和枣核弹等。为了保证弹丸交接的可靠性，要求弹仓具有较高的定位精度，并且能够适应可能出现的各种工况。例如，弹仓空载、半载和满载；车体倾斜；高温和低温环境；冲击和振动；等等。弹丸在轴向和径向两个方向均具有机械限位，用于防止弹丸在行军和射击过程中窜动，以保证弹丸和弹筒的安全。

链式回转弹仓能够根据作战任务自动选择合适类型的弹丸，并将所选弹丸回转至弹仓出弹口，为弹丸转送机械手取弹做好准备；自动选弹时，优先从弹丸数量较多的弹仓选取弹丸，以尽量保证车体质量分布均匀；能够接收车外供弹，可以自动记忆弹丸种类和弹丸在弹仓中的位置等信息，作为自动选弹时弹仓路径优化的约束条件。链式回转弹仓可以降级使用，具备手动操作接口。

2. 弹丸转送机械手

弹丸转送机械手共有 3 个自由度，可以实现弹丸的回转、平移和抱紧（松开）。回转和平移动作均由永磁同步电动机驱动，而抱紧（松开）动作由大功率电磁铁驱动。弹丸转送机械手的主要任务是把弹仓出弹口的弹丸转送至多自由度弹丸协调装置，要求转送可靠、动作平稳。为了保证能够可靠地抓取弹丸，要求弹丸转送机械手具有较高的定位精度。此外，在接收车外供弹时，弹丸转送机械手还用于把车外弹丸转送至指定的弹仓。

3. 弹丸协调装置

弹丸协调装置位于炮塔回转中心下方，由多组连杆机构组成，其主要任务是把弹丸转送机械手送过来的弹丸协调至与身管轴线重合的位置（即所谓的输弹线），要求具有较高的协调精度，以减小输弹时弹丸姿态对卡膛一致性的影响。弹丸协调装置具有多个自由度，分别由永磁同步电动机和液压油缸驱动，是一个典型的机电液耦合系统。弹丸协调装置的工作过程较复杂，不但在协调弹丸前要避开弹丸转送机械手，而且在协调过程中要避免弹丸与弹仓发生碰撞，还要避免弹丸与炮尾发生碰撞。

4. 输弹机

输弹机固定在弹丸协调装置上，采用链式传动结构，由液压油缸带动齿轮齿条驱动，其主要任务是把输弹线上的弹丸快速输送入膛，并保证在任意射角下具有良好的卡膛一致性。卡膛一致性是弹药自动装填系统的重要性能指标，它直接影响到火炮武器系统的射击精度，因此要求输弹机应能够根据射角的变化自动调整输弹力，以保证弹丸在任意射角下的卡膛一致性。此外，输弹机还应能够实时监测输弹的速度，当输弹速度出现异常情况时，应及时报警或给出提示。

5. 链式回转药仓

链式回转药仓位于炮塔尾舱，由若干个完全相同的药筒首尾串联而成，构成"L"形链式循环结构。链式回转药仓用于存储可供所有弹丸发射的模块药，每个药筒可以存放 6 块模块药，相邻两块模块药之间由隔板隔开。选配模块药时，若当前药筒的模块药已选配完，则链式回转药仓自动回转至下一个药筒的位置，继续选配模块药。链式回转药仓可以降级使用，具备手动操作接口。

6. 模块药选配装置

模块药选配装置位于链式回转药仓的中间，由选药机构和推药机构两部分组成，其主要任务是根据指令选配指定数量的模块药，由推药机构推出至药协调器。选药机构由永磁同步电动机驱动，包括 6 个凸轮传动机构，每旋转 120° 可选取一块模块药，如果需要选取 6 块模块药，则旋转两周。推药机构采用链式传动结构，由永磁同步电动机通过蜗轮蜗杆带动链条动作，其主要任务是把选配的模块药推送至药协调器。模块药选配装置可以降级使用，具备手动操作接口。

7. 药协调器

药协调器安装于耳轴右侧，其主要任务是把模块药协调至与身管轴线平行的位置，然后翻入输药位置，最后由输药机输送入膛。药协调器是供输药系统的主要功能部件，要求其能够精确地定位在与身管轴线平行的位置。如果协调器的定位误差较大，将会导致输药通道不顺畅，造成输药入膛困难。药协调器由直线液压油缸驱动，其角位移是液压油缸直线位移的三角函数，等效负载随协调器角位置的改变而变化较大，是一个典型的时变非线性系统。

8. 输药机

输药机固定在药协调器上，采用链式传动结构，由永磁同步电动机驱动，其主要任务是把位于输药位置上的模块药输送入膛，要求输药过程平稳、可靠，并且能够适应身管射角变化引起的输药力矩变化。

9. 液压系统

液压系统主要包括各种传感器和控制阀组，如溢流阀、减压阀、换向阀、电磁开关球阀、压力继电器和压力传感器等。溢流阀通过阀口的溢流作用使液压系统的压力保持恒定，实现稳压和限压的功能。在弹药自动装填系统中，同一个液压泵需要同时向多个执行机构提供压力油，当某一液压回路需要的工作压力较液压泵的供油压力低时，可以在该液压回路前串联一个减压阀，以降低该回路的供油压力。换向阀通过改变阀芯在阀套中的位置，关闭或打开液压油的通路，以达到控制液压油流动方向的目的。电磁开关球阀用于关断液压回路，使执行机构保持在当前位置。压力继电器利用液压压力开启或关闭电气触点来实现液压信号到电气信号的转换。此外，液压系统还包括油源电动机、液压泵、伺服阀、平衡阀、液压冷却装置等。

5.6.2　某典型弹药全自动装填系统综合控制系统的工作流程

弹药自动装填系统通电后，首先进行状态自检，然后把自检状态上报给炮长任务终端，最后初始化各部件，做好装填准备。

弹药自动装填系统准备好后，实时监听炮长下达的装填指令。在接收到装填指令后，首先根据射击任务来确定所需弹丸的类型和模块药的数量；然后装填弹药。弹丸和模块药的装填过程是同时进行的。弹药自动装填流程示意如图 5 - 23 所示。

1. 弹丸的装填流程

（1）根据所需弹丸的种类和弹仓中弹丸的相关信息（弹丸的种类、弹丸所在弹筒的位置）进行选弹路径优化。

路径优化的原则：①优先在弹丸数量较多的弹仓中选弹；②若两个弹仓中弹丸的数量相同，则优先从左侧弹仓选弹；③优先选择距离弹仓出弹口较近的弹丸。

选弹路径优化完成后，把选定的弹丸回转至弹仓出弹口，等待机械手取弹。

（2）弹丸转送机械手把弹仓出弹口的弹丸取出并转送至弹丸协调装置。在转送的过程中，机械手需要根据当前的射击任务给弹丸装定相应类型的引信。

弹丸转送机械手取弹的基本原则：①若两个弹仓均准备好，则优先从弹丸数量较多的弹仓取弹；②若只有一个弹仓准备好，则不考虑弹仓中弹丸数量的影响，直接从已准备好的弹仓取弹；③若两个弹仓均未准备好，则等待直到至少有一个弹仓准备好。

（3）弹丸协调装置把弹丸协调至输弹线。在协调弹丸之前，须先等待弹丸转送机械手回到安全位置，再协调弹丸的姿态。在弹丸协调过程中，应避开链式回转弹仓，以保证设备安全。

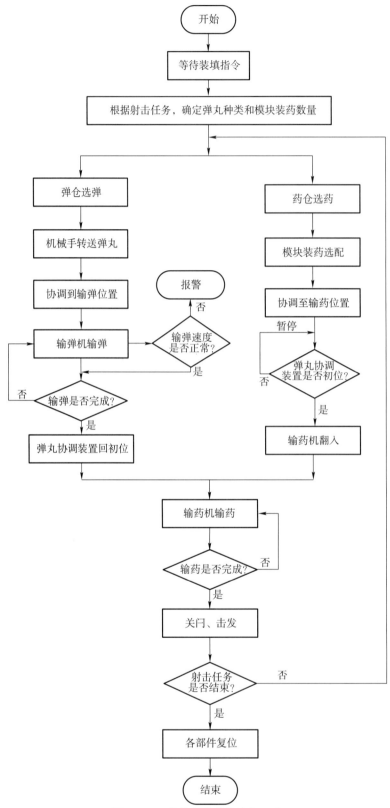

图 5-23 弹药自动装填流程示意

（4）输弹机把输弹线上的弹丸快速输送入膛。为了保证弹丸在任意射角下的卡膛一致性，输弹机需要根据当前射角来自动调整输弹力。此外，在输弹过程中应实时监测输弹速度，如果输弹速度出现异常，则应报警提示。

（5）输弹完成后，弹丸协调装置回到初始位置，等待接收弹丸转送机械手转送的下一发弹丸。

2. 模块药的装填流程

在装填弹丸的同时，链式回转药仓判断当前药筒是否有模块药，如果没有模块药，则自动回转到下一药筒位置。

模块药选配装置根据射击任务选配指定数量的模块药，然后由推药机构推入药协调器。推药之前，须判断药协调器是否在接药位置，如果不在接药位置，则等待药协调器回到接药位置。

药协调器接收到模块药后，首先协调到与身管平行的位置（即协调位），然后判断弹丸协调装置是否在输弹线上。如果在输弹线上，则等待弹丸协调装置回到初位；如果弹丸协调装置已回到初位，则输药机翻入输药位置，然后由输药机输药入膛。

弹丸和模块药均装填完成后，由液压油缸驱动关闩机构关闩，等待击发指令，至此完成一次弹药装填过程。

如果在一次射击任务中要进行多次射击，则应重复以上装填步骤，直至完成此次射击任务。射击任务完成后，弹药自动装填系统的各部件应回到其初始位置，为下一次射击任务做好准备。

5.6.3　某典型弹药全自动装填系统综合控制系统总体设计的基本概念

在弹药自动装填系统综合控制系统中，主控计算机与伺服电动机驱动器、光电编码器、远程站点等组成 CANopen 网络[①]。随着功能部件的增多，CANopen 网络的节点数量也越来越多，势必增加总线的负载率。根据工程经验，当 CANopen 网络的总线负载率超过 30% 时，报文延时的概率就会增大，难以保证数据传输的实时性，甚至会出现报文丢失的情况。为了减小 CANopen 网络的总线负载率、提高通信的实时性和稳定性，本系统将采用两条相互独立的 CANopen 网络进行数据的交互。

弹药自动装填系统综合控制系统由主控计算机、远程站点、伺服电动机驱动器、光电编码器、伺服阀、电磁铁、限位开关、压力传感器和控制阀组等组成，其中 3 个远程站点与主控计算机组成一个 CANopen 网络，而伺服电动机驱动器、光电编码器则与主控计算机组成另一个 CANopen 网络，如图 5 - 24 所示。

1. 主控计算机

主控计算机是整个控制系统的核心，其主要任务有：

（1）按照规定的时序协调各机构的动作，有条不紊地完成弹药装填工作。

（2）监视系统各部件的状态。例如，伺服电动机驱动器、光电编码器和远程站点等的状态。

---

① CANopen 是一种架构在控制局域网络上的高层通信协议，包括通信子协议及设备子协议，常在嵌入式系统中使用，也是工业控制常用到的一种现场总线。

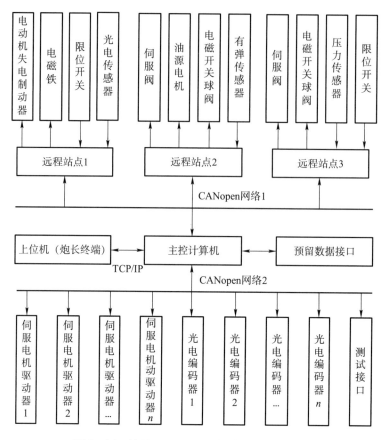

图 5-24　基于 CANopen 网络的控制系统示意

（3）对异常或故障的部件及其故障原因给出相应提示，以便快速排除故障。

（4）对机构动作异常进行提示或报警。例如，输弹速度异常、动作超时、定位误差超限等。

（5）存储和记忆有关重要信息。例如，弹仓中弹丸的数量和种类；药仓中模块药的数量和温度；等等。

（6）执行液压伺服系统的位置环控制算法，实现对液压油缸的位置控制。

（7）与炮长任务终端进行数据交换。

2. 远程站点

远程站点的主要任务是采集传感器信息和输出控制信号。

（1）采集各传感器的信息（如限位开关、有弹传感器、压力传感器等的信号），滤波后送到主控计算机进行处理。

（2）输出主控计算机的计算结果（如伺服阀、电磁开关球阀、电磁铁、电动机失电制动器等的控制信号）。

3. 伺服电动机驱动器

伺服电动机驱动器完成永磁同步电动机的电子换向和解耦控制，其位置指令来自主控计算机，如图 5-25 所示。

图 5 – 25　永磁同步电动机控制系统框图

（1）主控计算机根据所需弹丸的种类、弹仓中弹丸的信息以及弹仓的当前位置计算得到伺服电动机的位移指令。

（2）经过 CANopen 网络发送给伺服电动机驱动器，驱动器完成永磁同步电动机的位置控制。

此外，伺服电动机驱动器还通过 CANopen 网络来上报一些状态信息。例如，电动机转子的位移和速度；驱动器故障；定位完成；误差超限；等等。

液压伺服控制系统的位置控制算法由主控计算机执行，控制信号由远程站点送至伺服阀放大器，如图 5 – 26 所示。

图 5 – 26　液压伺服控制系统框图

（1）主控计算机根据被控对象的期望位置和当前位置来计算得到位置误差。

（2）根据控制算法计算得到相应的控制量，通过 CANopen 网络发送给远程站点。

（3）由远程站点输出实际的控制信号来控制伺服阀动作，完成液压油缸的位置闭环控制。

远程站点输出的控制信号一般为 ±10 V 的差分信号。

4. 上位机（炮长终端）

上位机（炮长终端）为操作人员和主控计算机之间的交互提供接口，其主要任务是状态显示和数据输入。

状态显示主要包括：装填动作的实时三维动画显示；传感器的到位状态显示与故障报警；伺服电动机驱动器和伺服阀放大器的状态显示与故障报警；弹仓中弹丸的种类、数量和当前位置显示；药仓中模块药的数量和温度显示；当前射击任务的状态显示；等等。

数据输入主要包括：光电编码器的置位指令和零位修正值；弹道修正数据；气象条件；调炮指令；射击指令；等等。

5. 预留数据接口

为了验证设计的正确性和可行性，并为后续分析和优化提供必要的数据，在系统设计时预留了多种数据接口，包括以太网接口、USB 接口、RS232/485 接口、CAN 接口等。数据接口的主要功能是进行数据的导入、导出。例如，可以通过数据接口导入控制软件对控制系统软件升级；还可以通过数据接口导出系统运行过程中的重要信息，为故障分析提供必要的数据。

控制系统软件采用模块化设计，各模块功能明确，便于软件维护和功能升级。在实际工程中，传感器采集的数据往往包含大量测量噪声，一般需要经过滤波后才能使用。滤波可以分为硬件滤波和软件滤波两种方式，为了节省成本，本控制系统采用了软件滤波的方式。

第 6 章
弹药自动装填机电系统动力学建模的基本理论和方法

在弹药自动装填系统中，广泛采用电动机驱动，而且纯电驱动是未来的一个重要发展方向。本章将阐述弹药自动装填系统中电动机驱动部件的动力学及控制的基本理论。

6.1 电动机驱动的基本概念

旋转电动机具有一个定子和一个转子。转子和电动机轴固定，以驱动负载。电动机产生的扭矩导致转子运动，该扭矩是由作用在转子上的电磁洛伦兹力形成的。建立洛伦兹力的方法有多种，不同的建立方法决定了电动机的不同物理特性。电动机分为直流电动机（DC）和交流电动机（AC）。直流电动机很适合用于控制，因为电动机的扭矩可以被精确地控制。然而，在电子学领域的最新研究使得精确控制交流电动机的扭矩已成为可能，因此，交流电动机也可以应用到精确控制的场合。

6.1.1 基本方程

一台旋转电动机具有一个以角速度 ω_m 旋转的电动机轴。如果用 T 表示电动机的输出扭矩，则可以用下式来描述电动机轴的运动：

$$J_m \dot{\omega}_m = T - T_L \qquad (6-1)$$

式中，J_m——电动机的转动惯量；

T_L——作用在轴上的负载转矩。

电动机传递到轴上的机械功率 P_m 为

$$P_m = T\omega_m \qquad (6-2)$$

负载机械功率 P_L 为

$$P_L = T_L \omega_m \qquad (6-3)$$

电动机的速度一般用转速（r/min）表示，转换成角速度（rad/s）的公式为

$$r/min = \frac{2\pi}{60} \ rad/s = 0.105 \ rad/s \qquad (6-4)$$

6.1.2 齿轮模型

典型的电动机的转速为 0 ~ 3 000 r/min。经过特殊设计的电动机，其转速可以达到 12 000 r/min。与之相比，车辆发动机的转速为 800 ~ 6 000 r/min。由于大多数应用要求的负载速度范围远小于电动机的速度范围，因此需要采用减速装置。减速装置赋予了负载一个

低的速度,更重要的是它产生了一个更大的转矩。

可以用下式来表示具有速比为 n 的减速装置:

$$\omega_{\text{out}} = n\omega_{\text{in}} \qquad (6-5)$$

式中,ω_{out}——在输出端的齿轮轴的角速度;

ω_{in}——输入端的齿轮轴的角速度。

对于减速齿轮(图6-1),有 $n < 1$。如果 $n = 1/10$,则称减速齿轮具有减速比10。

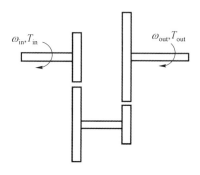

图6-1 减速齿轮

通过比较减速装置的输入功率和输出功率,我们可以建立输入转矩 T_{in} 和输出转矩 T_{out} 之间的关系。假如传动装置无任何能量损失,那么输入、输出功率应该是相等的,即

$$T_{\text{in}}\omega_{\text{in}} = T_{\text{out}}\omega_{\text{out}} \qquad (6-6)$$

利用式(6-5),可得

$$T_{\text{out}} = \frac{1}{n}T_{\text{in}} \qquad (6-7)$$

6.1.3 电动机和传动装置

考虑一个具有以下运动方程的电动机:

$$J_{\text{m}}\dot{\omega}_{\text{m}} = T - T_{\text{L}} \qquad (6-8)$$

它通过一个具有速比为 n 的减速齿轮来驱动负载,如图6-2所示。

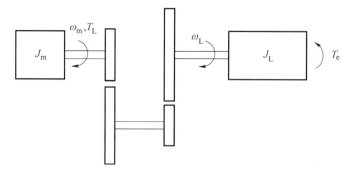

图6-2 电动机和齿轮

负载轴的速度为 $\omega_{\text{L}} = n\omega_{\text{in}}$,由传动装置的输出转矩 T_{L}/n 驱动。用 J_{L} 表示负载的转动惯量,假定作用在负载上有外部转矩 T_{e},那么负载的运动方程可以写为

$$J_L \dot{\omega}_L = \frac{1}{n} T_L - T_e \tag{6-9}$$

在式（6-9）两边各乘以 n，并与电动机运动方程（6-8）合并，就可以获得以电动机为等效构件的系统运动方程；将运动方程（6-8）除以 n，并与负载运动方程（6-9）合并，就可以获得以负载为等效构件的系统运动方程。概括如下：

以电动机为等效构件的电动机、传动装置以及负载的运动方程为

$$(J_m + n^2 J_L)\dot{\omega}_m = T - nT_e \tag{6-10}$$

以负载为等效构件的电动机、传动装置和负载的运动方程为

$$\left(\frac{1}{n^2}J_m + J_L\right)\dot{\omega}_L = \frac{1}{n}T - T_e \tag{6-11}$$

6.1.4　负载作平动运动的情况

通过让一个圆轮在一个表面上进行滚动，可以把一个轴的旋转运动转换成平动运动，反之亦然，如图 6-3 所示。齿轮齿条传动装置、摩擦传动装置、滑轮传动装置，以及车辆的车轮和路面，都是这类传动的实例。假定圆轮具有半径 r，轴速 ω_m，转矩 T_L，那么平动速度 v 可以表示为 $v = r\omega_{in}$。如果用 F 表示圆轮对平动零件的作用力，那么输出功率为 vF，由于输入功率为 $\omega_m T_L$，所以有 $F = T_L/r$。

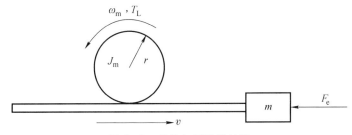

图 6-3　旋转与平动的转换

考虑一台电动机通过一个圆轮驱动一个质量为 m 的物体作平动运动。假定负载的运动方程为

$$m\dot{v} = F - F_e \tag{6-12}$$

式中，F_e——作用在负载上的外部作用力。

电动机的运动方程可以表示为

$$J_m \dot{\omega}_m = T - T_L \tag{6-13}$$

通过组合上述两个方程，可以获得以下结果：

以电动机为等效构件的电动机和负载运动的方程为

$$(J_m + mr^2)\dot{\omega}_m = T - rF_e \tag{6-14}$$

以负载为等效构件的电动机和负载运动方程为

$$\left(\frac{1}{r^2}J_m + m\right)\dot{v} = \frac{1}{r}T - F_e \tag{6-15}$$

6.1.5　电动机的转矩特性

在大多数应用中，负载转矩取决于电动机的转速。图 6-4 给出了这种特性的一个例子，

图中，负载转矩 T_L 随着转速 ω_m 的加快而增大。

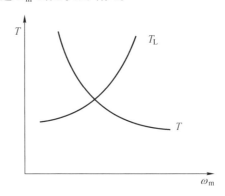

图 6-4　电动机的转矩特性

如果在一个系统中，摩擦随着速度的加快而增大，就会出现上述情况，这类似汽车受到的空气阻力。而且，电动机转矩一般随着电动机转速的加快而减小。这是因为电动机的转速高，其能量损失也大。

由此可以归纳出，假如电动机转矩和负载转矩都是电动机速度的函数，$T = T(\omega_m)$，$T_L = T_L(\omega_m)$，那么可以通过转矩—速度图（图 6-4）来分析电动机和负载的稳定性。对电动机基本运动方程（6-1）进行线性化，得

$$J_m \Delta\dot{\omega}_m = k\Delta\omega_m \tag{6-16}$$

式中，k——线性化常数，

$$k = \left(\frac{\partial T}{\partial \omega_m} - \frac{\partial T_L}{\partial \omega_m} \right)\big|_{\omega_{m0}} \tag{6-17}$$

根据线性稳定性理论可知，当且仅当 $k \leqslant 0$ 时，系统是稳定的。利用图 6-4，可以对此进行分析。

假定一台电动机与一个简单摩擦力矩负载 T_L 相连接，则摩擦力矩为

$$T_L(\omega_m) = \left[T_c + (T_s - T_c)\mathrm{e}^{-\left(\frac{\omega_m}{\omega_s}\right)^2} \right]\mathrm{sgn}(\omega_m) + B\omega_m \tag{6-18}$$

式中，T_c——库仑摩擦力；

　　　T_s——静态摩擦力；

　　　ω_s——Stribeck 效应的特征速度，为常数；

　　　B——黏性摩擦系数。

$\mathrm{sgn}(\omega_m)$——符号函数，

$$\mathrm{sgn}(\omega_m) = \begin{cases} -1, & \omega_m < 0 \\ 1, & \omega_m > 0 \end{cases} \tag{6-19}$$

如果电动机转矩是能直接控制的，使 T 保持常数，则运动方程可以写成

$$J_m\dot{\omega}_m = T - \left[T_c + (T_s - T_c)\mathrm{e}^{-\left(\frac{\omega_m}{\omega_s}\right)^2} \right]\mathrm{sgn}(\omega_m) - B\omega_m \tag{6-20}$$

为了进行简化，假定 $\omega_m > 0$，于是 $\mathrm{sgn}(\omega_m) = 1$，线性化产生了，为

$$J_m\Delta\dot{\omega}_m = \left[2\frac{\omega_m}{\omega_s}(T_s - T_c)\mathrm{e}^{-\left(\frac{\omega_m}{\omega_s}\right)^2} - B \right]\Delta\omega_m \tag{6-21}$$

这表示，如果发生下式的情况：

$$B < 2\frac{\omega_{\mathrm{m}}}{\omega_{\mathrm{s}}}(T_{\mathrm{s}} - T_{\mathrm{c}})\,\mathrm{e}^{-\left(\frac{\omega_{\mathrm{m}}}{\omega_{\mathrm{s}}}\right)^2} \qquad (6-22)$$

那么，当速度为 ω_{m} 时，系统对于常量电动机转矩 T 是不稳定的。

6.2　直流伺服电动机的数学模型

6.2.1　概述

　　定场直流伺服电动机具有比较简单的动力学模型，在自动控制技术发展的早期，就可以利用简单的电子线路进行比较精确的控制。因此，在伺服传动中，直流电动机是其中的重要部件，伺服传动是指包含快速精确运动控制的控制系统。在现代伺服传动中，直流电动机常常是一种电流可控的电动机，在这种受控电动机中，集成了一个高增益的电流环。这使得直接控制电动机的转矩成为可能，这也是这种电动机被广泛应用的一个原因。近年来，随着电力电子学的发展，其他类型电动机的控制技术也能达到与直流电动机类似的快速响应水平。这些电动机转矩控制方法所产生的动力学模型与电流控制的直流电动机的动力学模型基本相同。因此，关于电流控制的直流电动机的数学模型和相关结果，对于其他种类转矩受控的电动机也是有效的。

6.2.2　数学模型

　　如图 6-5 所示，定场直流电动机可以用一个具有电流 i_{a} 和输入电压 u_{a} 的电枢线路来表示。电枢线路由电枢电阻 R_{a}、电枢电感 L_{a}，以及一个具有感生电压 e_{a} 的"电—机"能量转换元件串联而成。电压 e_{a} 是由电动机速度 ω_{m} 与一个常量电磁场感应产生的，该磁场可以由一个具有恒定场电流 i_{e} 的磁场线路产生，也可以由一个永久磁铁来产生。图 6-5 中，T 为电动机的转矩，θ_{m} 为转角，ω_{m} 为角速度，T_{L} 为作用在轴上的负载转矩，J_{m} 为电动机的转动惯量。

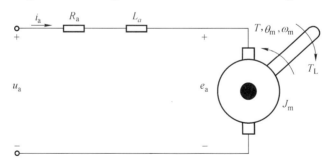

图 6-5　定场直流电动机的电枢线路

　　具有恒定磁场的直流电动机有一个重要的特性，是电动机的转矩 T 与电枢电流 i_{a} 成正比，即

$$T = K_{\mathrm{T}}i_{\mathrm{a}} \qquad (6-23)$$

式中，K_{T}——扭矩常数。

　　用 K_{E} 表示感应电动势系数，则一个定场直流电动机可以用下面的动力学模型来描述：

$$L_a \frac{\mathrm{d}}{\mathrm{d}t} i_a = -R_a i_a - K_E \omega_m + u_a \qquad (6-24)$$

$$J_m \dot{\omega}_m = K_T i_a - T_L \qquad (6-25)$$

$$\dot{\theta}_m = \omega_m \qquad (6-26)$$

电压控制的直流电动机的方框图示意如图 6 - 6 所示。

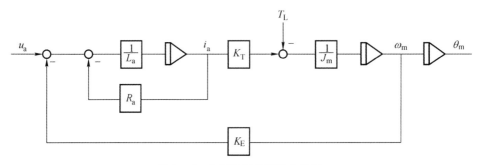

图 6 - 6 电压控制的直流电动机

6.2.3 拉普拉斯变换模型

将直流电动机数学模型［式（6 - 24）～式（6 - 26）］进行拉普拉斯变换，得

$$s i_a(s) = \frac{1}{L_a} [-R_a i_a(s) - K_E \omega_m(s) + u_a(s)] \qquad (6-27)$$

$$s \omega_m(s) = \frac{K_T}{J_m} i_a(s) - \frac{1}{J_m} T_L(s) \qquad (6-28)$$

$$s \theta_m(s) = \omega_m(s) \qquad (6-29)$$

运动方程为

$$s^2 \theta_m(s) = \frac{K_T}{J_m} i_a(s) - \frac{1}{J_m} T_L(s) \qquad (6-30)$$

从电枢方程，可得

$$(L_a s + R_a) i_a(s) = -K_E s \theta_m(s) + u_a(s) \qquad (6-31)$$

将式（6 - 31）代入式（6 - 30），得

$$s^2 \theta_m(s) = \frac{K_T}{J_m} \frac{1}{L_a s + R_a} [-K_E s \theta_m(s) + u_a(s)] - \frac{1}{J_m} T_L(s) \qquad (6-32)$$

经整理，得

$$\theta_m(s) = \frac{\dfrac{1}{K_E} u_a(s) - \dfrac{R_a}{K_E K_T}\left(1 + \dfrac{L_a}{R_a} s\right) T_L(s)}{s\left(\dfrac{J_m L_a}{K_E K_T} s^2 + \dfrac{J_m R_a}{K_E K_T} s + 1\right)} \qquad (6-33)$$

可以改写成

$$\theta_m(s) = \frac{\dfrac{1}{K_E} u_a(s) - \dfrac{R_a}{K_T K_E}(1 + T_a s) T_L(s)}{s(T_a T_m s^2 + T_m s + 1)} \qquad (6-34)$$

式中，T_a——电动机的电气时间常数，

$$T_{\mathrm{a}} = \frac{L_{\mathrm{a}}}{R_{\mathrm{a}}} \tag{6-35}$$

T_{m}——机械时间常数,

$$T_{\mathrm{m}} = \frac{J_{\mathrm{m}}R_{\mathrm{a}}}{K_{\mathrm{E}}K_{\mathrm{T}}} \tag{6-36}$$

在一般情况下,可以假定电气时间常数远小于机械时间常数。因此,式 (6-34) 可写为

$$\theta_{\mathrm{m}}(s) = \frac{\dfrac{1}{K_{\mathrm{E}}}u_{\mathrm{a}}(s)}{s(1 + T_{\mathrm{m}}s)(1 + T_{\mathrm{a}}s)} - \frac{\dfrac{R_{\mathrm{a}}}{K_{\mathrm{E}}K_{\mathrm{T}}}T_{\mathrm{L}}(s)}{s(1 + T_{\mathrm{m}}s)} \tag{6-37}$$

于是,从输入电压 u_{a} 到转角 θ_{m} 的传递函数 $H_{\mathrm{P}}(s)$ 为

$$H_{\mathrm{P}}(s) = \frac{\theta_{\mathrm{m}}}{u_{\mathrm{a}}}(s) = \frac{\dfrac{1}{K_{\mathrm{E}}}}{s(1 + T_{\mathrm{m}}s)(1 + T_{\mathrm{a}}s)} \tag{6-38}$$

6.3　直流电动机的控制

6.3.1　概述

应用于伺服传动中的直流电动机至少有一个集成在电动机中的电流控制环,一般还会有一个在电流环外部的速度环。这些反馈回路常常被看成直流电动机的一个组成部分。这些反馈回路的优点有:电流环具有很高的带宽,可以抑制功率放大器中的非线性;速度环也可以具有比较高的带宽,以便消除摩擦对电动机的影响。

一般来说,外部的位置控制环应低于一阶机械谐振频率,这限制了位置环的增益。通常,PI 控制器常用于电流环,带有有限积分作用的 PI 控制器常用于速度环。

6.3.2　电流控制直流电动机

从输入电压 $u_{\mathrm{a}}(s)$ 到电枢线路电流 $i_{\mathrm{a}}(s)$ 的传递函数 $H_{\mathrm{a}}(s)$ 可以写为

$$\frac{i_{\mathrm{a}}}{u_{\mathrm{a}}}(s) = \frac{i_{\mathrm{a}}}{\theta_{\mathrm{m}}}(s)\frac{\theta_{\mathrm{m}}}{u_{\mathrm{a}}}(s) \tag{6-39}$$

式中,θ_{m}——转角。

从拉普拉斯变换模型可知

$$s^2\theta_{\mathrm{m}} = \frac{K_{\mathrm{T}}}{J_{\mathrm{m}}}i_{\mathrm{a}} \Rightarrow \frac{i_{\mathrm{a}}}{\theta_{\mathrm{m}}}(s) = \frac{J_{\mathrm{m}}s^2}{K_{\mathrm{T}}} \tag{6-40}$$

于是,有

$$H_{\mathrm{a}}(s) = \frac{i_{\mathrm{a}}}{u_{\mathrm{a}}}(s) = \frac{\dfrac{J_{\mathrm{m}}}{K_{\mathrm{E}}K_{\mathrm{T}}}s}{1 + T_{\mathrm{m}}s + T_{\mathrm{m}}T_{\mathrm{a}}s^2} \tag{6-41}$$

这里利用了 $K_{\mathrm{E}} = K_{\mathrm{T}}$。采用下式电流控制器:

$$u_{\mathrm{a}} = K_{\mathrm{i}}(i_{\mathrm{d}} - i_{\mathrm{a}}) \tag{6-42}$$

式中,u_{a}——输入电压;

K_i——实际增益；

i_d——理想电流；

i_a——实际电流。

从而产生的闭环动力学方程为

$$\frac{i_a}{i_d}(s) = \frac{K_i H_a(s)}{1 + K_i H_a(s)} \qquad (6-43)$$

在实践中，选择一个很高的增益 K_i 是有可能的。这意味着，传递函数 $H_a(s)$ 是正实数，且相位满足 $|\angle H_a(j\omega)| \leqslant 90°$。因此，可以让表达式中的 K_i 接近于无穷大，从而产生了下面的近似式

$$i_a(s) \approx i_d(s) \qquad (6-44)$$

将其代入（6-30），产生的结论为：电流控制直流电动机的数学模型由下面的二重积分算子给出：

$$\theta_m(s) = \frac{1}{J_m s^2}[K_T i_d(s) - T_L(s)] \qquad (6-45)$$

电流控制直流电动机的方框图示意如图 6-7 所示。

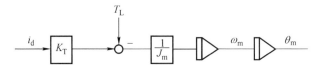

图 6-7 电流控制直流电动机

例如，考虑一个 PI 控制器为

$$u_a = K_i T_i \frac{1 + T_i s}{T_i s}(i_d - i_a) \qquad (6-46)$$

用于电枢电流控制（在这里，$T_i = T_m$）。假定 $T_a \ll T_m$，则图 6-7 所示控制回路的传递函数 $L(s)$ 的分母可以分解为 $(1 + T_a s)(1 + T_m s)$。于是，回路的传递函数 $L(s)$ 为

$$L(s) = K_i \frac{J_m}{K_E K_T} \frac{1}{1 + T_a s} \qquad (6-47)$$

这表明，即便在低频情况下，控制器也是有效的。同样的，在这种情况下，式（6-45）产生了实际的增益 K_i，这是在实际中常用的一种控制器。

6.3.3　速度控制直流电动机

对于电动机角速度 ω_m，有 $s\theta_m = \omega_m$，因此有

$$\frac{\omega_m}{i_d}(s) = \frac{\omega_m}{\theta_m}(s)\frac{\theta_m}{i_d}(s) = \frac{K_T}{J_m s} \qquad (6-48)$$

这个传递函数是增益 K_T/J_m 和积分算子 $1/s$ 的乘积。速度控制器为

$$i_d = K_\omega(\omega_d - \omega_m) \qquad (6-49)$$

式中，i_d——理想电流；

ω_d——理想加速度；

ω_m——电动机实际加速度。

由此，产生了下面的闭环动力学方程：

$$\frac{\omega_{\mathrm{m}}}{\omega_{\mathrm{d}}}(s) = \frac{\dfrac{K_{\mathrm{a}}}{s}}{1 + \dfrac{K_{\mathrm{a}}}{s}} = \frac{1}{1 + \dfrac{s}{K_{\mathrm{a}}}} \tag{6-50}$$

式中，K_{a}——系统的加速度常数，

$$K_{\mathrm{a}} = \frac{K_{\mathrm{T}} K_{\omega}}{J_{\mathrm{m}}} \tag{6-51}$$

可以看到，速度环仅有一个极点 $s = -K_{\mathrm{a}}$，因此速度环是稳定的。

6.3.4　位置控制直流电动机

图 6-8 给出了位置反馈控制回路，它在速度环的外面。从角速度 ω_{m} 到转角 θ_{m} 的传递函数是一个积分算子，有位置控制器为

$$\omega_{\mathrm{d}} = K_{\mathrm{v}}(\theta_{\mathrm{d}} - \theta_{\mathrm{m}}) \tag{6-52}$$

式中，K_{v} 是速度常数。

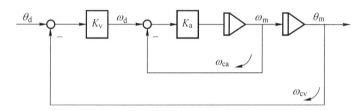

图 6-8　具有速度环和位置环的电流控制直流电动机方框图示意

速度环的穿越频率是 $\omega_{\mathrm{ca}} = K_{\mathrm{a}}$，位置环的穿越频率是 $\omega_{\mathrm{cv}} = K_{\mathrm{v}}$，假定 $K_{\mathrm{a}} \gg K_{\mathrm{v}}$，产生了下面的闭环动力学方程：

$$\frac{\theta_{\mathrm{m}}}{\theta_{\mathrm{d}}}(s) = \frac{1}{1 + \dfrac{1}{K_{\mathrm{v}}} s + \dfrac{1}{K_{\mathrm{v}} K_{\mathrm{a}}} s^2} \tag{6-53}$$

通常，K_{a} 可以被选择到数百个 rad/s，而 K_{v} 的选择常常受到系统的第一阶谐振频率的限制，这个频率典型发生在 $10 \sim 100$ rad/s。因此，我们可以假定 $K_{\mathrm{a}} \gg K_{\mathrm{v}}$，于是得到

$$\frac{\theta_{\mathrm{m}}}{\theta_{\mathrm{d}}}(s) = \frac{1}{\left(1 + \dfrac{s}{K_{\mathrm{v}}}\right)\left(1 + \dfrac{s}{K_{\mathrm{a}}}\right)} \tag{6-54}$$

6.4　具有弹性传动的电动机和负载

我们往往会看到电动机应用于驱动由弹性连接的负载的情况。弹性可能由轴或变速传动的柔性引起。本节将对这样的系统进行建模和分析。这种系统的传递函数具有有趣的特性，这对控制器的设计有重要影响。

6.4.1　运动方程

如图 6-9 所示，考虑一台电动机驱动一个由弹性传动连接的负载。

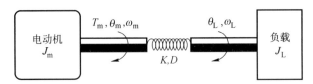

图 6-9　带有弹性传动的电动机

电动机和负载的运动方程可以表示为

$$J_m \ddot{\theta}_m = T_m - T_L \tag{6-55}$$

$$J_L \ddot{\theta}_L = T_L \tag{6-56}$$

式中，J_m——电动机的转动惯量；

$\qquad J_L$——负载的转动惯量；

$\qquad \theta_m$——电动机轴转角；

$\qquad \theta_L$——负载轴转角；

$\qquad T_m$——电动机扭矩；

$\qquad T_L$——负载扭矩。

弹性传动和负载惯性被模拟为一个扭簧和扭转阻尼器，K 和 D 分别为弹簧刚度和阻尼系数。于是，负载扭矩 T_L 为

$$T_L = -K\theta_e - D\dot{\theta}_e \tag{6-57}$$

式中，θ_e——传动的弹性变形，

$$\theta_e = \theta_L - \theta_m \tag{6-58}$$

为了传递函数推导的方便，在此引入变量 θ_r，即

$$\theta_r = \theta_m + \frac{J_L}{J_m}\theta_L \tag{6-59}$$

组合式（6-55）~式（6-57），可以获得下面关于 θ_e 和 θ_r 的运动方程：

$$\ddot{\theta}_e + \frac{D}{J_e}\dot{\theta}_e + \frac{K}{J_e}\theta_e = -\frac{1}{J_m}T_m \tag{6-60}$$

$$\ddot{\theta}_r = \frac{T_m}{J_m} \tag{6-61}$$

这里，

$$\left. \begin{array}{l} J_e = \dfrac{J_m J_L}{J} \\[2mm] J = J_m + J_L \end{array} \right\} \tag{6-62}$$

6.4.2　传递函数

从式（6-60）和式（6-61）可知，弹性变形 θ_e 的动力学模型是一个二阶振荡系统，而刚体运动 θ_r 可由电动机扭矩 T_m 的二重积分获得。从输入 T_m 到 θ_e 和 θ_r 的传递函数为

$$\frac{\theta_e}{T_m}(s) = -\frac{1}{J_m} \frac{\left(\frac{1}{\omega_1}\right)^2}{1 + 2\xi_1 \frac{s}{\omega_1} + \left(\frac{s}{\omega_1}\right)^2} \tag{6-63}$$

$$\frac{\theta_r}{T_m}(s) = \frac{1}{J_m s^2} \tag{6-64}$$

式中，

$$\left.\begin{array}{l} \omega_1 = \sqrt{\dfrac{K}{J_e}} \\[3mm] \zeta_1 = \dfrac{D}{2} \dfrac{1}{\sqrt{J_e K}} \end{array}\right\} \tag{6-65}$$

求解式（6-58）和式（6-59），可以获得关于原变量的传递函数为

$$\theta_m = \frac{J_m}{J}\left(\theta_r - \frac{J_L}{J_m}\theta_e\right) \tag{6-66}$$

$$\theta_L = \frac{J_m}{J}(\theta_r + \theta_e) \tag{6-67}$$

由此，得

$$\frac{\theta_m}{T_m}(s) = \frac{J_m}{J}\left[\frac{\theta_r}{T_m}(s) - \frac{J_L}{J_m}\frac{\theta_e}{T_m}(s)\right] = \frac{1}{J}\left[\frac{1}{s^2} + \frac{\frac{J_L}{J_m}\left(\frac{1}{\omega_1}\right)^2}{1 + 2\zeta_1 \frac{s}{\omega_1} + \left(\frac{s}{\omega_1}\right)^2}\right] \tag{6-68}$$

以及

$$\frac{\theta_L}{T_m}(s) = \frac{J_m}{J}\left[\frac{\theta_r}{T_m}(s) + \frac{\theta_e}{T_m}(s)\right] = \frac{J_m}{J}\left[\frac{1}{J_m s^2} - \frac{1}{J_m}\frac{\left(\frac{1}{\omega_1}\right)^2}{1 + 2\zeta_1 \frac{s}{\omega_1} + \left(\frac{s}{\omega_1}\right)^2}\right] \tag{6-69}$$

于是，可以获得结论为：具有弹性传动的电动机和弹性负载由以下两个传递函数描述：

$$H_{\theta_m}(s) = \frac{\theta_m}{T_m}(s) = \frac{1}{Js^2}\frac{1 + 2\zeta_a \frac{s}{\omega_a} + \left(\frac{s}{\omega_a}\right)^2}{1 + 2\zeta_1 \frac{s}{\omega_1} + \left(\frac{s}{\omega_1}\right)^2} \tag{6-70}$$

$$H_{\theta_L}(s) = \frac{\theta_L}{T_m}(s) = \frac{1}{Js^2}\frac{1 + 2\zeta_1 \frac{s}{\omega_1}}{1 + 2\zeta_1 \frac{s}{\omega_1} + \left(\frac{s}{\omega_1}\right)^2} \tag{6-71}$$

式中，

$$\zeta_1 = \frac{D}{2}\frac{1}{\sqrt{J_e K}},\ \omega_1 = \sqrt{\frac{K}{J_e}} \tag{6-72}$$

$$\zeta_a = \sqrt{\frac{J_m}{J}}\zeta_1,\ \omega_a = \sqrt{\frac{J_m}{J}}\omega_1 < \omega_1 \tag{6-73}$$

传递函数也常常被写成关于电动机转速 $[\omega_m(s) = s\theta_m(s)]$ 和负载转速 $[\omega_L(s) = s\theta_L]$ 的以下形式：

$$H_{\omega_m}(j\omega) = \frac{\omega_m}{T_m}(s) = \frac{1}{Js} \frac{1 + 2\zeta_a \dfrac{s}{\omega_a} + \left(\dfrac{s}{\omega_a}\right)^2}{1 + 2\zeta_1 \dfrac{s}{\omega_1} + \left(\dfrac{s}{\omega_1}\right)^2} \tag{6-74}$$

$$H_{\omega_L}(j\omega) = \frac{\omega_L}{T_m}(s) = \frac{1}{Js} \frac{1 + 2\zeta_1 \dfrac{s}{\omega_1}}{1 + 2\zeta_1 \dfrac{s}{\omega_1} + \left(\dfrac{s}{\omega_1}\right)^2} \tag{6-75}$$

一个重要的现象是 $\omega_a < \omega_1$，这意味着在 $\theta_m/T_m(j\omega)$ 中的零点的拐点频率小于极点的拐点频率。图 6 - 10 所示为当 $K_1 = 0.5$，$J_m = J_L = 1$ 和 $D = 0.01$ 时的频率响应，需要注意的是，电动机转角的频率响应 $H_{\theta_m}(j\omega)$ 中没有任何来自弹性的负相角贡献，然而，由于谐振，负载转角的频率响应 $H_{\theta_L}(j\omega)$ 下跌了 180°。显然，这对于控制器的设计具有重要的影响，对于选取 $\dot{\theta}_m$ 或 $\dot{\theta}_L$ 作为反馈可获得的带宽也具有重要的影响。这意味着当反馈变量取为 $\dot{\theta}_L$ 时，穿越频率必须小于 ω_1。与此相比，如果反馈量取为 $\dot{\theta}_m$，则穿越频率可以选择在 ω_1 之上。由经验得知，$\dot{\theta}_m$ 反馈环是非常鲁棒的，可以得到一个很高的穿越频率，$\dot{\theta}_L$ 反馈则给出了穿越频率的上限 ω_1。

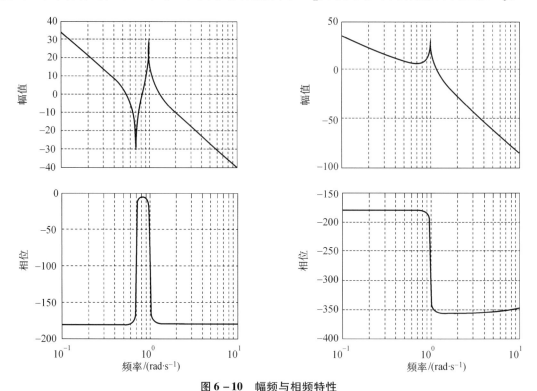

图 6 - 10 幅频与相频特性

注：$1 \text{ rad/s} = \dfrac{1}{2\pi} \text{ Hz}$

6.4.3 传递函数的零点

传递函数 $H_{\theta_m}(s)$ 的零点是下面方程的根：

$$1 + 2\zeta_a \frac{s}{\omega_a} + \left(\frac{s}{\omega_a}\right)^2 = 0 \qquad (6-76)$$

假设 $\zeta_a \ll 1$，传递函数 $H_{\theta_m}(s)$ 具有近似 $\pm j\omega_a$ 的零点。这意味着，当 $\pm j\omega_a$ 接近 $H_{\theta_m}(s)$ 的零点时，具有频率 ω_a 的非零扭矩输入 $T_m(j\omega_a)$ 将产生一个小的电动机转角 $\theta_m(j\omega_a)$。

由式（6-70）和式（6-71）可知，从电动机转角到负载转角的传递函数为

$$\frac{\theta_L}{\theta_m}(s) = \frac{\theta_L}{T_m}(s)\frac{T_m}{\theta_m}(s) = \frac{1 + 2\zeta_1\dfrac{s}{\omega_1}}{1 + 2\zeta_a\dfrac{s}{\omega_a} + \left(\dfrac{s}{\omega_a}\right)^2} \qquad (6-77)$$

这表示，$\theta_L(s)/\theta_m(s)$ 的极点等于 $H_{\theta_m}(s)$ 的零点，它近似 $\pm j\omega_a$。这意味着，系统 $\theta_L(s)/\theta_m(s)$ 将具有接近 $\pm j\omega_a$ 的谐振，于是，对应一个小的 $\theta_m(j\omega_a)$，可能会产生一个大的 $\theta_L(j\omega_a)$ 的幅值。这与 $H_{\theta_m}(s)$ 的零点接近 $\pm j\omega_a$ 的事实相符。

6.4.4　两台电动机驱动一个弹性负载

假设一个转动惯量为 J_L，转角为 θ_L 的负载被两台电动机驱动。用 θ_1、J_1 和 T_{m1} 分别表示电动机 1 的转角位移、转动惯量和电动机扭矩。用 θ_2、J_2 和 T_{m2} 分别表示电动机 2 的转角位移、转动惯量和电动机扭矩。电动机与负载通过速比为 n 的齿轮传动连接。

电动机的运动方程可以写为

$$J_1\ddot{\theta}_1 = T_{m1} - T_{g1} \qquad (6-78)$$
$$J_2\ddot{\theta}_2 = T_{m2} - T_{g2} \qquad (6-79)$$

式中，T_{g1}——齿轮 1 对电动机 1 作用的力矩；

$\quad\quad T_{g2}$——齿轮 2 对电动机 2 作用的扭矩。

负载运动方程可以写成

$$J_L\ddot{\theta}_L = \frac{1}{n}(T_{g1} + T_{g2}) - T_e \qquad (6-80)$$

式中，T_e——外部扰动力矩。

等效到电动机轴上的齿轮弹性变形可以表示为

$$\left.\begin{array}{l} \phi_1 = \theta_1 - \dfrac{1}{n}\theta_L \\[3mm] \phi_2 = \theta_2 - \dfrac{1}{n}\theta_L \end{array}\right\} \qquad (6-81)$$

于是，齿轮传动可以被模拟为弹簧和阻尼器，扭矩为

$$T_{g1} = K_1\phi_1 + D_1\dot{\phi}_1 \qquad (6-82)$$
$$T_{g2} = K_2\phi_2 + D_1\dot{\phi}_2 \qquad (6-83)$$

6.5　某协调器的动力学计算与分析

6.5.1　电动机驱动的协调器的动力学计算

协调器在弹药自动装填系统中的任务是：在一个固定位置，接受来自弹仓的弹丸，在控

制器的作用下进行弹丸协调，使弹丸轴线
与待发射状态下的炮管轴线平行；然后，
在液压系统的驱动下，协调器上的摆弹油
缸驱动托弹盘（弹丸）至输弹机的输弹线
上。在输弹机将弹丸送入炮膛后，托弹盘
收回，整个协调器回复到接弹位置。

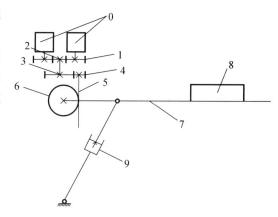

图 2 - 46 是本节所研究协调器的结构
示意，图 6 - 11 是其工作原理示意。

图 6 - 11　协调器工作原理示意

0—电动机；1、2、3、4—齿轮；5—蜗杆；
6—蜗轮；7—支臂；8—弹丸；9—平衡机油缸

对于上述单自由度系统，我们容易列
出其动力学方程为

$$J \frac{\mathrm{d}\ddot{\theta}}{\mathrm{d}t} = Q \qquad (6-84)$$

式中，θ——支臂的转角；

J——系统的转动惯量，

$$J = 2I_{01}i_1^2\eta_1\eta_2\eta_3 + \eta_2\eta_3 I_{23}i_2^2 + \eta_3 I_{45}i_3^2 + I_6 \qquad (6-85)$$

Q——作用于支臂上的等效回转力矩，

$$Q = 2T_d i_1\eta_1\eta_2\eta_3 - T_R + T_G \qquad (6-86)$$

式中，I_{01}、I_{23}、I_{45} 和 I_6——分别表示电动机和齿轮 1 转动惯量，齿轮 2 和 3 转动惯量，齿
轮 4 和蜗杆转动惯量，以及蜗轮、支臂和弹丸的转动惯量；

i_1、i_2 和 i_3——分别为总的传动比、齿轮 2 和 3 到蜗轮的传动比、蜗轮蜗杆的传动比；

η_1、η_2 和 η_3——总的传动效率、齿轮 2 和 3 到蜗轮的传动效率、蜗轮蜗杆的传动效率；

T_d——电动机的驱动力矩；

T_R——协调器平衡机对支臂转轴的作用力矩；

T_G——重力矩；

T_R 和 T_G——均为转角的函数。

在上述方程中，由于平衡机两杆的质量很轻且转动和移动速度相对缓慢，因此在计算时
忽略了平衡机上下杆的动能。

T_R 取决于油缸压力 p 和支臂的转角 θ。其中，油缸压力 p 为

$$p = p_0 S \left(\frac{V_0}{V_0 - \Delta V} \right)^n$$

式中，p_0——蓄能器初压；

S——油缸活塞面积；

V_0——气体初始容积。

在上述效率中，取 $\eta_1 = 0.95$，$\eta_2 = 0.95$。自锁的蜗轮蜗杆传动效率为

$$\eta_3 = \frac{\tan\lambda}{\tan(\lambda + \rho_v)}$$

式中，λ 和 ρ_v——分别为导程角和当量摩擦角，后者取决于蜗杆传动的相对滑动速度。

由以上公式可知，式（6 - 84）是一个非线性方程。

电动机驱动系统的动力学方程为

$$u = RI + L_{a}\dot{I} + k\Phi\dot{\theta} \tag{6-87}$$

式中，u ——电压；

　　I ——电流；

　　R ——电阻；

　　L_{a} ——电感；

　　Φ ——磁通；

　　k ——比例系数。

电动机的驱动力矩 T_{d} 为

$$T_{d} = K_{T}I \tag{6-88}$$

式中，K_{T} ——扭矩常数。

式（6-84）~式（6-88）即构成了电动机驱动协调器运动的微分方程组。

求解时，取 $k = 5$。电动机的各参数取为：$R = 0.3$，$k\Phi = 0.035$，$K_{T} = 0.035$ N·m/A，$L_{a} = 0.02$。电动机电压取为额定电压 $u = 26$ V。其他机械参数为：$I_{01} = 8.1 \times 10^{-6}$ kg·m^{2}，$I_{23} = 287.1 \times 10^{-6}$ kg·m^{2}，$I_{45} = 1\,061.0 \times 10^{-6}$ kg·m^{2}，$I_{6} = 111$ kg·m^{2}，$S = 804$ mm^{2}，$p_{0} = 3.2$ MPa，$V_{0} = 2.0 \times 10^{-3}$ m^{3}，$i_{1} = 503$，$i_{2} = 172$，$i_{3} = 60$。

图 6-12 所示为协调器支臂的转角随时间的变化规律，图 6-13 所示为协调器支臂的角速度随时间的变化规律，图 6-14 所示为协调器支臂的角加速度随时间的变化规律，图 6-15 所示为协调器的两台电动机在额定电压下输出的扭矩之和，图 6-16 所示为电动机中的电流随时间的变化。

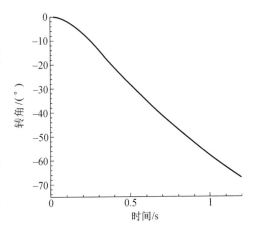

**图 6-12　协调器支臂的转角
随时间的变化规律**

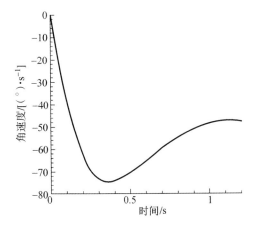

**图 6-13　协调器支臂的角速度
随时间的变化规律**

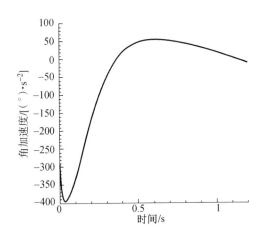

**图 6-14　协调器支臂的角加速度
随时间的变化规律**

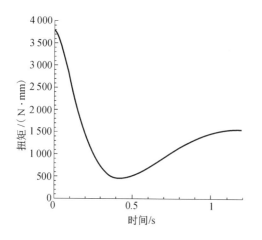

图 6 – 15 协调器支臂的两台电动机的
扭矩之和随时间的变化规律

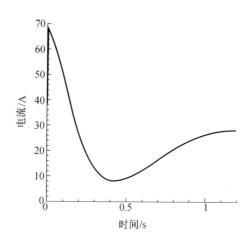

图 6 – 16 电动机中的电流
随时间的变化规律

6.5.2 协调器控制建模与系统动力学仿真

该协调器的控制策略如图 6 – 17 所示。

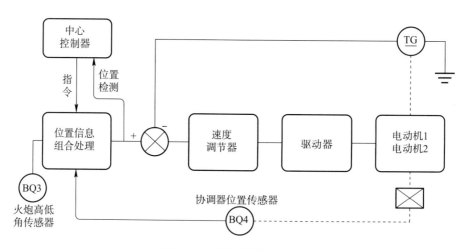

图 6 – 17 协调器控制原理

根据协调器的控制原理，结合协调器虚拟样机模型，建立的协调器联合仿真模型，如图 6 – 18 所示。

根据协调器的控制原理，结合协调器的数学模型，建立的求解模型，如图 6 – 19 所示。

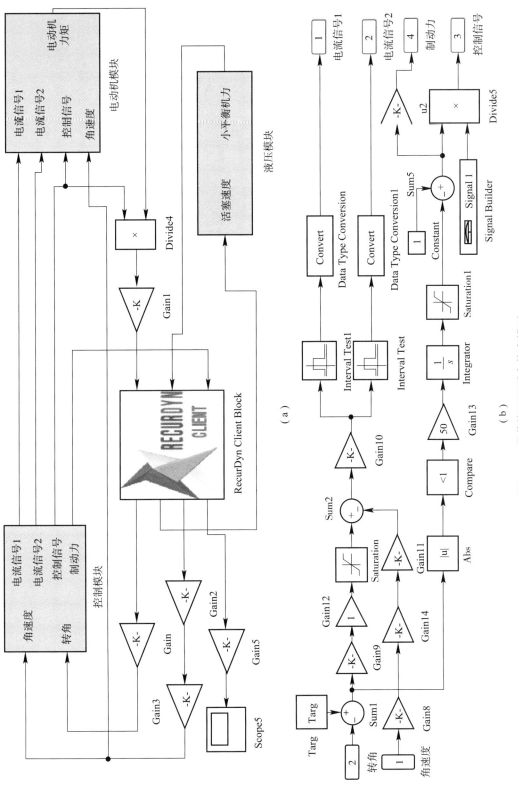

图6-18　弹药协调器联合仿真模型

（a）协调器联合仿真模型；（b）协调器控制模型

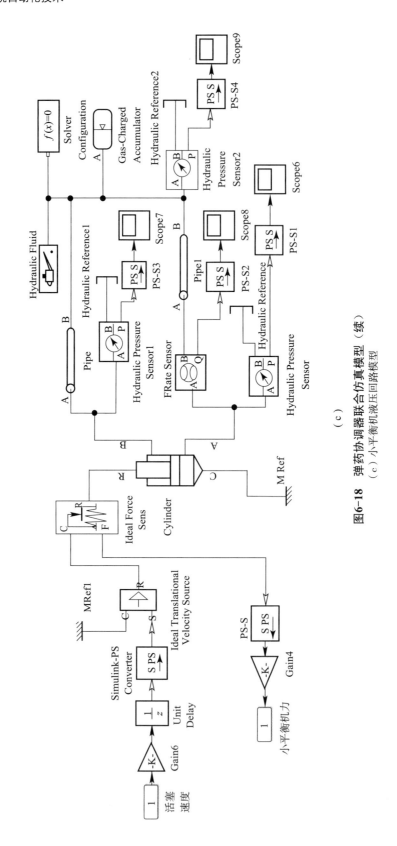

图6-18 弹药协调器联合仿真模型（续）

（c）小平衡机液压回路模型

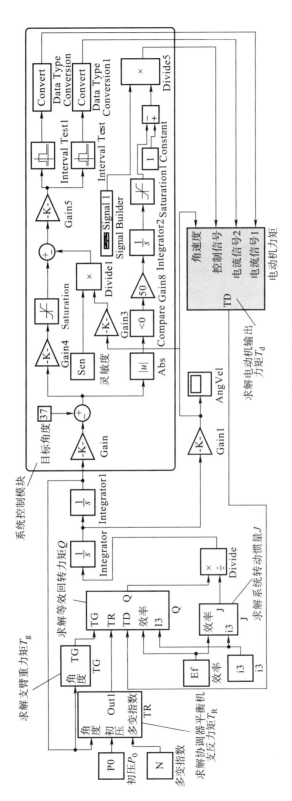

图6-19　协调器数学模型求解

图 6-20 所示为在可视化仿真工具 SIMULINK 里获得的协调臂角速度求解结果，与相应的测试结果吻合得很好。

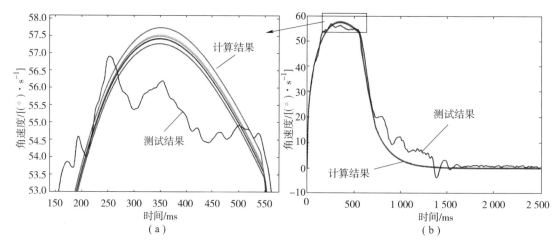

（a）

（b）

图 6-20　计算结果与测试结果对比

6.6　某闭环链式弹仓动力学计算

图 6-21 所示为本书所研究的自动化弹仓的工作原理，弹筒与弹筒之间互相串联成链，在链轮的驱动下沿上下轨道运动。每个链轮有四个齿，左边为从动组合链轮，右边为主动组合链轮。传动机构包括两台电动机、两对齿轮和一对蜗轮蜗杆副。

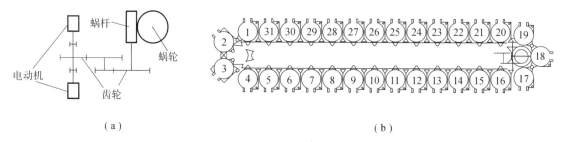

（a）

（b）

图 6-21　自动化弹仓的工作原理

（a）传动；（b）弹筒

当把所有构件看作刚体时，弹仓表现为单自由度刚体系统，取主动组合链轮为等效构件，可以用单自由度系统的等效法来建立弹仓的运动方程，即

$$J_e \frac{\mathrm{d}^2\theta}{\mathrm{d}t^2} + \frac{1}{2}\frac{\mathrm{d}J_e}{\mathrm{d}\theta}\left(\frac{\mathrm{d}\theta}{\mathrm{d}t}\right)^2 = M_e \tag{6-89}$$

式中，M_e——等效力矩，由电动机的驱动力矩、制动力矩等效于主动组合链轮上的力矩、重力作用于弹筒上形成的等效力矩、作用于各构件上的摩擦力形成的等效力矩诸项构成，可写为

$$M_e = \sum_{k=1}^{31} F_k \frac{v_k \cos\alpha_k}{\omega} + 2T_d i_1 \eta_1 \eta_2 \eta_3 \tag{6-90}$$

式中，F_k（$k=1$，2，…，31）——作用在弹筒上的外力，包括重力以及弹筒滚轮与轨道的摩擦力；

　　v_k——外力 F_k 作用点的速度；

　　α_k——F_k 作用方向和 v_k 方向之间的夹角；

　　T_d——电动机的驱动力矩；

　　i_1——总的传动比；

　　η_1、η_2 和 η_3——分别对应各传动比的机械传动效率；

　　ω——等效构件（主动组合链轮）的角速度。

等效转动惯量 J_e 为

$$J_e = \sum_{j=1}^{31} \left[m_j \left(\frac{v_{sj}}{\omega} \right)^2 + J_j \left(\frac{\omega_j}{\omega} \right)^2 \right] + 2 I_{01} i_1^2 + I_{23} i_2^2 + I_{45} i_3^2 + 2 I_c \qquad (6-91)$$

式中，v_{sj}——第 j 个弹筒质心的速度；

　　ω_j——第 j 个弹筒的角速度；

　　i_2——齿轮 2、3 到蜗轮的传动比；

　　i_3——蜗杆蜗轮副的传动比；

　　I_{01}——电动机和齿轮 1 的转动惯量；

　　I_{23}——齿轮 2 和齿轮 3 的转动惯量；

　　I_{45}——齿轮 4 和蜗杆的转动惯量；

　　I_c——主动组合链轮的转动惯量。从动组合链轮的转动惯量与主动组合链轮相同。

在传动元件中，用效率表示齿轮传动间的摩擦影响，取弹筒与轨道之间的摩擦系数为 0.1。

为了求解式（6-89），首先要求出等效力矩 M_e 和等效转动惯量 J_e。

在 31 发弹筒中，除了弹筒 1、2、3、16、17、18、19 不作平动外，其余弹筒都作平动。其中，弹筒 1 在 90°周期内作平面运动；弹筒 2 在 90°周期内作定轴转动；弹筒 3 在 90°周期内作平面运动；弹筒 16 在 0～45°作平动，在 45°～90°作平面运动；弹筒 17 在 0～45°作平面运动，在 45°～90°作定轴转动。弹筒 18 在 0～45°作定轴转动，在 45°～90°作平面运动；弹筒 19 在 0～45°作平面运动，在 45°～90°作完全的平动。

图 6-22 是弹筒 1 作平面运动的示意图，可以分解为随点 A 的平动和绕点 A 的转动。

点 B 的速度大小为 $v_B = \overline{OB} \times \omega_z$，$\omega_z$ 是弹筒绕 A 点的转动速度。点 B 的速度可以分解为 V_P（弹筒的平动速度）和 V_Z，其大小为

$$v_P = v_B \cdot \frac{\sin\alpha}{\sin(180° - \theta - \alpha)} = \omega_z \times \overline{OB} \times \frac{\sin\alpha}{\sin(180° - \theta - \alpha)}$$

$$v_Z = v_B \cdot \frac{\sin\theta}{\sin(180° - \theta - \alpha)} = \omega_z \times \overline{OB} \times \frac{\sin\theta}{\sin(180° - \theta - \alpha)}$$

为了求出 v_Z，必须首先求出 α。注意到 $v_Z \perp \overline{AB}$，有 $\alpha = \angle OBA$，在 $\triangle AOB$ 中，有

$$\angle OBA = \arccos \left(\frac{\overline{BA}^2 + \overline{OB}^2 - \overline{OA}^2}{2 \times \overline{BA} \times \overline{OB}} \right)$$

其中，$\overline{BA}$ 和 $\overline{OB}$ 为已知的结构参数。由于 $\triangle OB'A$ 为直角三角形，可求得

$$\overline{OA} = \sqrt{\overline{B'A}^2 + \overline{OB'}^2}$$

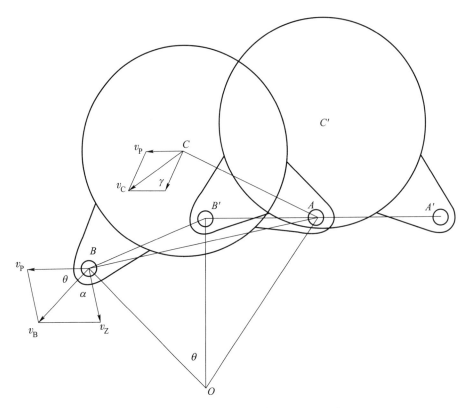

图 6 – 22 在 90°周期内弹筒 1 的平面运动

由于 $\overline{OB'}$ 为已知的结构参数，$\overline{OB'} = \overline{OB}$。所以，从 $\triangle BB'A$ 中，可以求得 $\overline{B'A}$ 为

$$\overline{B'A} = \sqrt{\overline{BB'}^2 + \overline{BA}^2 - 2 \times \overline{BB'} \times \overline{BA} \times \cos(\angle ABB')}$$

在 $\triangle BB'A$ 中，

$$\angle ABB' = 180° - \angle BB'A - \angle B'AB$$

$$\angle BB'A = 90° + \angle BB'O = 90° + \frac{180° - \theta}{2}$$

在 $\triangle BB'A$ 中，由正弦定理，可得

$$\angle B'AB = \arcsin\left(\frac{\overline{BB'}}{\overline{BA}} \times \sin(\angle BB'A)\right)$$

在等腰三角形 OBB' 中，可得

$$\overline{BB'} = \sqrt{\overline{OB}^2 \times 2 - 2 \times \overline{OB}^2 \cos\theta}$$

通过上述一系列几何关系，即可求出 v_Z、v_P 与 ω 的关系。利用此关系，可以进一步求出弹筒质心 C 的线速度 v_{1C} 以及该线速度与重力矢量的夹角 α_g。

显然，$v_{1C} = \sqrt{v_P^2 + (\overline{CA} \times \omega_Z)^2 - 2 \times v_P \times (\overline{CA} \times \omega_Z) \times \cos\gamma}$，由于 $\gamma = 90° + \angle CAB'$，$\angle CAB' = \angle CAB - \angle B'AB$，$\angle CAB$ 为已知的结构参数，

所以，v_{1C} 与重力矢量的夹角 α_g 为

$$\alpha_g = \arccos\left[\frac{(\overline{CA} \times \omega_Z)\cos(\angle CAB')}{v_{1C}}\right]$$

利用上述公式，我们很容易求得弹筒 1 的等效转动惯量 J_1，以及作用于弹筒 1 上的重力形成的等效力矩 M_{G1}，为

$$J_1 = m_1\left(\frac{v_{1C}}{\omega}\right)^2 + J_1\left(\frac{\omega_Z}{\omega}\right)^2$$

$$M_{G1} = \frac{m_1 g \cdot v_C \cdot \cos\alpha_g}{\omega}$$

式中，m_1——弹筒 1 的质量；

J_1——弹筒 1 质心的转动惯量。

其他弹筒的等效转动惯量和等效力矩的求法与弹筒 1 相类似，在此不再赘述。

求解方程（6 – 89），获得了图 6 – 23、图 6 – 34 所示的计算结果。图 6 – 23 所示为主动组合链轮在左半部分满载、右半部分空载时的角加速度随时间的变化规律；图 6 – 24 所示为主动组合链轮在左半部分满载、右半部分空载时的角速度随时间的变化规律。计算时，假设电动机未受控，弹筒链沿逆时针方向旋转，电动机的驱动力矩 T_d 由实验获得的电动机机械特性得出，取第一、二级传动的效率为 0.95，蜗轮蜗杆的传动效率为 0.50，弹筒与轨道的摩擦系数为 0.1。

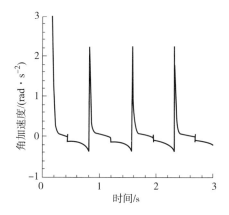

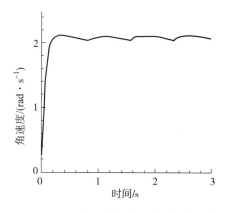

图 6 – 23　左半部分满载、右半部分空载
时的角加速度随时间的变化规律

图 6 – 24　左半部分满载、右半部分空载
时的角速度随时间的变化规律

图 6 – 25 所示为主动组合链轮在左半部分满载、右半部分空载时的转角随时间的变化规律；图 6 – 26 所示为主动组合链轮在全满弹时的角加速度随时间的变化规律；图 6 – 27 所示为主动组合链轮在全满弹时的角速度随时间的变化规律；图 6 – 28 所示为主动组合链轮在满弹时的转角随时间的变化规律；图 6 – 29 所示为主动组合链轮在完全空载时的转角随时间的变化规律；图 6 – 30 所示为主动组合链轮在完全空载时的角速度随时间的变化规律；图 6 – 31 所示为主动组合链轮在完全空载时的角加速度随时间的变化规律；图 6 – 32 所示为主动组合链轮在右半部分满载、左半部分空载时的角速度随时间的变化规律；图 6 – 33 所示为主动组合链轮在右半部分满载、左半部分空载时的角加速度随时间的变化规律；图 6 – 34 所示为主动组合链轮在右半部分满载、左半部分空载时的转角随时间的变化规律。

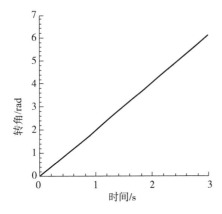

图 6 - 25　左半部分满载、右半部分空载
时的转角随时间的变化规律

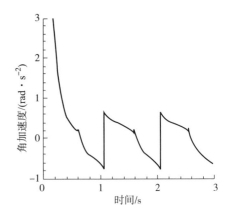

图 6 - 26　全满弹时的角加速度
随时间的变化规律

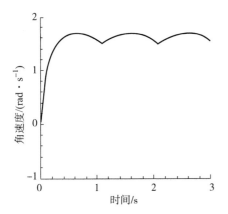

图 6 - 27　全满弹时的角速度
随时间的变化规律

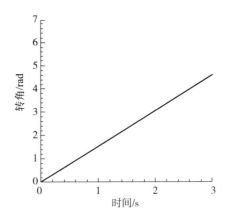

图 6 - 28　全满弹时的转角
随时间的变化规律

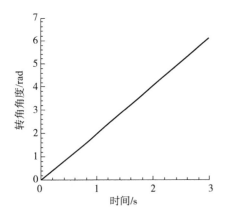

图 6 - 29　完全空载时的转角
随时间的变化规律

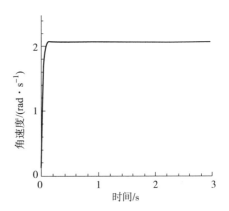

图 6 - 30　完全空载时的角速度
随时间的变化规律

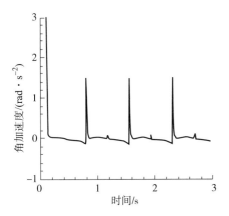

图 6 – 31   完全空载时的角加速度
随时间的变化规律

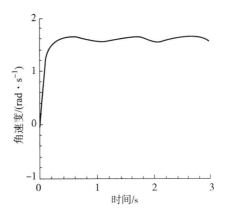

图 6 – 32   右半部分满载、左半部分
空载时的角速度随时间的变化规律

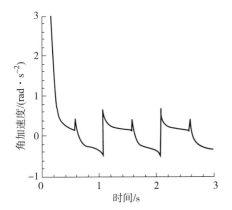

图 6 – 33   右半部分满载、左半部分
空载时的角加速度随时间的变化规律

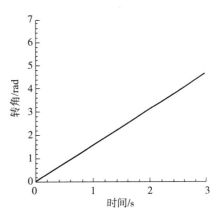

图 6 – 34   右半部分满载、左半部分
空载时的转角随时间的变化规律

第 7 章

弹药自动装填系统液压传动建模与动力学仿真

与相同功率的电动马达相比，液压马达具有更轻的质量、更小的尺寸，因而得以广泛使用。在同样尺寸下，一个液压马达的功率可以达到电动马达功率的 10 倍。液压系统可以被划分为液压静力学系统和液压动力学系统。液压静力马达是指由流动流体的压力功所驱动的马达，而液压动力马达则利用流经涡轮叶片的流体的动量交换来实现驱动。本章将对液压系统的动力学模型作简要介绍，并给出若干仿真计算结果。

7.1　阀

阀是液压系统的重要元件，本节将建立典型阀的数学模型。

7.1.1　通过一个节流孔的流动

一般来说，通过一个孔的液流表现为紊流，流量 q 由下式得出：

$$q = C_{\mathrm{d}} A \sqrt{\frac{2}{\rho} \Delta p} \tag{7-1}$$

式中，A——节流孔的横截面积；

　　Δp——流经节流孔的压力降；

　　ρ——流体的密度；

　　C_{d}——节流孔流量系数，是一个常数。

假设没有能量损失，而且流动面积不小于 A，则可以从连续方程和伯努利方程得出 $C_{\mathrm{d}} = 1$。但是，在实际中总会损失一些能量，液体流动的截面积会在一定程度上小于节流孔横截面积 A，导致流量系数 C_{d} 减小。例如，对于具有锐边的节流孔，C_{d} 为 0.60 ~ 0.65；当节流孔的边圆滑时，C_{d} 可以为 0.8 ~ 0.9。

流经一个节流孔的雷诺数由下式给出：

$$Re = \frac{D}{A v} q \tag{7-2}$$

式中，D——节流孔的直径；

　　v——运动黏度。对于一般的液压油，运动黏度 v 近似为 $30 \times 10^{-6} \ \mathrm{m^2/s}$。

当雷诺数大于 1 000 时，可以认为是紊流流动，流量表达式为式（7-1）。

对于一个具有低体积流量的窄节流孔，雷诺数变得较小。假如雷诺数低于 10，则流动可以视为层流，体积流量 q 由下式给出：

$$q = C_1 \Delta p \tag{7-3}$$

式中，C_1——反映泄漏的常量；

Δp——压力降。

例如，流经一个狭窄开口的泄漏流（排放流）就属于这种情况。另外，在压力反馈管道中的典型节流孔也属于这种情况。

例如，通过一个圆管的层流泄漏系数为

$$C_1 = \frac{r^2}{8\mu L} A \tag{7-4}$$

式中，μ——绝对黏度，$\mu = v\rho$；

L——圆管的长度。

7.1.2 紊流孔流的正则化

式（7-1）所表示的流动特性常用于描述在所有雷诺数情况下流经一个节流孔的流动。这在物理上是不完全正确的，而且当流量接近于零时，式（7-1）的导数变得无穷大，这会给仿真计算带来问题。因此，应修改阀特征式（7-1），使之既可以合理地模拟零流量附近的层流，又可以模拟高雷诺数情况下的紊流。

首先应注意，通过下式来定义一个雷诺数临界值 Re_{tr}：

$$Re_{tr} = 2\frac{C_d^2 DA}{C_1 \mu} \tag{7-5}$$

可以把层流特性方程式（7-3）写成紊流特性方程式（7-1）的形式，即

$$q = C_d \sqrt{\frac{Re}{Re_{tr}}} A \sqrt{\frac{2}{\rho} \Delta p} \tag{7-6}$$

通过对方程式（7-6）进行平方，并代入雷诺数表达式（7-2），可以得到

$$q = \frac{C_d^2}{Re_{tr}} \frac{2DA}{\mu} \Delta p \tag{7-7}$$

利用式（7-5）的定义，就可以恢复式（7-3）。

这意味着，应当寻求一个流动特性，使其满足下式：

$$q = \begin{cases} C_d \sqrt{\dfrac{Re}{Re_{tr}}} A \sqrt{\dfrac{2}{\rho} \Delta p}, & Re \ll Re_{tr} \\[3mm] C_d A \sqrt{\dfrac{2}{\rho} \Delta p}, & Re_{tr} \ll Re \end{cases} \tag{7-8}$$

为了获得一个对于所有 Δp 都适用的解，可以使用下式产生从层流到紊流状态的光滑过渡：

$$q = \begin{cases} \dfrac{3vRe_{tr}}{4} \dfrac{A}{D} \dfrac{\Delta p}{p_{tr}} \Big(3 - \dfrac{\Delta p}{p_{tr}}\Big), & \Delta p \leqslant p_{tr} \\[3mm] C_d A \sqrt{\dfrac{2}{\rho} \Delta p}, & p_{tr} \leqslant \Delta p \end{cases} \tag{7-9}$$

式中，p_{tr}——雷诺数临界值对应的压力，

$$p_{tr} = \frac{9Re_{tr}^2 \rho v^2}{8C_d^2} \frac{1}{D^2} \tag{7-10}$$

如果是一个直径为 D 的圆形节流孔，则

$$A = \frac{\pi D^2}{4} \Rightarrow D^2 = \frac{4A}{\pi} \Rightarrow \frac{A}{D} = \frac{\sqrt{\pi}}{2}\sqrt{A} \tag{7-11}$$

如果定义一个常数 F_{tr} 为

$$F_{tr} = p_{tr}A = p_{tr}\frac{\pi D^2}{4} = \frac{9Re_{tr}^2 \rho v^2}{8C_d^2}\frac{\pi}{4} \tag{7-12}$$

则流经一个节流孔的流动可以由下面的正则化的流动特性来描述：

$$q(A,\Delta p) = \begin{cases} \dfrac{3vRe_{tr}}{4}\dfrac{\sqrt{\pi}}{2}\sqrt{A}\dfrac{A\Delta p}{F_{tr}}\left(3 - \dfrac{A\Delta p}{F_{tr}}\right), & A\Delta p \leqslant F_{tr} \\[3mm] C_d A\sqrt{\dfrac{2}{\rho}\Delta p}, & F_{tr} \leqslant A\Delta p \end{cases} \tag{7-13}$$

式中，

$$F_{tr} = \frac{9Re_{tr}^2 \rho v^2}{8C_d^2}\frac{\pi}{4} \tag{7-14}$$

正则化的特性方程式（7-13）既可以描述式（7-3）所表示的低雷诺数的层流，又可以描述式（7-1）所表示的对于高雷诺数的紊流。在层流和紊流流动中，状态之间可以实现光滑的过渡。

液压油的一般数值如下：

$$Re_{tr} = 1\,000, \quad \rho = 900 \text{ kg/m}^3,$$
$$v = 30 \times 10^{-6} \text{ m}^2/\text{s}, \quad C_d = 0.6$$

经正则化的特征方程（7-13）可以很好地适用于数值仿真。

7.1.3　四通阀

在液压系统中使用的典型流动控制阀具有 4 个节流孔，通过改变节流孔的流油面积来控制流动，这种类型的阀称之为四通阀。本节将推导如图 7-1 所示的四通阀的流动方程。

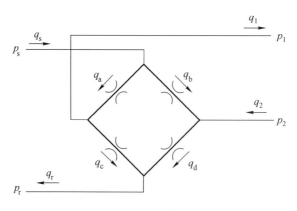

图 7-1　四通阀

该阀通过它的四个通口与液压系统的其他部分连接，每个通口具有压力作为力变量、体积流量作为流变量。供油口与压力源相连接，用 p_s 表示压力、q_s 表示流量；回流口与储油

箱相连接，具有压力 $p_r = 0$ 和流量 q_r；通口 1（具有压力 p_1 和流量 q_1）与负载的输入边相连；通口 2（具有压力 p_2 和流量 q_2）与负载的输出边相连。通过节流孔 a、b、c、d 的体积流量由下面的节流孔方程给出：

$$\left.\begin{array}{l} q_a = C_a A_a(x_v) \sqrt{\dfrac{2}{\rho}(p_s - p_1)} \\[2mm] q_b = C_b A_b(x_v) \sqrt{\dfrac{2}{\rho}(p_s - p_2)} \\[2mm] q_c = C_c A_c(x_v) \sqrt{\dfrac{2}{\rho}(p_1 - p_r)} \\[2mm] q_d = C_d A_d(x_v) \sqrt{\dfrac{2}{\rho}(p_2 - p_r)} \end{array}\right\} \qquad (7-15)$$

式中，节流孔的打开面积 $A_a(x_v)$、$A_b(x_v)$、$A_c(x_v)$、$A_d(x_v)$ 被假定为阀芯位置 x_v 的函数，这里用了紊流特性方程式（7-1）来简化方程。在仿真中，可以使用进一步细化的流动模型式（7-13）。

利用下列方程，可以建立通口流量与孔流量的相互关系如下：

$$\left.\begin{array}{l} q_s = q_a + q_b \\ q_r = q_c + q_d \end{array}\right\} \qquad (7-16)$$

$$\left.\begin{array}{l} q_1 = q_a - q_c \\ q_2 = q_d - q_b \end{array}\right\} \qquad (7-17)$$

7.1.4　对称四通阀

在阀芯控制的四通阀中，通口的开关是由阀芯位置 x_v 来控制的（图 7-2）。一个匹配对称阀是按下式设计的：

$$A_a(x_v) = A_d(x_v) = A_b(-x_v) = A_c(-x_v) \qquad (7-18)$$

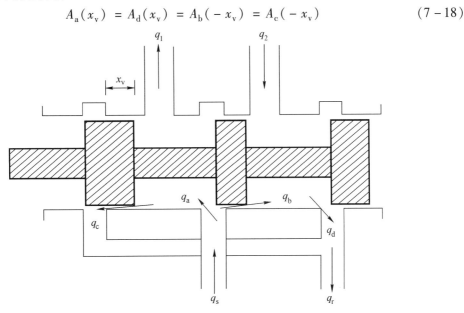

图 7-2　对称四通阀

如果匹配对称阀装有一个主阀并具有矩形流孔，那么通孔面积为

$$A_a(x_v) = A_d(x_v) = \begin{cases} 0, & x_v \leqslant 0 \\ bx_v, & x_v \geqslant 0 \end{cases} \qquad (7-19)$$

$$A_b(x_v) = A_c(x_v) = \begin{cases} -bx_v, & x_v \leqslant 0 \\ 0, & x_v \geqslant 0 \end{cases} \qquad (7-20)$$

式中，b——矩形阀的高度。

7.1.5 平衡阀

平衡阀经常用于起重作业，以保证一个悬挂的负载不会跌落（即使供给压力丢失）。在平衡阀中，一个顶紧的弹簧向关闭位置推动阀芯。进口压力则产生一个朝打开位置方向推动阀芯的力，而高的输出压力则趋向于关闭阀芯。除此之外，一个控制压力起到辅助开阀的作用。

考虑一个平衡阀（图 7-3），具有入口压力 p_1，出口压力 p_2 和控制压力 p_p。平衡阀阀芯在弹簧端的横截面积为 A，在控制端的横截面积为 A_p。

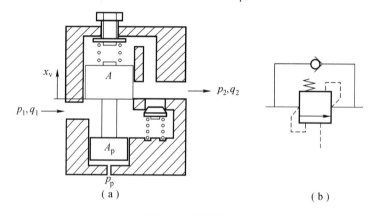

图 7-3 平衡阀

（a）结构图；（b）符号图

定义面积 A_r 和面积控制比 R 为

$$\left. \begin{aligned} A_r &= A - A_p \\ R &= \frac{A_p}{A_r} \end{aligned} \right\} \qquad (7-21)$$

作用在滑阀上的弹簧力 F 为

$$F = F_0 + K_e x_v$$

式中，F_0——弹簧的顶紧力；

K_e——弹簧刚度；

x_v——阀芯的位置。

定义 $x_v = 0$ 表示关闭位置，$x_v > 0$ 表示阀是打开的。用 p_0 表示预置压力，$p_0 = F_0/A_r$。阀芯的运动方程可以表示为

$$m_v \ddot{x}_v = p_p A_p + (p_1 - p_0) A_r - K_e x_v - p_2 A \qquad (7-22)$$

式中，m_v——阀芯的质量。

如果平衡阀选择得比较合适，那么阀芯动力学过程将是稳定的。在准静态情况下，可以用下列静态特性的方程来表示：

$$x_v = \frac{A_r}{K_e}[p_1 - p_0 + Rp_p - p_2(R + 1)] \qquad (0 \leqslant x_v \leqslant x_{v,max})$$

式中，$x_{v,max}$——阀芯的最大位置。

由此可知，当输入压力 p_1 和控制压力 p_p，与预置压力 p_0 以及出口压力 p_2 相比充分高时，阀将被打开。如果面积控制比 R 增加，那么控制压力的影响也会增大。如果 $p_1 > p_2$，在阀芯打开的情况下，将存在正方向的流动。如果 $p_2 > p_1$，就会发生溢流，这可以考虑为一个具有流动面积 A_c 的溢流。最后，流动可以用下列方程表示：

$$q_1 = \begin{cases} C_d x_v b \sqrt{\dfrac{2}{\rho}(p_1 - p_2)}, & p_1 > p_2 \\ -C_d A_c \sqrt{\dfrac{2}{\rho}(p_2 - p_1)}, & p_1 < p_2 \end{cases} \qquad (7-23)$$

这里再一次应用了正则化的孔流模型。

7.2　液压马达的数学模型

7.2.1　质量平衡

工作流体的可压缩效应对于液压马达来说是不可忽视的。这意味着，密度 ρ 是压力 p 的函数。一个常用的假设如下：

在密度 ρ 的微分 $d\rho$ 和压力 p 的微分 dp 之间，存在如下关系：

$$\frac{d\rho}{\rho} = \frac{dp}{\beta} \qquad (7-24)$$

式中，β——体积弹性模量。

注意：体积弹性模量 β 具有压力的量刚。通常，将 β 的数值取 7×10^8 Pa，即 7 000 bar，尽管在实际中该值可以发生 10 倍变化。

容积 V 的质量平衡由下式给出：

$$\frac{d}{dt}(\rho V) = \omega_{in} - \omega_{out} \qquad (7-25)$$

式中，ω_{in}——质量流量，$\omega_{in} = \rho q_{in}$，$q_{in}$ 为进入容积的体积流量；

ω_{out}——流出容积的质量流量，$\omega_{out} = \rho q_{out}$，$q_{out}$ 为流出容积的体积流量。

假定密度仅仅是时间的函数，于是，有

$$\dot{\rho}V + \rho\dot{V} = \rho(q_{in} - q_{out}) \qquad (7-26)$$

将表达式（7-24）代入式（7-26），则获得液压容积 V 的质量平衡方程为

$$\frac{V}{\beta}\dot{p} + \dot{V} = q_{in} - q_{out} \qquad (7-27)$$

7.2.2　旋转液压马达

在很多液压系统设计中，需要用到旋转液压马达，旋转液压马达可以做成有限行程或连

续行程。一个有限行程马达具有一个稍微小于180°或360°的最大转角，而一个具有连续运转的马达则对于转角没有限制。一个液压马达也可以作为一个泵来运行。无论是液压马达的工作方式，还是泵的工作方式，它们的动力学模型都是相同的。

本节将推导具有有限行程的马达的动力学模型（图7-4），所获得的数学模型对于连续运转的马达也是有效的。一个具有有限转动的液压马达具有一个流入腔和一个流出腔。流入腔具有容积 V_1 和压力 p_1，流入该腔室的流量为 q_1。流出腔具有容积 V_2 和压力 p_2，流出该腔室的流量是 q_2。两个腔室间的压力差产生了马达扭矩，该扭矩驱动马达轴旋转。利用腔1和腔2内流体的质量平衡，以及马达轴的运动方程，就可以建立旋转液压马达的动力学模型。

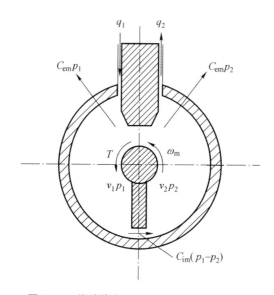

图7-4 单叶片有限行程旋转液压马达模型

对流入腔和流出腔建立质量平衡方程，可得

$$\dot{V}_1 + \frac{V_1}{\beta}\dot{p}_1 = -C_{im}(p_1 - p_2) - C_{em}p_1 + q_1 \qquad (7-28)$$

$$\dot{V}_2 + \frac{V_2}{\beta}\dot{p}_2 = -C_{im}(p_2 - p_1) - C_{em}p_2 - q_2 \qquad (7-29)$$

式中，C_{im}——内部泄漏系数；

C_{em}——关于泄漏出马达的泄漏系数；

β——体积弹性模量。

腔室容积的变化率与马达角速度 ω_m 成正比，即

$$\dot{V}_1 = -\dot{V}_2 = D_m\omega_m \qquad (7-30)$$

式中，D_m——位移，为常数。

马达扭矩 T 与压力差成正比。令马达扭矩的功率与工作流体的功率相等，可得

$$T\omega_m = p_1\dot{V}_1 + p_2\dot{V}_2 = (p_1 - p_2)D_m\omega_m \qquad (7-31)$$

而马达扭矩 T 为

$$T = D_{\mathrm{m}}(p_1 - p_2) \tag{7-32}$$

因此，马达轴的运动方程为

$$J_{\mathrm{t}}\dot{\omega}_{\mathrm{m}} = -B_{\mathrm{m}}\omega_{\mathrm{m}} + D_{\mathrm{m}}(p_1 - p_2) - T_{\mathrm{L}} \tag{7-33}$$

式中，J_{t}——马达的转动惯量；

　　　B_{m}——黏性摩擦系数；

　　　T_{L}——负载扭矩。

旋转液压马达的动力学模型由下列方程给出：

$$\frac{V_1}{\beta}\dot{p}_1 = -C_{\mathrm{im}}(p_1 - p_2) - C_{\mathrm{em}}p_1 - D_{\mathrm{m}}\omega_{\mathrm{m}} + q_1 \tag{7-34}$$

$$\frac{V_2}{\beta}\dot{p}_2 = -C_{\mathrm{im}}(p_2 - p_1) - C_{\mathrm{em}}p_2 + D_{\mathrm{m}}\omega_{\mathrm{m}} - q_2 \tag{7-35}$$

$$J_{\mathrm{t}}\dot{\omega}_{\mathrm{m}} = -B_{\mathrm{m}}\omega_{\mathrm{m}} + D_{\mathrm{m}}(p_1 - p_2) - T_{\mathrm{L}} \tag{7-36}$$

7.2.3　弹性负载

在很多应用中，在负载中存在弹性振动。假如只有一个共振频率，则弹性负载可以被模拟为一个弹性传动和一个惯性元件。容易获得以下方程：

$$J_1\dot{\omega}_1 = T_1 - T_{\mathrm{L}} \tag{7-37}$$

$$\dot{\theta}_1 = \omega_1 \tag{7-38}$$

$$T_{\mathrm{L}} = D_1(\omega_{\mathrm{m}} - \omega_1) + K_1(\theta_{\mathrm{m}} - \theta_1) \tag{7-39}$$

式中，J_1——第 1 个惯性元件的转动惯量；

　　　ω_1——第 1 个惯性元件的角速度；

　　　T_1——作用在第 1 个惯性元件上的驱动力矩；

　　　T_{L}——作用在第 1 个惯性元件上的阻力矩；

　　　D_1——第 1 个弹性传动的阻尼；

　　　K_1——第 1 个弹性传动的刚度；

　　　ω_{m}——旋转液压马达的角速度；

　　　θ_{m}——旋转液压马达的角位移；

　　　θ_1——第 1 个惯性元件的角位移。

这里，输入口与马达轴相连接。对两个通口的输入是 ω_{m} 和 T_1，而 T_{L} 和 ω_1 是输出。我们还可以加上任何数目的附加自由度（图 7-5），关于输入的通口变量是 T_{i-1} 和 ω_{i-1}，而对于输出的通口变量是 T_i 和 ω_i，可得

$$J_i\dot{\omega}_i = T_{i-1} - T_i \tag{7-40}$$

$$T_i = D_i(\omega_{i-1} - \omega_i) + K_i(\theta_{i-1} - \theta_i) \tag{7-41}$$

式中，J_i——第 i 个惯性元件的转动惯量；

　　　T_i——作用在第 i 个惯性元件上的阻力矩；

　　　T_{i-1}——作用在第 $i-1$ 个惯性元件上的阻力矩；

　　　D_i——第 i 个弹性传动的阻尼；

　　　K_i——第 i 个弹性传动的刚度；

　　　ω_i——第 i 个惯性元件的角速度；

θ_i——第 i 个惯性元件的角位移；

ω_{i-1}——第 $i-1$ 个惯性元件的角速度；

θ_{i-1}——第 $i-1$ 个惯性元件的角位移。

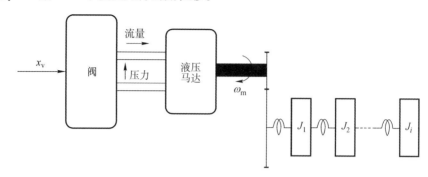

图 7 - 5 具有弹性负载的阀控马达

7.2.4 液压油缸

我们可以把液压油缸看作线性液压马达，用类似旋转马达的方式建立油缸的动力学模型。

油缸具有一个流入腔，容积为 $V_1 = V_{10} + A_1 x_p$，压力为 p_1，流量为 q_1；流出腔容积为 $V_2 = V_{20} - A_2 x_p$，压力为 p_2，流量为 q_2。V_{10} 和 V_{20} 分别表示当活塞位置 $x_p = 0$ 时的流入腔容积和流出腔容积。假设活塞的横截面积为 A_p，活塞与一个横截面积为 A_r 的杆相连接。

（1）如果活塞杆穿过两个腔室（图 7 - 6），就认为油缸是对称的，面积 A_1 和 A_2 相等，即

$$A_1 = A_2 = A_p - A_r \tag{7-42}$$

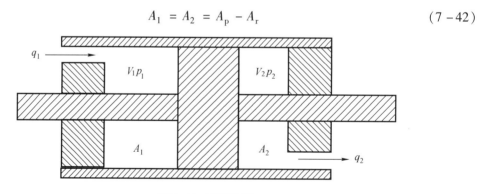

图 7 - 6 对称油缸

（2）如果活塞杆通过腔室 2 而不通过腔室 1（图 7 - 7），那么认为油缸具有一个单杆活塞。在这种情况下，可得

$$\left. \begin{aligned} A_1 &= A_p \\ A_2 &= A_p - A_r \end{aligned} \right\} \tag{7-43}$$

作用在活塞上的作动力 F 为

$$F = A_1 p_1 - A_2 p_2$$

关于流入腔和流出腔的质量平衡方程，以及活塞的运动方程如下：

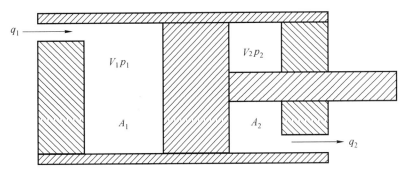

图 7 - 7　单杆液压活塞

$$\frac{V_{10} + A_1 x_p}{\beta} \dot{p}_1 = - C_{im}(p_1 - p_2) - C_{em} p_1 - A_1 \dot{x}_p + q_1 \tag{7-44}$$

$$\frac{V_{20} - A_2 x_p}{\beta} \dot{p}_2 = - C_{im}(p_2 - p_2) - C_{em} p_2 + A_2 \dot{x}_p - q_2 \tag{7-45}$$

$$m_t \ddot{x}_p = - B_p \dot{x}_p + A_1 p_1 - A_2 p_2 - F_L \tag{7-46}$$

式中，β——液体的体积弹性模量；

　　q_1 ——流入腔室 1 的流量；

　　q_2 ——流出腔室 2 的流量；

　　C_{im}——内部泄漏系数；

　　C_{em}——泄出油缸的泄漏系数；

　　m_t——活塞和负载的质量；

　　B_p——黏性摩擦系数；

　　F_L——负载载荷。

7.3　传递函数模型

7.3.1　对称阀与对称马达

阀控液压马达常用于要求高精度和高带宽的伺服机构。这样的系统对效率的要求为中等或比较低，因此，在要求效率比较高的场合，常常使用泵控液压马达。如果负载是对称的（即满足对称负载条件 $q_1 = q_2$，而且阀是匹配和对称的），那么就有可能把马达的质量平衡方程式（7 - 44）、式（7 - 45）合并成一个质量平衡方程。其中，负载流量 q_L 是输入，负载压力 p_L 是输出，这一点在阀控马达的传递函数分析中非常有用。

我们考虑图 7 - 4 所示的旋转液压马达。假设当轴转角为零时，两个腔室的容积都等于 V_0。于是，容积可以写为

$$\left. \begin{array}{l} V_1 = V_0 + D_m \theta_m \\ V_2 = V_0 - D_m \theta_m \end{array} \right\} \tag{7-47}$$

将腔室 1 的质量平衡方程（7 - 34）减去腔室 2 的质量平衡方程（7 - 35），得

$$2D_{\mathrm{m}}\omega_{\mathrm{m}} + \frac{V_0}{\beta}(\dot{p}_1 - \dot{p}_2) + \frac{D_{\mathrm{m}}\theta_{\mathrm{m}}}{\beta}(\dot{p}_1 + \dot{p}_2)$$
$$= q_1 + q_2 - 2C_{\mathrm{im}}(p_1 - p_2) - C_{\mathrm{em}}(p_1 - p_2) \tag{7-48}$$

在式（7-48）中，有每个腔室的压力和流量。由此容易得出，腔室压力 p_1 和 p_2 之和等于常量供给压力 p_{s}，由此即可知 $\dot{p}_1 + \dot{p}_2 = 0$。于是，利用负载压力 p_{L} 和负载流量 q_{L} 来改写式（7-48），可得

$$\frac{V_{\mathrm{t}}}{4\beta}\dot{p}_{\mathrm{L}} = -C_{\mathrm{tm}}p_{\mathrm{L}} - D_{\mathrm{m}}\omega_{\mathrm{m}} + q_{\mathrm{L}} \tag{7-49}$$

式中，V_{t}——总的容积，$V_{\mathrm{t}} = V_1 + V_2 = 2V_0$；

C_{tm}——泄漏系数，$C_{\mathrm{tm}} = C_{\mathrm{im}} + \dfrac{1}{2}C_{\mathrm{em}}$。

与运动方程（7-33）相结合，可以得到具有匹配对称阀的对称液压马达的动力学模型，为

$$\frac{V_{\mathrm{t}}}{4\beta}\dot{p}_{\mathrm{L}} = -C_{\mathrm{tm}}p_{\mathrm{L}} - D_{\mathrm{m}}\omega_{\mathrm{m}} + q_{\mathrm{L}} \tag{7-50}$$

$$J_{\mathrm{t}}\dot{\omega}_{\mathrm{m}} = -B_{\mathrm{m}}\omega_{\mathrm{m}} + D_{\mathrm{m}}p_{\mathrm{L}} - T_{\mathrm{L}} \tag{7-51}$$

7.3.2　阀控液压马达的传递函数

用 q_{L} 表示负载流量，K_{q} 表示与开度成比例的流量系数，K_{c} 表示马达的泄漏系数，p_{L} 表示负载压力。将线性化的阀特性（$q_{\mathrm{L}} = K_{\mathrm{q}}x_{\mathrm{v}} - K_{\mathrm{c}}p_{\mathrm{L}}$）代入式（7-50）和式（7-51），可以得到阀控液压马达的线性化动力学模型为

$$\frac{V_{\mathrm{t}}}{4\beta}\dot{p}_{\mathrm{L}} = -K_{\mathrm{ce}}p_{\mathrm{L}} - D_{\mathrm{m}}\omega_{\mathrm{m}} + K_{\mathrm{q}}x_{\mathrm{v}} \tag{7-52}$$

$$J_{\mathrm{t}}\dot{\omega}_{\mathrm{m}} = -B_{\mathrm{m}}\omega_{\mathrm{m}} + D_{\mathrm{m}}p_{\mathrm{L}} - T_{\mathrm{L}} \tag{7-53}$$

$$\dot{\theta}_{\mathrm{m}} = \omega_{\mathrm{m}} \tag{7-54}$$

式中，K_{ce}——马达和阀的泄漏系数，$K_{\mathrm{ce}} = K_{\mathrm{c}} + C_{\mathrm{tm}}$；

B_{m}——黏性摩擦系数；

θ_{m}——马达轴的转角。

阀控液压马达方框图如图 7-8 所示。

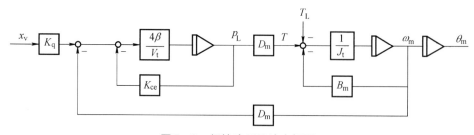

图 7-8　阀控液压马达方框图

对式（7-52）和式（7-53）进行拉普拉斯变换，可以建立拉普拉斯变换模型为

$$K_{ce}\left(1 + \frac{V_t}{4\beta K_{ce}}s\right)p_L = -D_m s\theta_m + K_q x_v \tag{7-55}$$

$$(J_t s^2 + B_m s)\theta_m = D_m p_L - T_L \tag{7-56}$$

将式（7-55）代入运动方程式（7-56），得

$$K_{ce}\left(1 + \frac{V_t}{4\beta K_{ce}}s\right)(J_t s^2 + B_m s)\theta_m = -D_m^2 s\theta_m + D_m K_q x_v - K_{ce}\left(1 + \frac{V_t}{4\beta K_{ce}}s\right)T_L \tag{7-57}$$

经整理，得

$$\theta_m(s) = \frac{\dfrac{K_q}{D_m}x_v(s) - \dfrac{K_{ce}}{D_m^2}\left(1 + \dfrac{V_t}{4\beta K_{ce}}s\right)T_L(s)}{s\left[\dfrac{V_t J_t}{4\beta D_m^2}s^2 + \left(\dfrac{K_{ce}J_t}{D_m^2} + \dfrac{B_m V_t}{4\beta D_m^2}\right)s + \left(1 + \dfrac{B_m K_{ce}}{D_m^2}\right)\right]} \tag{7-58}$$

假设 $B_m = 0$，即可获得具有匹配对称阀的对称液压马达的拉普拉斯变换模型为

$$\theta_m(s) = \frac{\dfrac{K_q}{D_m}x_v(s) - \dfrac{K_{ce}}{D_m^2}\left(1 + \dfrac{s}{\omega_t}\right)T_L(s)}{s\left(1 + 2\zeta_h\dfrac{s}{\omega_h} + \dfrac{s^2}{\omega_h^2}\right)} \tag{7-59}$$

式中，ω_h——液压无阻尼自然频率；

$\quad\quad\zeta_h$——相对阻尼系数；

$\quad\quad\omega_t$——压力动力学方程的拐点频率。

$$\left.\begin{aligned}\omega_h^2 &= \frac{4\beta D_m^2}{V_t J_t}\\[2mm]\zeta_h &= \frac{k_{ce}}{D_m}\sqrt{\frac{\beta J_t}{V_t}}\\[2mm]\omega_t &= \frac{4\beta K_{ce}}{V_t}\end{aligned}\right\} \tag{7-60}$$

注意到

$$2\zeta_h\omega_h = \frac{4\beta K_{ce}}{V_t} = \omega_t \tag{7-61}$$

从阀芯位置 x_v 到轴转角 θ_m 的传递函数为

$$H_m(s) = \frac{\theta_m}{x_v}(s) = \frac{K_q/D_m}{s\left(1 + 2\zeta_h\dfrac{s}{\omega_h} + \dfrac{s^2}{\omega_h^2}\right)} \tag{7-62}$$

图 7-9 所示为频率响应 $H_m(j\omega)$ 的大小，参数如下：

$$k_q/D_m = 40, \quad \omega_h = 400 \text{ rad/s}, \quad \zeta_h = 0.1$$

传递函数 $H_m(s)$ 有一个 $s = 0$ 的极点，它对应从角速度到阀角的积分。这意味着，在低频范围，有

$$\left(1 + 2\zeta_h\frac{s}{\omega_h} + \frac{s^2}{\omega_h^2}\right) \approx 1 \tag{7-63}$$

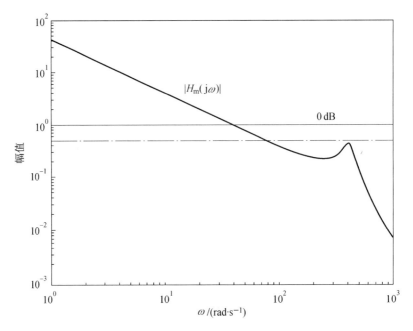

图 7 – 9 从阀芯位置 x_v 到马达转角 θ 的幅频特性

注：$1\ \text{rad/s} = \dfrac{1}{2\pi}\ \text{Hz}$

液压马达角速度 ω_m 将与阀芯位置 x_v 成正比。传递函数的增益是流量增益 K_q 除以位移 D_m，位移由液压马达的几何参数确定。于是，增益的变化仅仅取决于流量增益 K_q。流量增益随着因子 $\sqrt{p_s - p_L}/\sqrt{p_s}$ 的变化而改变，在一般设计原则 $\left(|p_L| < \dfrac{2}{3}p_s \right)$ 下，流量增益将为名义值的 57.7% ~ 129%。

在电液伺服机构设计中，液压无阻尼自然频率 ω_h 是一个重要参数。无阻尼自然频率由 β、D_m 和 J_t 来确定。参数 J_t 和 D_m 可以比较准确地获得，而体积弹性模量 β 则可能是变化的。然而，在很多情况下，如果工作流体是液压油，数值 $\beta = 7.0 \times 10^8$ Pa 具有合理的精确性。也可由此推出，泄漏系数 K_{ce} 将由阀特性所确定。

从负载转矩 T_L 到轴转角 θ_m 的传递函数为

$$\frac{\theta_m}{T_L}(s) = \frac{-\dfrac{K_{ce}}{D_m^2}\left(1 + \dfrac{s}{\omega_t}\right)}{s\left(1 + 2\zeta_h\dfrac{s}{\omega_h} + \dfrac{s^2}{\omega_h^2}\right)} \tag{7-64}$$

7.3.3 采用 P 控制器的液压马达

P 控制器的特性为

$$x_v = K_p(\theta_d - \theta_m) \tag{7-65}$$

式中，K_p——比例系数；

θ_d——期望角位移；

θ_m——液压马达的实际角位移。

采用 P 控制器控制的液压马达回路的传递函数为

$$L(s) = K_p H_m(s) = \frac{K_v}{s\left(1 + 2\zeta_h \dfrac{s}{\omega_h} + \dfrac{s^2}{\omega_h^2}\right)} \tag{7-66}$$

式中，K_v——闭环系统的速度常数，

$$K_v = \frac{K_p K_q}{D_m} \tag{7-67}$$

当相对阻尼的数值典型处于 $0.1 < \zeta_h < 0.5$ 时，回路传递函数 $L(s)$ 具有一个在 $s = 0$ 的极点和两个复共轭极点。

在控制器设计过程中，一个重要的参数是回路传递函数在 ω_{180} 的增益，它是频率响应 $L(j\omega_h)$ 具有 $180°$ 相角时的频率。进一步分析回路传递函数 $L(s)$，发现 $\omega_{180} = \omega_h$，且有

$$\left.\begin{aligned} |L(j\omega_h)| &= \frac{K_v}{2\zeta_h \omega_h} \\ \angle L(j\omega_h) &= -180° \end{aligned}\right\} \tag{7-68}$$

利用式（7-60）中 ζ_h 的表达式，发现

$$|L(j\omega_{180})| = \frac{K_v}{2\zeta_h \omega_h} \tag{7-69}$$

于是，在 $|L(j\omega_{180})| = \dfrac{1}{2}$ 时，可以获得 $\Delta k = 6\ \mathrm{dB}$ 的增益裕量，且

$$K_v = \zeta_h \omega_h \Rightarrow K_p = \frac{D_m}{K_q}\zeta_h \omega_h \tag{7-70}$$

对于图 7-9 列出的数值，若 $K_v = \zeta_h \omega_h = 40$，则可以获得一个 $6\ \mathrm{dB}$ 的增益裕量，这相对应于 $K_p = K_v D_m / K_q = 1$ 的增益。由此可知，假如 $K_p = 1$，就有 $L(j\omega) = H_m(j\omega)$。图中的点划线在 $-6\ \mathrm{dB}$ 处画出，表示 $|L(j\omega_{180})| = K_v / (2\zeta_h \omega_h) = 0.5$。

由此，根据奈奎斯特稳定性理论，可以归纳出：用 P 控制器 $[x_v = K_p(\theta_d - \theta_m)]$ 控制的具有匹配对称阀的旋转液压马达，若速度常数 K_v 满足以下条件：

$$K_v = \frac{K_q K_p}{D_m} \leqslant 2\zeta_h \omega_h \Rightarrow K_p \leqslant 2\frac{D_m}{K_q}\zeta_h \omega_h \tag{7-71}$$

则系统是稳定的。

假如泄漏系数 K_{ce} 由阀确定，且马达的泄漏可以忽略不计，就会发生这种情况。

如果两个不同的旋转液压马达使用相同的阀、相同的流体，则常数 K_q、K_{ce} 和 β 将保持不变。由此可以推断，稳定性极限将与 V_t^{-1} 成正比。

如果黏性摩擦系数 B_m 不为零，那么液压无阻尼自然频率 ω_h 和相对阻尼系数 ζ_h 由下式给出：

$$\left.\begin{aligned} \omega_h^2 &= \frac{4\beta D_m^2}{V_t J_t}\left(1 + \frac{B_m K_{ce}}{D_m^2}\right) \\ \zeta_h &= \left(\frac{K_{ce}}{D_m}\sqrt{\frac{\beta J_t}{V_t}} + \frac{B_m}{4D_m}\sqrt{\frac{V_t}{\beta J_t}}\right)\left(1 + \frac{B_m K_{ce}}{D_m^2}\right)^{-\frac{1}{2}} \end{aligned}\right\} \tag{7-72}$$

在这种情况下，可得

$$2\zeta_{\mathrm{h}}\omega_{\mathrm{h}} = \left(\frac{K_{\mathrm{ce}}J_{\mathrm{t}}}{D_{\mathrm{m}}^2} + \frac{B_{\mathrm{m}}V_{\mathrm{t}}}{4\beta D_{\mathrm{m}}^2}\right)\frac{4\beta D_{\mathrm{m}}^2}{V_{\mathrm{t}}J_{\mathrm{t}}} = \frac{4\beta K_{\mathrm{ce}}}{V_{\mathrm{t}}} + \frac{B_{\mathrm{m}}}{J_{\mathrm{t}}} \tag{7-73}$$

7.3.4 带有对称阀的对称油缸

对称油缸指的是具有对称活塞的油缸，它与旋转液压马达具有相似的动力学模型。因此，合并两个质量平衡方程［式（7-44）、式（7-45）］，并利用活塞与活塞杆的运动方程，就可以获得带有匹配对称阀的对称油缸的数学模型为

$$\frac{V_{\mathrm{t}}}{4\beta}\dot{p}_{\mathrm{L}} = -C_{\mathrm{tp}}p_{\mathrm{L}} - A_{\mathrm{p}}\dot{x}_{\mathrm{p}} + q_{\mathrm{L}} \tag{7-74}$$

$$m_{\mathrm{t}}\ddot{x}_{\mathrm{p}} = -B_{\mathrm{p}}\dot{x}_{\mathrm{p}} + A_{\mathrm{p}}p_{\mathrm{L}} - F_{\mathrm{L}} \tag{7-75}$$

带有匹配对称阀的对称油缸的拉普拉斯变换模型为

$$x_{\mathrm{p}}(s) = \frac{\dfrac{K_{\mathrm{q}}}{A_{\mathrm{p}}}x_{\mathrm{v}}(s) - \dfrac{K_{\mathrm{ce}}}{A_{\mathrm{p}}^2}\left(1 + \dfrac{s}{\omega_{\mathrm{t}}}\right)F_{\mathrm{L}}(s)}{s\left(1 + 2\zeta_{\mathrm{h}}\dfrac{s}{\omega_{\mathrm{h}}} + \dfrac{s^2}{\omega_{\mathrm{h}}^2}\right)} \tag{7-76}$$

式中，

$$\left.\begin{array}{l} \omega_{\mathrm{h}}^2 = \dfrac{4\beta A_{\mathrm{p}}^2}{V_{\mathrm{t}}m_{\mathrm{t}}} \\[3mm] \zeta_{\mathrm{h}} = \dfrac{K_{\mathrm{ce}}}{A_{\mathrm{p}}}\sqrt{\dfrac{\beta m_{\mathrm{t}}}{V_{\mathrm{t}}}} \\[3mm] \omega_{\mathrm{t}} = \dfrac{4\beta K_{\mathrm{ce}}}{V_{\mathrm{t}}} \end{array}\right\} \tag{7-77}$$

这里，假定 $B_{\mathrm{p}} = 0$。

用一个 P 控制器［$x_{\mathrm{v}} = K_{\mathrm{p}}(x_{\mathrm{d}} - x_{\mathrm{p}})$］，增益 K_{p} 的稳定性极限可以用类似于带有匹配对称阀的旋转液压马达的方式获得。如果要取得一个 6 dB 的增益裕量，那么增益 K_{p} 应当按下式来选择：

$$K_{\mathrm{p}} = \frac{A_{\mathrm{p}}}{K_{\mathrm{q}}}\zeta_{\mathrm{h}}\omega_{\mathrm{h}} \tag{7-78}$$

如果设计一种油缸，对于后定的供给压力 p_{s}，它能产生力 F_0，而且活塞的位置 x_{p} 可以在零和行程 $\bar{x}_{\mathrm{p}}$ 之间变化，那么该油缸的截面积 A_{p} 应当是 F_0/p_{s}，容积 V_{t} 为

$$V_{\mathrm{t}} = A_{\mathrm{p}}\,\bar{x}_{\mathrm{p}} = F_0\,\bar{x}_{\mathrm{p}}/p_{\mathrm{s}}$$

7.3.5 弹性模式的传递函数

假设阀控液压马达通过一个弹性传动驱动负载，接下来将分析其仅存在一阶谐振的情况。例如，惯性负载通过一个弹簧和一个阻尼器与阀控液压马达连接，就属于这种情况。

从马达转矩 T 到马达转角 θ_{m} 的传递函数为

$$Js^2\theta_{\mathrm{m}}(s) = G(s)T(s) \tag{7-79}$$

式中，

$$G(s) = \frac{1 + 2\zeta_a \dfrac{s}{\omega_a} + \left(\dfrac{s}{\omega_a}\right)^2}{1 + 2\zeta_1 \dfrac{s}{\omega_1} + \left(\dfrac{s}{\omega_1}\right)^2}, \quad \omega_a < \omega_1 \tag{7-80}$$

式中，ω_a——传递函数 $G(s)$ 的零点频率。

压力动力学方程仍由式（7-55）给出，而运动方程可根据式（7-79）和 $T = D_m p_L$ 建立，于是有

$$K_{ce}\left(1 + \frac{V_t}{4\beta K_{ce}}s\right)p_L = -D_m s\theta_m + K_q x_v \tag{7-81}$$

$$J_t s^2 \theta_m = G(s) D_m p_L \tag{7-82}$$

把式（7-81）代入式（7-82），得

$$K_{ce}\left(1 + \frac{V_t}{4\beta K_{ce}}s\right)J_t s^2 \theta_m = G(s)\left(-D_m^2 s\theta_m + D_m K_q x_v\right) \tag{7-83}$$

这与式（7-57）有点相似，而传递函数 $H_e(s)$ 为

$$H_e(s) = \frac{\theta_m}{x_v}(s) = \frac{G(s)\dfrac{K_q}{D_m}}{s\left[G(s) + 2\zeta_h \dfrac{s}{\omega_h} + \dfrac{s^2}{\omega_h^2}\right]} \tag{7-84}$$

从该式可以发现，如果 $G(s) = 1$，则式（7-84）退化为由式（7-62）所给出的刚体情况传递函数 $H_m(s)$。方框图如图 7-10 所示。

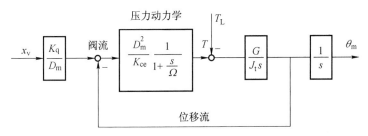

图 7-10　具有弹性负载的阀控液压马达方框图

（1）在频率范围 $\omega \ll \omega_a$ 和 $\omega \gg \omega_1$，有 $G(j\omega) \approx 1$，因此 $H_s(j\omega) \approx H_m(j\omega)$。这意味着，在低于 ω_a 和高于 ω_1 的频率范围，弹性模式和刚体情况的频率响应是相同的。

（2）如果 $\omega_1 \ll \omega_h$，则

$$H_e(s) \approx \frac{\dfrac{K_q}{D_m}}{s\left(1 + 2\zeta_h \dfrac{s}{\omega_h} + \dfrac{s^2}{\omega_h^2}\right)} \tag{7-85}$$

（3）如果 $\omega_h \ll \omega_a$，则

$$H_e(s) \approx \frac{G(s)\dfrac{K_q}{D_m}}{s\left(1 + 2\zeta_h \dfrac{s}{\omega_h} + \dfrac{s^2}{\omega_h^2}\right)} \tag{7-86}$$

7.3.6 机械比拟

接下来分析采用 P 控制器的阀控液压马达的机械比拟。

如图 7 – 11 所示，系统具有一个弹簧 S_1（刚度 K_1）、弹簧 S_2（刚度 K_2）、阻尼器（系数 D_2）。弹簧 S_1 与一质量为 m 的物体相连，其位置为 x，而弹簧 S_2 与一位置为 x_0 的运动附件相连。

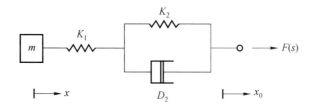

图 7 – 11　具有比例位置控制器的阀控液压马达的机械比拟

弹簧 S_1 对质量为 m 的物体的作用力 $F_1(s)$ 为

$$F_1(s) = K_p \frac{\left(1 + \dfrac{s}{\omega_1}\right)}{\left(1 + \dfrac{s}{\omega_2}\right)} [x_0(s) - x(s)] \tag{7 – 87}$$

显然，该式对应于具有有限导数作用的 PD 控制器。其中，各常数为

$$\left. \begin{array}{l} K_p = \dfrac{K_1 K_2}{K_1 + K_2} \\[3mm] \omega_1 = \dfrac{K_2}{D_2} \\[3mm] \omega_2 = \dfrac{K_1 + K_2}{D_2} \end{array} \right\} \tag{7 – 88}$$

假定一个质量为 m（具有位置 x 和摩擦系数 B）的物体，受到力 F_1 的激励（来自机械连接），同时，该物体受到负载力 F_L 的作用。其运动方程将为

$$(ms^2 + Bs)x(s) = K_p \frac{\left(1 + \dfrac{s}{\omega_1}\right)}{\left(1 + \dfrac{s}{\omega_2}\right)} [x_0(s) - x(s)] - F_L \tag{7 – 89}$$

考虑一个具有式（7 – 57）表示运动方程的液压马达为

$$(J_t s^2 + B_m s)\theta_m = \frac{\dfrac{D_m^2}{K_{ce}} \dfrac{K_q}{D_m} x_v - s\theta_m}{1 + \dfrac{s}{\omega_t}} - T_L$$

式中，

$$\omega_t = \frac{4\beta K_{ce}}{V_t} \tag{7 – 90}$$

于是，运用比例反馈 $x_v = K_p(\theta_0 - \theta_m)$，有

$$(J_t s^2 + B_m s)\theta_m = - K_v \frac{D_m^2}{K_{ce}} \frac{1 + \dfrac{s}{K_v}}{1 + \dfrac{s}{\omega_t}} \theta_m + K_v \frac{D_m^2}{K_{ce}} \frac{1}{1 + \dfrac{s}{\omega_t}} \theta_0 - T_L \qquad (7-91)$$

式中，θ_0——马达期望转角的机械等价量；

$\quad$ K_v——速度常数，$K_v = K_p K_q / D_m$。

假如引入由下式所定义的变量 θ_d：

$$\theta_0(s) = \frac{1}{1 + \dfrac{s}{K_v}} \theta_d(s) \qquad (7-92)$$

那么式（7-91）就可以写为

$$(J_t s^2 + B_m s)\theta_m = K_v \frac{D_m^2}{K_{ce}} \frac{1 + \dfrac{s}{K_v}}{1 + \dfrac{s}{\omega_t}} [\theta_d(s) - \theta_m(s)] - T_L$$

从中可以发现，如果常数满足式（7-93），则该动力学方程与通过机械比拟所获得的方程是相同的。

$$\left.\begin{array}{l} K_v \dfrac{D_m^2}{K_{ce}} = \dfrac{K_1 K_2}{K_1 K_2} \\[4mm] K_v = \dfrac{K_2}{D_2} \\[4mm] \omega_t = \dfrac{K_1 + K_2}{D_2} \end{array}\right\} \qquad (7-93)$$

从中可以解出机械比拟中所用的参数为

$$\left.\begin{array}{l} K_1 = \dfrac{4\beta D_m^2}{V_t} \\[4mm] K_2 = \dfrac{K_v}{\omega_t - K_v} \dfrac{4\beta D_m^2}{V_t} \\[4mm] D_2 = \dfrac{1}{\omega_t - K_v} \dfrac{4\beta D_m^2}{V_t} \end{array}\right\} \qquad (7-94)$$

7.4　液压管道

利用式（7-27），可得容积为 V 的容器内流体的质量平衡方程为

$$\frac{V}{\beta} \dot{p} + \dot{V} = q_{in} - q_{out} \qquad (7-95)$$

在这个方程的推导过程中，假定容器内各处的压力都是相同的，这意味着压力 $p = p(t)$ 仅仅是时间的函数。压力的变化将以声速 c 传播，对于液压油，$c \approx 1\,000$ m/s。如果容积较小，且压力的传播距离小于 1 m，那么容积中的压力差将在 1 ms 后消失。在这种情况下，关于压力在容积各处相同的假设就是合理的。

然而，有一些系统在空间上压力的变化就必须考虑，需要把压力描述成位置和时间的函数。假如长度为 L 的管道的容积为 V，那么压力变化在管道内传播的时间为 $T = L/c$。长管道经常运用在大型液压设备中，管道长度达到 10 m 并不罕见，离岸油（气）生产管道甚至用到数百米长管。如果 L 为 10 m，传播时间 T 将会达到 10 ms。这样就产生了时间延迟，该时间延迟对带宽要求达到 100 rad/s（16 Hz）的系统是不可忽视的。如果管道长度 L 为 500 m，传播时间 T 将延长到 0.5 s。除了与时间延迟相关的问题外，长液压管道还有一个严重问题，就是压力脉冲可能在管道的末端被反射，这会导致在系统中存在强的压力波动。这种现象的发生，不但会限制系统带宽，而且会增加机械系统遭到破坏的风险。

因此，存在描述液压管道的压力和流量动力学的必要。这样的系统动力学方程可以用波动方程形式的偏微分方程来描述。

7.4.1 偏微分方程（PDE）模型

一条液压传输回路是充满了可压缩流体的管道。用 L 表示管道长，用 A 表示管道横截面积，沿着管道的长度坐标用 x 表示，沿着管道流动的时间用 t 表示。液体的压力是 $p(x, t)$，容积流量是 $q(x, t)$，密度是 $\rho(x, t)$，体积模量是 β。

在管道内取微分体积 $A\mathrm{d}x$，利用质量平衡和动量平衡来建立管道的数学模型。用 v 表示流体沿着管道的速度，体积流量为 $q = A\bar{v}$，$\bar{v}$ 是速度 v 在整个截面上的平均值。在体积单元上的摩擦力是 $F\mathrm{d}x$，F 是体积流量 q 的函数，$F = F(q)$。假定 $\bar{v}$ 不大，密度可以认为是常量 ρ_0，利用质量平衡和动量平衡，可以建立液压传输管道的数学模型，可以用偏微分方程写成

$$\frac{\partial p(x,t)}{\partial t} = -cZ_0 \frac{\partial q(x,t)}{\partial x} \qquad (7-96)$$

$$\frac{\partial q(x,t)}{\partial t} = -\frac{c}{Z_0} \frac{\partial p(x,t)}{\partial x} - \frac{F[q(x,t)]}{\rho_0} \qquad (7-97)$$

式中，声速 c 和传输阻抗 Z_0 的定义为

$$\left. \begin{array}{l} c = \dfrac{\sqrt{\beta}}{\rho_0} \\[3mm] Z_0 = \dfrac{\rho_0 c}{A} = \dfrac{\sqrt{\rho_0 \beta}}{A} \end{array} \right\} \qquad (7-98)$$

7.4.2 拉普拉斯变换模型

对偏微分方程式（7-96）、式（7-97）进行拉普拉斯变换，得

$$\frac{\partial q(x,s)}{\partial x} = -\frac{s}{cZ_0} p(x,s) \qquad (7-99)$$

$$\frac{\partial p(x,s)}{\partial x} = -\frac{Z_0 s}{c} q(x,s) - \frac{Z_0 F[q(x,s)]}{c\rho_0} \qquad (7-100)$$

摩擦力 $F[q(x,s)]$ 取决于体积流量 $q(x,s)$，根据所采用的不同摩擦模型，会产生不同的管道模型。通常假设摩擦力 $F[q(x,s)]$ 是 $q(x,s)$ 的线性函数，这使得定义下述波传播算子 $\Gamma(s)$ 是可能的：

$$\frac{Z_0 \Gamma (s)^2}{LTs} q(x,s) = \frac{Z_0 s}{c} q(x,s) + \frac{Z_0 F[q(x,s)]}{c\rho_0} \qquad (7-101)$$

式中，T——传播时间，$T = L/c$；

　　　$\Gamma(s)$——波传播算子。

传输管道模型可以写为

$$\frac{\partial q(x,s)}{\partial x} = -\frac{Ts}{LZ_0} p(x,s) \qquad (7-102)$$

$$\frac{\partial p(x,s)}{\partial s} = -\frac{Z_0 \Gamma (s)^2}{LTs} q(x,s) \qquad (7-103)$$

将传输管道方程式（7-102）和式（7-103）合并，拉普拉斯变换模型就可以写为关于压力和流量的波动方程

$$L^2 \frac{\partial^2 p(x,s)}{\partial x^2} - \Gamma^2 p(x,s) = 0 \qquad (7-104)$$

$$L^2 \frac{\partial^2 q(x,s)}{\partial x^2} - \Gamma^2 q(x,s) = 0 \qquad (7-105)$$

为了进一步完成液压管道的数学模型，必须给定摩擦模型 $F = F[q(x,s)]$，这样才可以利用式（7-101）求得波传播算子 $\Gamma(s)$。

下面将介绍三种不同的摩擦模型。

1. 无损失模型

假定管道内无摩擦，这意味着 $F = 0$。传输管道模型变成

$$\frac{\partial q(x,s)}{\partial x} = -\frac{s}{cZ_0} p(x,s) \qquad (7-106)$$

$$\frac{\partial p(x,s)}{\partial x} = -\frac{Z_0 s}{c} q(x,s) \qquad (7-107)$$

与一般情况进行比较后可知，在无损失情况下，波传播算子 $\Gamma(s)$ 和特征阻抗 $Z_c(s)$ 可由下式给出：

$$\left. \begin{array}{l} \Gamma(s) = Ts \\ Z_c(s) = Z_0 \end{array} \right\} \qquad (7-108)$$

2. 线性摩擦

假定管道中的液流为层流，管道中的摩擦损失项可用哈根—泊肃叶（Hagen – Poiseuille）方程进行模拟。这时，摩擦力为

$$F = \rho_0 B q \qquad (7-109)$$

式中，B——摩擦系数，

$$B = \frac{8v_0}{r_0^2} \qquad (7-110)$$

式中，v_0——运动黏度；

　　　r_0——管道半径。

式（7-99）、式（7-100）变为

$$\frac{\partial q(x,s)}{\partial x} = -\frac{s}{cZ_0} p(x,s) \qquad (7-111)$$

$$\frac{\partial p(x,s)}{\partial x} = -\frac{Z_0}{c}(s + B)q(x,s) \tag{7-112}$$

于是，可以根据式（7-103）获得波传播算子为

$$\Gamma^2 = T^2 s(s + B) \tag{7-113}$$

利用这个结果，在线性摩擦情况下，波传播算子 Γ 和特征阻抗 Z_c 为

$$\left. \begin{aligned} \Gamma &= Ts\sqrt{\frac{s+B}{s}} \\ Z_c &= Z_0\sqrt{\frac{s+B}{s}} \end{aligned} \right\} \tag{7-114}$$

在这种情况下，波动方程为

$$\frac{\partial^2 p}{\partial t^2} + B\frac{\partial p}{\partial t} - c^2\frac{\partial^2 p(x,s)}{\partial x^2} = 0 \tag{7-115}$$

或者，利用拉普拉斯变换为

$$L^2\frac{\partial^2 p(x,s)}{\partial x^2} = T^2 s(s + B)p(x,s) \tag{7-116}$$

3. 非线性摩擦

在非线性摩擦的情况下，偏微分方程为

$$\frac{\partial q}{\partial t} = -\frac{A}{\rho_0}\frac{\partial p}{\partial x} + \frac{\mu_0}{\rho_0}\left(\frac{\partial^2 q}{\partial r^2} + \frac{1}{r}\frac{\partial q}{\partial r}\right) \tag{7-117}$$

$$\frac{\partial \rho}{\partial t} = -\frac{\rho_0}{A}\frac{\partial q}{\partial x} - \rho_0\left(\frac{\partial v}{\partial r} + \frac{v}{r}\right) \tag{7-118}$$

$$\frac{\partial T}{\partial t} = \alpha_0\left(\frac{\partial^2 T}{\partial r^2} + \frac{1}{r}\frac{\partial T}{\partial r}\right) \tag{7-119}$$

式中，μ_0——流体的动力黏度；

$\quad\quad d_0$——流体的导热系数。

在这种情况下，黏度和热传输影响得以在模型中考虑，不再详细推导。波传播算子可以表示为

$$\Gamma^2 = (Ts)^2\frac{1}{N\left(T\sqrt{\dfrac{s}{v}}\right)} \tag{7-120}$$

式中，函数 N 由下面的等效的表达式给出：

$$N(z) = 1 - \frac{2J_1(jz)}{jzJ_0(jz)} = \frac{I_2(z)}{I_0(z)} \tag{7-121}$$

式中，J_0、J_1——分别为阶数为 0 和 1 的第一类贝塞尔函数；

$\quad\quad I_0$、I_2——分别为阶数为 0 和 1 的第一类修正贝塞尔函数。

注意：波传播算子是无理的。

7.5　弹药自动装填系统中液压传动若干算例

在英国的 AS90 和俄罗斯的 2S19 155 mm 自行榴弹炮中，都采用了液压传动来实现弹丸

在输弹线上的到位和输弹入膛。本节将充分考虑机械和液压元件的耦合作用，计算液压传动驱动机械的动力学问题。

7.5.1　协调器摆弹过程的液压传动动力学

1. 液压回路

协调器的机械结构和工作原理参见 3.5 节。当协调器协调到位后，托弹盘在液压系统的作用下，绕轴回转 60°，将弹丸摆动到输弹线上，等待输弹机推弹入膛。

协调器摆弹的液压回路示意如图 7 − 12 所示。

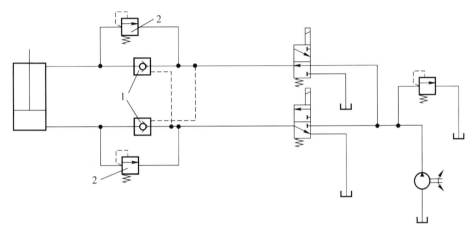

图 7 − 12　协调器摆弹的液压回路示意

1—单向阀；2—溢流阀

一台功率为 4 kW 的电动机经过一个飞轮和一个小齿轮来驱动左、右两个大齿轮旋转，左、右两个大齿轮各带动一个叶片泵旋转。在协调器摆弹时，左叶片泵不起作用，右叶片泵的液压油经过换向阀和管道进入油缸。图 7 − 12 中的两个液控单向阀和两个溢流阀组成了液压油锁，以保持托弹盘在停靠位置的稳定性。在油缸下部还安装了一个安全阀，用于减小油缸在工作过程中的速度波动。

上述各元件的参数如下：

电动机：额定功率为 4 kW，额定转速为 3 000 r/min，额定扭矩为 12.73 N·m，输出力矩可以近似地表示为 $T = (330.7 - \omega)/1.3$ N·m，ω 为电动机角速度。

减速比：$i = 3.33$。

叶片泵：每转排量为 16 mL，容积效率为 0.90，机械效率为 0.85。

电磁换向阀：公称通径为 6 mm，接通时间为 50 ms。

液压油：密度为 8.5×10^{-4} kg/cm^3，体积模量为 1.4×10^3 MPa，运动黏度为 10×10^{-6} m^2/s。

管道：内径为 0.6 cm，壁厚为 0.15 cm，总长度为 7 m。

上溢流阀和下溢流阀：关闭压力降为 3 MPa，时间常数为 3 ms。

油缸下部安全阀：关闭压力降为 1.50 MPa，时间常数为 3 ms。

各元件初始条件均为标准大气压。

2. 摆弹过程

用于协调器摆弹和收回过程液压传动动力学计算的虚拟样机模型如图 7 – 13 所示。

图 7 – 14 ~ 图 7 – 23 所示为若干仿真计算结果。图 7 – 14 所示为泵的出口压力（实验测量获得的泵的最大出口压力为 1.8 MPa）随时间的变化规律，由于摆弹时重力的作用，重力引起的托弹盘转动速度可能超过液压驱动力产生的转动速度，使得油缸下腔的液压油瞬时补给不到位，从而造成泵出口压力的波动。随着电动机转速的提高，该波动现象逐渐消失。图 7 – 15 所示为泵的出口流量随时间的变化规律。图 7 – 16 所示为托弹盘转

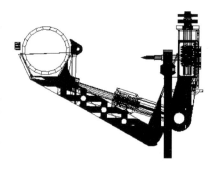

图 7 – 13　用于协调器摆弹和收回计算的虚拟样机模型

角随时间的变化规律，可以看到其规律类似于呈抛物线。图 7 – 17 所示为油缸长度随时间的变化规律。图 7 – 18 所示为油缸速度随时间的变化规律，尽管采用了安全阀，但油缸的速度仍然有些波动。图 7 – 19 所示为油缸下腔压力随时间的变化规律，图 7 – 20 所示为油缸上腔压力随时间的变化规律，由于重力的作用，下腔压力在开始大于上腔压力，但到后来反而比上腔压力小。图 7 – 21 所示为安全阀（位于油缸下腔旁）的入口压力随时间的变化规律，给定其限压值为 1.5 MPa，因此可以从图中看到它明显的限压作用。图 7 – 22 所示为邻近泵的 3 m 长管道的左端口压力随时间的变化规律，图 7 – 23 则是其右端口压力随时间的变化规律，比较这两者，可以看出管道引起的压力降。

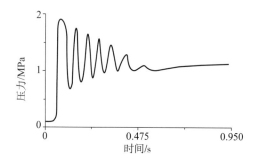

图 7 – 14　泵的出口压力随时间的变化规律

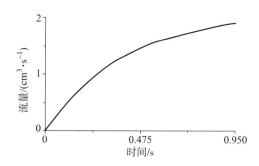

图 7 – 15　泵的出口流量随时间的变化规律

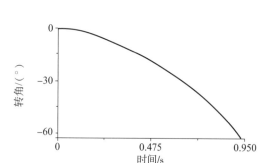

图 7 – 16　托弹盘转角随时间的变化规律

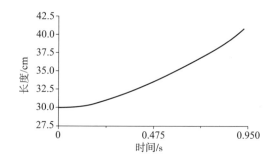

图 7 – 17　油缸长度随时间的变化规律

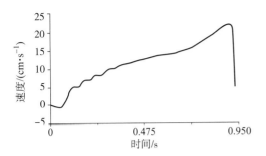

图 7 - 18　油缸速度随时间的变化规律

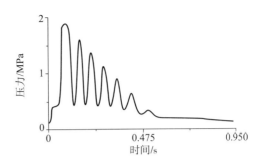

图 7 - 19　油缸下腔压力随时间的变化规律

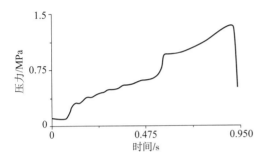

图 7 - 20　油缸上腔压力随时间的变化规律

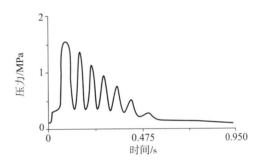

图 7 - 21　安全阀（位于油缸下腔旁）的
入口压力随时间的变化规律

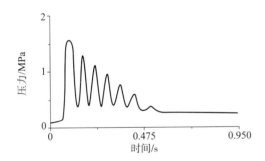

图 7 - 22　邻近泵的 3 m 长管道的左端口
压力随时间的变化规律

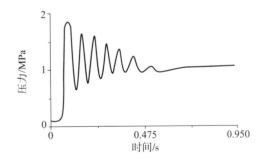

图 7 - 23　邻近泵的 3 m 长管道的右端口
压力随时间的变化规律

3. 托弹盘收回过程

图 7 - 24 所示为托弹盘转角随时间的变化规律。图 7 - 25 所示为泵的出口压力随时间的变化规律，在电动机的启动过程中仍然存在压力的波动。由于方向阀的打开时间为 5 ms，因此在 0 ~ 5 ms 内，泵的出口压力为零。图 7 - 26 所示为泵的出口流量随时间的变化规律。图 7 - 27 所示为油缸速度随时间的变化规律，托弹盘的收回过程中，泵的输出压力要比摆弹过程大得多，因此油缸在开始阶段的运动速度也不稳定。图 7 - 28 所示为油缸下腔压力随时间的变化规律，图 7 - 29 所示为油缸上腔压力随时间的变化规律，比较这两者，可以看出上腔压力比下腔压力大得多。图 7 - 30 所示为油缸长度随时间的变化规律。图 7 - 31 所示为限压阀的入口压力随时间的变化规律，从中可以清楚地看到限制压力的作用。图 7 - 32 所示为液压回路中上面的液控单向阀的出口压力随时间的变化规律，图 7 - 33 所示为其入口压力随

时间的变化规律，这两者的差别不大，从而反映了液流可以顺利地通过。

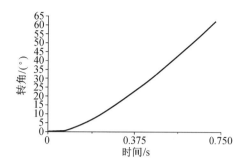

图 7-24　托弹盘转角随时间的变化规律

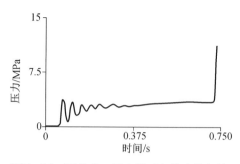

图 7-25　泵的出口压力随时间的变化规律

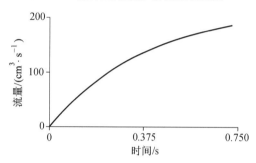

图 7-26　泵的出口流量随时间的变化规律

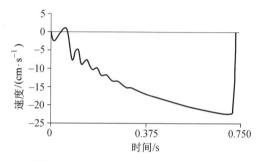

图 7-27　油缸速度随时间的变化规律

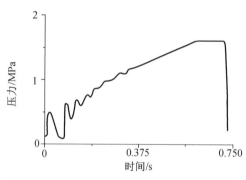

图 7-28　油缸下腔压力随时间的变化规律

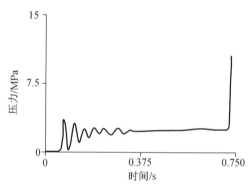

图 7-29　油缸上腔压力随时间的变化规律

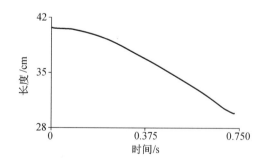

图 7-30　油缸长度随时间的变化规律

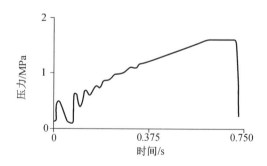

图 7-31　限压阀的入口压力随时间的变化规律

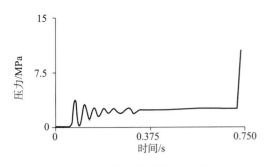

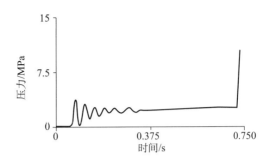

图7-32 液控单向阀的出口压力
随时间的变化规律

图7-33 液控单向阀的入口压力
随时间的变化规律

7.5.2 油缸和蓄能器组成的弹射输弹机

图7-34所示为一种气液式弹射输弹机结构示意。气液式弹射输弹机的摆弹装置安装在炮管的耳轴上，可以绕耳轴转动；油缸的一端与轨道连接，另一端与滑动托架连接，油缸通过油管与液压系统连接；液压系统与火炮内的其他液压系统相连接；滑动托架可以在轨道上滑动并支撑弹丸。

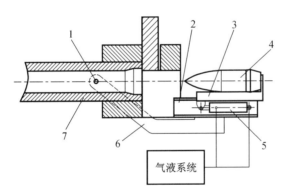

图7-34 气液式弹射输弹机结构示意
1—耳轴；2—轨道；3—滑动托架；4—弹丸；5—油缸；6—协调臂；7—炮管

首先，电动机驱动协调臂绕耳轴转动，将弹丸摆动到火炮射角，并使弹丸与炮管的轴线对齐。然后，液压系统工作，迫使油缸推动滑动托架和弹丸在轨道上运动，滑动托架在轨道上的运动保证了弹丸轴线与炮膛轴线的一致性，从而确保了输弹的可靠性。当滑动托架运动到油缸末端时，弹丸将脱离滑动托架，并在惯性的作用下"飞入"炮膛。

气液系统回路如图7-35所示。此气液系统有两种工作状态：充液和弹射。液压泵为整个液压系统提供压力油，溢流阀对液压系统起过载保护作用。

该液压回路的主要参数如下：

蓄能器内径为80 mm，长度为300 mm，初始压力为4 MPa，充液压力为12.5 MPa，多变指数取1.4；

油缸活塞直径为32 mm，活塞杆直径为22 mm，行程为385 mm，流口直径为7 mm；

液压泵每转排量为8 mL，容积效率取0.85，机械效率取0.85。

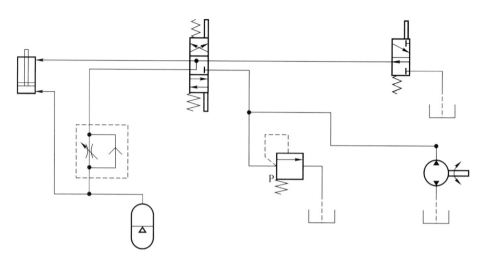

图7-35 气液系统回路简图

1.70°射角的弹射过程计算

图7-36~图7-43所示为在70°射角下的弹射过程若干仿真计算结果。图7-36所示为弹射油缸的行程随时间的变化规律。图7-37所示为蓄能器的压力随时间的变化规律。图7-38所示为蓄能器的容积随时间的变化规律。图7-39所示为弹丸的速度随时间的变化规律,从图7-39可以看出,由于重力的作用,弹丸在惯性段的速度下降得很快,但在弹丸的卡腔时刻,弹丸仍可以达到约3 m/s的速度,整个推弹入腔时间也只有0.4 s左右。图7-40所示为弹丸的弹射行程随时间的变化规律。图7-41所示为油缸A腔压力随时间的变化规律。图7-42所示为油缸B腔压力随时间的变化规律。图7-43所示为弹射油缸的速度随时间的变化规律。

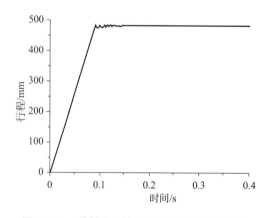

图7-36 弹射油缸的行程随时间的变化规律

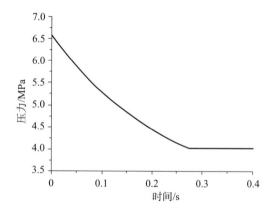

图7-37 蓄能器的压力随时间的变化规律

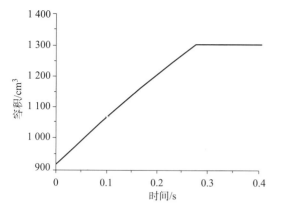

图 7 - 38　蓄能器的容积随时间的变化规律

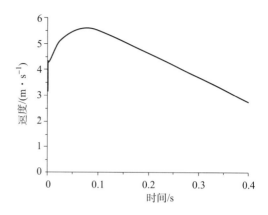

图 7 - 39　弹丸的速度随时间的变化规律

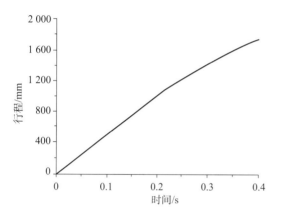

图 7 - 40　弹丸的弹射行程随时间的变化规律

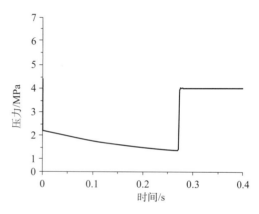

图 7 - 41　油缸 A 腔压力随时间的变化规律

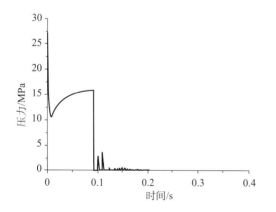

图 7 - 42　油缸 B 腔压力随时间的变化规律

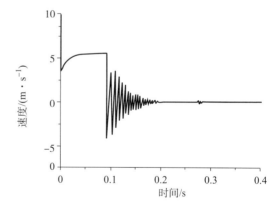

图 7 - 43　弹射油缸的速度随时间的变化规律

2. 0°射角的充液过程

图 7 - 44 ~ 图 7 - 50 所示为在 0°射角下的充液过程中若干仿真计算结果。图 7 - 44 所示为蓄能器的气压随时间的变化规律，需要 1.3 s，蓄能器就可以达到所规定的压力。图 7 - 45 所示为蓄能器的容积随时间的变化规律。图 7 - 46 所示为油缸 A 腔压力随时间的变化规律。

图 7-47 所示为油缸 B 腔压力随时间的变化规律。图 7-48 所示为油缸的速度随时间的变化规律。图 7-49 所示为油缸的行程随时间的变化规律。图 7-50 所示为液压马达出口的压力随时间的变化规律。

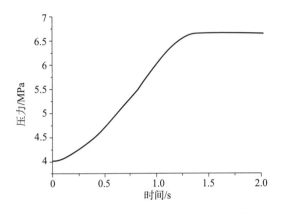

图 7-44 蓄能器的气压随时间的变化规律

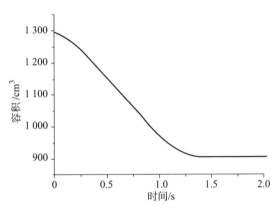

图 7-45 蓄能器的容积随时间的变化规律

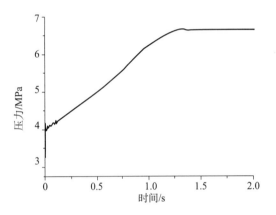

图 7-46 油缸 A 腔压力随时间的变化规律

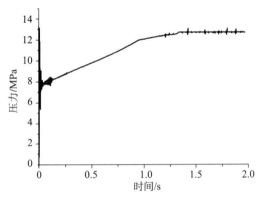

图 7-47 油缸 B 腔压力随时间的变化规律

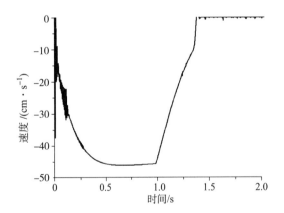

图 7-48 油缸的速度随时间的变化规律

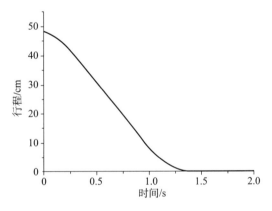

图 7-49 油缸的行程随时间的变化规律

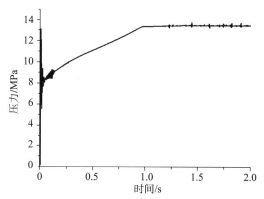

图 7 - 50　液压马达出口的压力随时间的变化规律

7.5.3　两个液压驱动协调器同时工作时的相互影响

下面分析两个液压驱动协调器在同时工作时，由于压力在管道中的传播而造成的协调器之间的相互影响。图 7 - 51 所示为利用液压油缸驱动的弹、药协调器，图 7 - 52 所示为相应的液压回路。

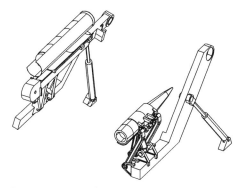

图 7 - 51　利用液压油缸驱动的弹、药协调器

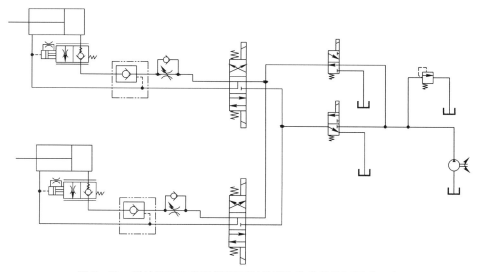

图 7 - 52　弹协调器和药协调器同时接弹和接药的液压回路示意

该液压回路的主要参数如下：

药协调器油缸活塞直径为 40 mm，活塞杆直径为 22 mm，最大行程为 550 mm；

弹协调器油缸活塞直径为 40 mm，活塞杆直径为 22 mm，最大行程为 550 mm；

拖动电动机功率为 7.5 kW，额定转速为 3 000 r/min，160% 过载，额定扭矩为 25.9 N·m；

双联齿轮泵每转排量为 8 mL，容积效率取 0.85，机械效率取 0.85。

下面给出了弹协调器接弹、药协调器同时接药过程的动力学计算结果。弹、药协调器的初始位置都是距水平位置 50°，当弹协调器距离接弹位置 10° 时，实施比例控制。

图 7－53 所示为弹协调器的转角随时间的变化规律。图 7－54 所示为弹协调器的角速度随时间的变化规律。弹协调器从 －50° 位置到接弹位置约需要 2.0 s，这要比弹协调器单独工作时的接弹时间长得多。

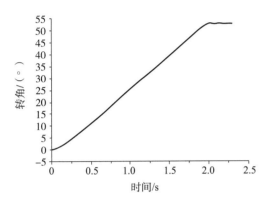

图 7－53　弹协调器的转角
随时间的变化规律

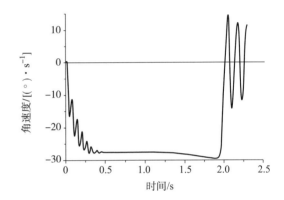

图 7－54　弹协调器的角速度
随时间的变化规律

图 7－55 所示为弹协调器油缸 A 腔压力随时间的变化规律。图 7－56 所示为弹协调器油缸 B 腔压力随时间的变化规律。

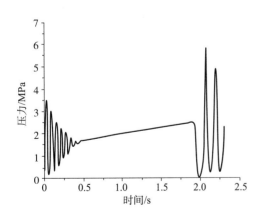

图 7－55　弹协调器油缸 A 腔压力
随时间的变化规律

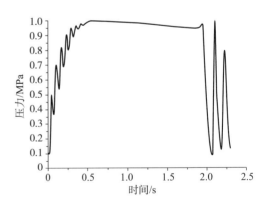

图 7－56　弹协调器油缸 B 腔压力
随时间的变化规律

图 7-57 所示为弹协调器油缸行程随时间的变化规律。图 7-58 所示为弹协调器油缸速度随时间的变化规律。图 7-59 所示为弹协调器油缸四通阀的开度随时间的变化规律。在距离目标位置还有 10°时，进行比例控制。图 7-60 所示为弹协调器油缸的 A 腔流量随时间的变化规律。

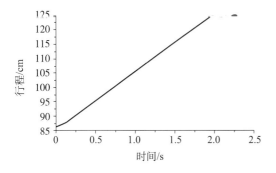

图 7-57 弹协调器油缸行程随时间的变化规律

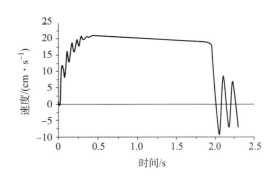

图 7-58 弹协调器油缸速度随时间的变化规律

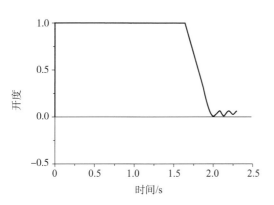

图 7-59 弹协调器油缸四通阀的开度随时间的变化规律

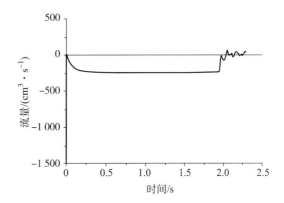

图 7-60 弹协调器油缸的 A 腔流量随时间的变化规律

图 7-61 所示为弹协调器油缸的 B 腔流量随时间的变化规律。与单独工作相比，流量明显被药协调器消耗了一部分。图 7-62 所示为在同时接弹接药过程中，药协调器的转角随时间的变化规律。图 7-63 所示为药协调器的角速度随时间的变化规律。可以看出，当弹协调器减速停止时，药协调器获得了一个突然的速度增长，计算表明，这时的药协调器的角加速度可达 $950°/s^2$。药协调器到达水平位置约需要 2.3 s。如果对药协调器也采用比例控制，则药协调器到达接药位置需要更长的时间。图 7-64 所示为药协调器油缸的 A 腔压力随时间的变化规律。

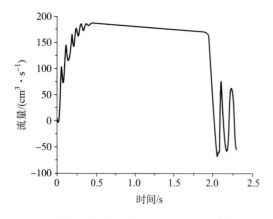

图 7-61　弹协调器油缸的 B 腔流量随时间的变化规律

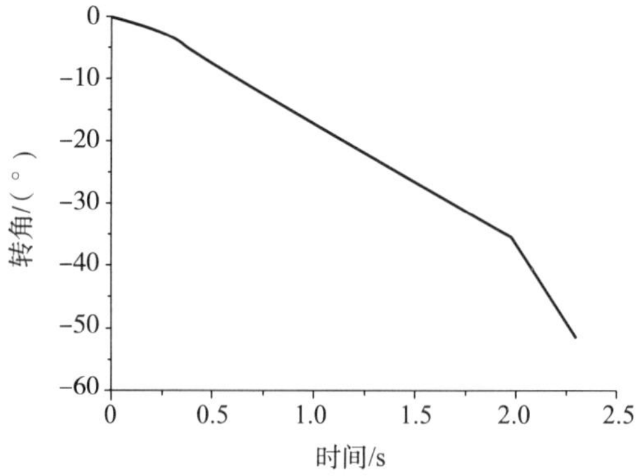

图 7-62　药协调器的转角随时间的变化规律

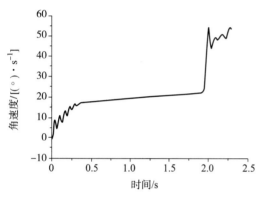

图 7-63　药协调器的角速度
随时间的变化规律

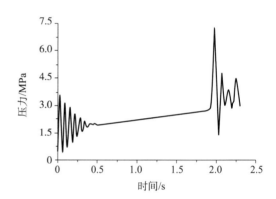

图 7-64　药协调器油缸的 A 腔压力
随时间的变化规律

　　图 7-65 所示为药协调器油缸 B 腔压力随时间的变化规律。从图中可以看出，当弹协调器停止时，药协调器油缸中的压力迅速增加。图 7-66 所示为药协调器油缸行程随时间的变化规律。图 7-67 所示为药协调器油缸速度随时间的变化规律。图 7-68 所示为药协调器油缸四通阀的开度随时间的变化规律。在计算过程中，该四通阀始终保持打开。

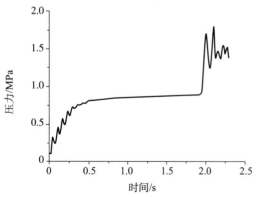

图 7-65　药协调器油缸的 B 压力
随时间的变化规律

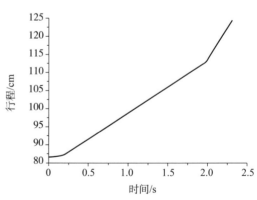

图 7-66　药协调器油缸行程
随时间的变化规律

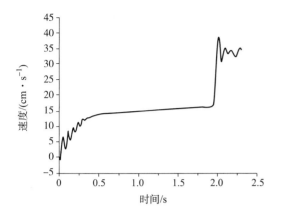

图 7 - 67　药协调器油缸速度
随时间的变化规律

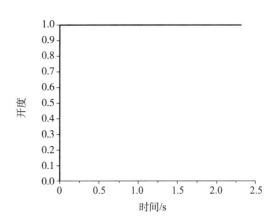

图 7 - 68　药协调器油缸四通阀的
开度随时间的变化规律

图 7 - 69 所示为药协调器油缸的 A 腔流量随时间的变化规律。图 7 - 70 所示为药协调器油缸的 B 腔流量随时间的变化规律。图 7 - 71 所示为弹、药协调器同时接弹和接药时，泵的出口压力随时间的变化规律。图 7 - 72 所示为泵的出口流量随时间的变化规律。

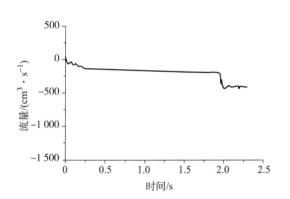

图 7 - 69　药协调器油缸的 A 腔
流量随时间的变化规律

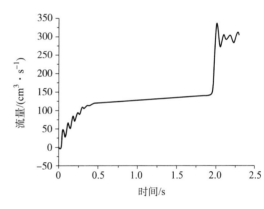

图 7 - 70　药协调器油缸的 B 腔
流量随时间的变化规律

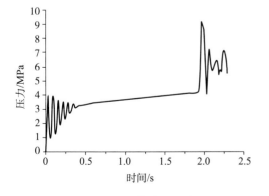

图 7 - 71　泵的出口压力
随时间的变化规律

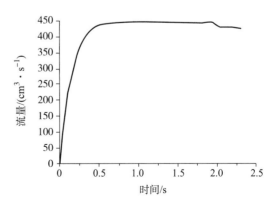

图 7 - 72　泵的出口流量
随时间的变化规律

第 8 章

火炮自动机的工作原理与基本结构

8.1　火炮自动机

火炮自动机（简称"自动机"）是自动火炮射击时，利用火药燃气或外部能源，自动完成重新装填和发射下一发弹药，实现连续射击的各机构的总称。自动机一般应能自动完成击发、收回击针、开锁、开闩、抽筒、抛筒、供弹、输弹、关闩和闭锁等动作。从击发已装填入膛的弹药开始至下一发弹药装填入膛等待击发为止，这一过程称为射击循环。对于自动机而言，只要条件具备，射击循环就可以自动持续下去。

自动机是自动炮的核心组成部分，主要用于能自动完成连续射击并构成自动循环的某些高炮、航炮和舰炮等。这些自动炮的自动机随功能作用、结构形式、使用条件的不同而有所差异，但其在工作原理与设计理论上有相通之处。

自动机工作循环的各动作由相应机构（或装置）来实现。自动机各机构及其构件之间相互配合，进行自动机协同动作（联合动作），实现自动连续发射。在火炮自动机工作循环中，各机构并不是同时参与工作的，大部分机构只在整个工作循环过程的特定阶段才参与工作。也就是说，自动机各机构的工作具有间歇性和周期性。各机构在参与和退出工作时，往往会产生撞击，构件间的相互作用力特别大，机构运动具有不均匀性。火炮自动机的循环时间很短（自动炮的理论射速一般都在 1 000 发/min 以上，多管自动炮的理论射速甚至高达 6 000 发/min），各机构及构件的运动速度极高，具有显著的动态特性。因此，在火炮自动机设计中，工作可靠性（包括机构动作协调性、零件工作寿命、使用时不易损坏并保证安全等）是需要考虑的重要方面。

从工作原理与结构上来看，自动机一般包括炮身、供弹机构和输弹机构、反后坐装置及缓冲装置、发射机构、保险机构等各机构（装置或构件）。自动机的这些机构依靠炮箱（或摇架）组成一个整体，安装在炮架上。

1）炮身

炮身包括身管、炮闩、炮尾和炮口装置等。身管的作用是赋予弹丸一定飞行方向和炮口速度，以及旋转角速度。炮闩一般包括闭锁机构、开闩机构、关闩机构、击发机构、抽筒机构、保险机构等，完成闭锁炮膛、击发底火、开锁开闩、抽筒和抛筒等动作。闭锁机构用来使闩体与炮尾构成临时刚性连接，具有密闭炮膛功能，承受发射时的膛底火药燃气压力。开闩机构用于完成开锁、开闩动作，使闩体与炮尾产生相对运动，并将闩体相对炮尾移开一定距离，足以装填下一发弹药。关闩机构用来将炮闩由开闩位置移送到封闭炮膛位置。击发机构是将能量传给底火，并使底火可靠引燃的机构。

2）供弹机构和输弹机构

供弹机构和输弹机构用来依次向自动机供给弹药，并把最前面的一发弹药输入炮膛。供弹机构是将后续弹药向前移一个弹药节距，并依次将当前弹药移送到进弹口及输弹出发位置的机构。供弹机构一般包括拨弹机构和压弹机构。拨弹机构用于将后续弹药向前移一个弹药节距，并依次将当前弹药移送到进弹口。压弹机构用来一次快速地将进弹口上的一发弹药输送到输弹出发位置。输弹机构是将输弹出发位置的弹药输送到药室的机构。

3）反后坐装置及缓冲装置

反后坐装置及缓冲装置用来消耗自动机工作的后坐动能，控制火炮的后坐与复进运动，并减小在射击时炮架的受力。

4）发射机构

发射机构用于控制火炮的射击。

5）保险机构

保险机构用于保证各机构可靠地工作和正确地相互作用，以及保障勤务操作的安全。

除了上述主要机构或装置外，有些自动机还设有其他具有特定功能的机构，如首发装填机构、自动停射器、射速控制装置、单 - 连发转换器，以及用于更换身管和分解结合自动机的辅助机构等。

8.2　火炮自动机的工作原理

8.2.1　火炮自动机的分类与特点

火炮自动机的自动动作可以通过不同的方法及相应机构来实现，为了满足不同条件下的应用需要，发展出了各种类型的火炮自动机。为了综合分析和研究各种火炮自动机的工作原理，可以根据能源利用情况和结构形式特点，对火炮自动机进行具体分类。

8.2.1.1　按能源利用分类

现代火炮自动机，从能源利用上主要分为内能源自动机、外能源自动机和混合能源自动机。

1. 内能源自动机

内能源自动机是指利用发射弹丸的火药燃气作为自动机构工作动力的自动机。按利用能源的方式不同，内能源自动机分为后坐式内能源自动机和导气式内能源自动机。内能源自动机的主要优点：自主性好，不需要外部能源和附加的能量传动构件；安全性好，如在瞎火时可中断射击。其缺点主要是结构较复杂，尺寸和质量较大。

2. 外能源自动机

外能源自动机是指利用发射弹丸的火药燃气之外的能源（如电能等）作为自动机构工作动力的自动机。外能源自动机主要运动构件的运动由电动机或液压马达等外部能源带动而强制完成，工作相对稳定，结构一般比较简单，实现变射速射击方便。其缺点主要是需要外部能源和附加的能量传动构件，在迟发火和瞎火时有一定危险性，会影响工作可靠性。

3. 混合能源自动机

混合能源自动机是指一部分利用内能源,而另一部分利用外能源作为自动机构工作动力的自动机。例如,多联装高射速自动机常采用耦合能源自动机,由火药燃气和电动机耦合驱动。耦合能源自动机可以用电动机进行启动,带动身管组件旋转并供输弹,击发后,利用导出的火药燃气来驱动自动机构循环工作。电动机本身也参与自动机的循环工作,并控制射速,从而实现内外能源耦合作用。

8.2.1.2 按工作原理和主要部件分类

按工作原理和主要部件的运动与结构特征不同,火炮自动机可以分为后坐式自动机、导气式自动机、转膛式自动机、转管式自动机、链式自动机、双管联动式自动机等。

1. 后坐式自动机

后坐式自动机是指在发射时,炮膛内火药燃气作用于火炮后坐部件使其产生后坐运动,并利用火炮后坐部件的后坐运动带动自动机构工作而完成射击循环的自动机。根据后坐部件的不同,后坐式自动机分为炮闩后坐式自动机和炮身后坐式自动机。

1)炮闩后坐式自动机

炮闩后坐式自动机是利用炮闩后坐动能带动自动机构完成射击循环的自动机。这种自动机的炮身与炮箱刚性连接,炮闩在炮箱中后坐和复进,并带动各机构工作的基础构件。发射炮弹时,作用于药筒底的火药燃气压力推动炮闩后坐,抽出药筒,并压缩炮闩复进簧以储存能量。炮闩在其复进簧的作用下作复进运动的同时,把弹药推送入膛。这种自动机的供弹机构的工作,通常利用弹匣或弹鼓中的弹簧能量等外界能源,也可以利用炮闩的能量。根据炮闩运动特点的不同,炮闩后坐式自动机可以分为炮闩自由后坐式自动机、炮闩半自由后坐式自动机和炮闩前冲式自动机。

(1)炮闩自由后坐式自动机。

炮闩自由后坐式自动机是指主要利用能自由运动的炮闩的后坐动能进行工作的自动机,如图 8-1 所示。这种自动机具有自由的炮闩,在发射时,炮闩不与身管相联锁,它主要依靠本身的惯性起封闭炮膛的作用。击发后,炮身不动或只作很小的缓冲运动,当火药燃气推药筒向后的力上升到大于药筒与药室间的摩擦力和附加在炮闩上的阻力后,炮闩就开始后坐并抽筒。因此,这种自动机抽筒时的膛内压力较大,容易发生拉断药筒的故障。为了减小炮闩在后坐起始段的运动速度,就需加大炮闩的质量,具有笨重的炮闩是炮闩自由后坐式自动机的特点。炮闩自由后坐式自动机的优点是结构简单、后坐力小、理论射速高;缺点是抽筒条件差、故障多、炮闩重。这种原理的自动机曾经应用于威力不大、射程不远的小口径自动炮(如瑞士厄利空 20 mm 高炮),现在已很少被采用。

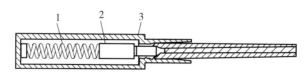

图 8-1 炮闩自由后坐式自动机示意
1—复进簧;2—炮闩;3—炮箱

(2)炮闩半自由后坐式自动机。

炮闩半自由后坐式自动机是指主要利用受限而延缓自由后坐的炮闩的后坐动能进行工作

的自动机，如图 8 – 2 所示。这种自动机采取某种机构来阻滞炮闩在后坐起始阶段的运动，从而限制和延缓自由后坐的炮闩的后坐动能。击发后，在膛底火药燃气压力作用下，炮身不动（或只作很小的运动），炮闩开始时不动或受限缓慢运动，直到膛压下降到安全压力时，炮闩才可以自由后坐。炮闩在后坐过程中将药筒抽出并抛出炮箱，同时压缩复进簧储存复进能量。后坐结束后，炮闩在复进簧的作用下复进。在复进过程中，击发机构处于待发位置，并从供弹机构中取出弹药，推弹入膛。输弹入膛后，击发底火，开始新的循环。这种自动机的优点是后坐力小、结构简单；缺点是循环时间长、射速低。这种原理的自动机曾应用于美国汤姆逊冲锋枪、德国 G3 自动步枪、奥地利施瓦兹洛瑟 8.0 重机枪、法国 FAMAS 自动步枪等，但在现代火炮自动机中很少采用。

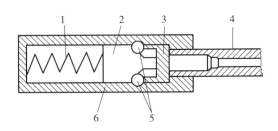

图 8 – 2　炮闩半自由后坐式自动机示意
1—复进簧；2—闩座；3—闩体；4—身管；5—加速滚柱；6—炮尾

（3）炮闩前冲式自动机。

炮闩前冲式自动机是指利用炮闩前冲运动击发的自动机，如图 8 – 3 所示。在击发前，炮闩被卡锁扣在后方，复进簧被压缩。解脱卡锁后，炮闩在复进簧的作用下向前复进。在复进过程中，使击发机构处于待发位置，并从供弹机构中取出弹药，推弹入膛。在炮闩即将到达其最前位置时，击发机构击发底火。膛内火药燃气在推动弹丸向前运动的同时，膛底火药燃气压力作用于炮闩，使炮闩复进运动减小，直至停止，然后再后坐。炮闩在后坐过程中将药筒抽出并抛出炮箱，同时压缩复进簧储存复进能量。后坐结束后，炮闩在复进簧作用下复进，开始新的循环。这种自动机的优点是后坐力小。结构比较简单；缺点是射速易受使用状态影响，可靠性不易保证。俄罗斯 ГШ – 301 式 30 mm 单管航炮、俄罗斯瓦西里克 82 mm 自动迫击炮等火炮就利用了炮闩前冲原理。

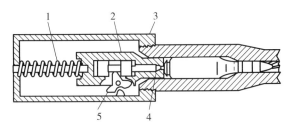

图 8 – 3　炮闩前冲式自动机示意
1—复进簧；2—炮闩；3—炮箱；4—击针；5—击发机构

2）炮身后坐式自动机

炮身后坐式自动机是指利用炮身后坐能量带动自动机构完成射击循环的自动机。这种自动机的炮身在炮箱或摇架内后坐与复进。炮身是带动各机构工作的基础构件。按炮身后坐行程不同，炮身后坐式自动机分为炮身长后坐式自动机和炮身短后坐式自动机。

（1）炮身长后坐式自动机。

炮身长后坐式自动机，是指炮身与炮闩在闭锁状态一同后坐，其后坐行程略大于一个弹药全长的自动机，如图8-4所示。击发时，炮闩与炮身处于闭锁状态；击发后，在膛底火药燃气压力作用下，炮身与炮闩在闭锁状态下一同后坐。在后坐结束后，炮闩被卡锁挂住，位于后位。炮身在炮身复进簧作用下复进，并完成开锁、开闩、抽筒动作。炮身复进终了前，解开卡锁，炮闩在炮闩复进簧作用下复进，复进过程中使击发机构处于待发状态，并推弹入膛，完成闭锁和击发。这种自动机的优点是后坐力小、结构简单；缺点是活动构件的后坐行程长，各机构依次动作，循环时间长，射速低。炮身长后坐式自动机现在不常采用，主要应用于步兵战车这类对射速要求不高的装备。例如，俄罗斯 БМП-3 步兵战车和铠甲-C1 轮式弹炮结合防空系统上安装的 2A72 式 30 mm 自动炮。

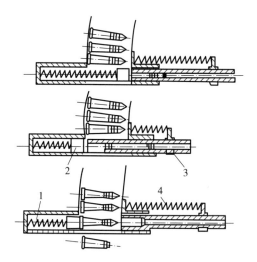

图8-4 炮身长后坐自动机示意

1—炮闩复进簧；2—炮闩；3—炮身；4—炮身复进簧

（2）炮身短后坐式自动机。

炮身短后坐式自动机是指炮身与炮闩在闭锁状态下一同后坐一个较短行程（少于一个弹药全长）后，利用专门加速机构（开闩机构），完成开锁、开闩和抽筒动作的自动机，如图8-5所示。击发时，炮闩与炮身处于闭锁状态，击发后在膛底火药燃气压力作用下，炮身与炮闩在闭锁状态下一同后坐一个较短行程后，在加速机构作用下，炮闩完成开锁、开闩、抽筒后被发射卡锁卡住。炮闩与炮身分离后，分别后坐一段距离。由于能量给了炮闩加速，因此炮身只后坐一小段距离就后坐到位（行程小于一个弹药全长）。然后，炮身在复进簧作用下复进。炮身先复进到位，炮身复进过程中使击发机构处于待发状态。待供弹后，在炮闩复进簧作用下，完成输弹、关闩、闭锁、击发动作。这种自动机的优点是可以控制开闩时机，抽筒条件好，后坐力较小，循环时间短，理论射速较高；缺点是结构较复杂。炮身短后坐式自动机在中小口径自动炮中得到了广泛应用，如我国 59 式 57 mm 高炮、瑞典博福斯 L70 式 40 mm 高炮、俄罗斯 HP-23 航炮、俄罗斯 C-60 式 57 mm 高炮等。现代舰炮也基本上采用的是炮身短后坐式自动机，如我国 H/PJ26 式单管 76 mm 舰炮、俄罗斯 AK – 230 式双管 30 mm 舰炮、俄罗斯 AK – 176 式单管 76 mm 舰炮等。

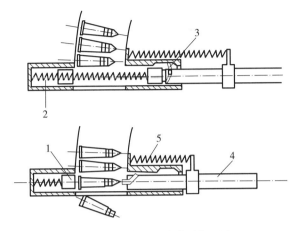

图 8 – 5　炮身短后坐自动机示意
1—炮闩；2—炮闩复进簧；3—加速机构；4—炮身；5—炮身复进簧

2. 导气式自动机

导气式自动机是指发射时从炮膛内导出火药燃气来推动活塞运动，并利用活塞的运动来带动自动机构工作而完成射击循环的自动机。击发时，炮闩与炮身处于闭锁状态。击发后，当弹丸越过炮管壁上的导气孔后，高压的火药燃气就通过导气孔进入导气装置的气室，推动气室中的活塞运动，通过活塞杆使自动机的活动部分（炮闩）向后运动，进行开锁、开闩、抽筒等，并压缩复进簧储存复进能量。后坐终了后，炮闩被卡锁挂住，位于后位。活塞杆及自动机的活动部分在复进簧的作用下复进，在复进过程中使击发机构处于待发状态，进行输弹、关闩、闭锁、击发等，完成一次射击循环。导气式自动机的结构比较简单、紧凑，活动部分质量较小，射速较高，并且可以通过调节导气孔的位置和大小来大幅度改变火药气体对活塞作用冲量的大小，从而调节射速。导气式自动机在小口径自动机中得到了广泛应用。口径越小，导气式自动机的优点就越显著。不过，导气式自动机也存在一些缺点。由于火药燃气对活塞作用的时间较短，所以活动部分必须在很短的时间内获得所需的后坐动能，因此活动部分在运动初期的速度和加速度很大，易产生剧烈撞击，并且导气孔处易燃蚀，导气系统不易擦拭，维护麻烦，后坐力较大。例如，德国 MK20Rh202 式 20 mm 自动炮、法国 KAD – B 式 20 mm 高炮、瑞士 GDF 双管 35 mm 高炮等。

根据炮身与炮箱的运动关系不同，导气式自动机分为炮身不动的导气式自动机和炮身运动的导气式自动机。

1）炮身不动的导气式自动机

炮身不动的导气式自动机，其炮身与炮箱为刚性连接，不产生相对运动。这种自动机通过在炮箱与炮架之间设置缓冲装置，使整个自动机产生缓冲运动，从而减小后坐力，如图 8 – 6 所示。例如，俄罗斯 3У – 23 式 23 mm 高炮、俄罗斯 AM – 23 式 23 mm 航炮、法国 M621 式 20 mm 航炮等。

2）炮身运动的导气式自动机

炮身运动的导气式自动机，其炮身可沿炮箱后坐与复进，炮箱与炮架之间为刚性连接，

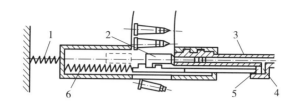

图 8 – 6　炮身不动的导气式自动机示意

1—缓冲器；2—炮闩；3—炮身；4—导气孔；5—活塞；6—复进簧

如图 8 – 7 所示。这种自动机的工作情况与炮身短后坐式自动机有些相似，不过，起加速机构作用的是导气装置，它带动炮闩进行开锁、开闩，并使供弹机构工作。与炮身不动的导气式自动机相比，这种自动机的射速相对较低，结构也复杂一些，应用得较少。例如，法国哈奇开斯 25 mm 和 37 mm 自动炮、俄罗斯 2A42 自动炮等。

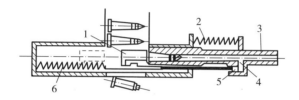

图 8 – 7　炮身运动的导气式自动机示意

1—炮闩；2—炮身复进簧；3—炮身；4—导气孔；5—活塞；6—活塞复进簧

如果供弹机构不依靠外界能量而由炮身运动来带动，那么自动机工作既利用了导气的能量，又利用了后坐能量，这样的自动机称为混合式自动机。德国 41 式 50 mm 和 43 式 37 mm 自动机就是混合式自动机。

3. 转膛式自动机

转膛式自动机是指以多个弹膛（药室）回转完成自动工作循环的自动机，如图 8 – 8 所

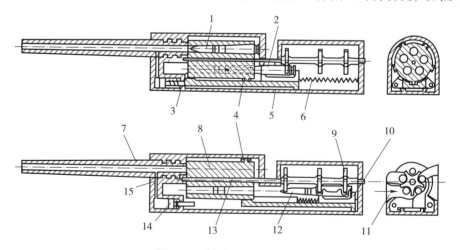

图 8 – 8　转膛式自动机示意

1—全入膛炮弹；2—半入膛炮弹；3—炮箱；4—滚轮；5—滑板；6—复进簧；7—炮管；
8—转膛；9—拨弹轮；10—推弹器；11—进弹口；12—待入膛炮弹；13—转膛轴；14—活塞；15—导气孔

示。转膛式自动机的炮身由两段组成，即炮管与弹膛（药室）分开。在射击循环过程中，后段的弹膛旋转，每一个弹膛处在一个工作位置，在一个循环周期内，弹膛旋转一个位置。也就是说，在射击过程中，炮管不转，几个弹膛在转轮的带动下依次转到对准炮管的发射位置。弹膛的转动和供弹机构的工作既可以利用炮身后坐能量（后坐式转膛自动机），也可以利用导出气体的能量（导气式转膛自动机）。转膛式自动机一般采用炮身缓冲方式，身管与旋转的弹膛可以通过缓冲器在炮箱内后坐与复进。由于有多个弹膛（药室），转膛自动机的循环动作（击发、抽筒、供输弹等）部分重叠，所以各机构的工作在时间上可以同时进行。也就是说，在某一弹膛（药室）进行发射的同时，其他弹膛（药室）可以进行抽筒和输弹等。以至每一发循环动作只占用炮身后坐复进时间，其他动作全部包含在这一时间内，这就大大缩短了自动机的工作循环时间，将射速明显提高。这种自动机的缺点是横向尺寸和结构质量较大，射击时剧烈振动引起偏心力，弹膛与炮管的连接处容易漏气与燃蚀，不利于提高初速，且不允许人员靠近，一般需要遥控操作。这种自动机主要应用于欧系航炮。例如，德国毛瑟 BK27 式 27 mm 航炮、法国德发 554 式 30 mm 航炮、英国阿登 30 mm 航炮、瑞士厄利空 KCA 式 30 mm 航炮等。

4. 转管式自动机

转管式自动机是指以多个炮管回转完成自动工作循环的自动机。多根炮管在圆周方向上均匀排列，固连在一个可回转的炮尾上构成炮管组。每个炮管对应本身的炮闩，各个炮闩上有滚轮与炮箱内腔闭合凸轮槽相配合。炮闩随炮管组旋转的同时，炮闩滚轮在凸轮槽的作用下作前后往复运动，以完成自动机射击循环工作，炮闩的运动规律受凸轮槽控制。在射击循环过程中，每个炮管与其炮闩处在一个工作位置，在一个循环周期内，每个炮管旋转一个位置。一次只有一个炮管发射，而其余炮管则分别进行装填、闭锁和抽筒等动作。也就是说，随着炮管组旋转，弹药在自动机中从供弹装置到发射位置逐级输送，使得转至发射位置的炮管总是处于装弹到位的状态。当炮管转到该特定位置时，击针将弹药击发，该特定位置即为发射位置。一般而言，转管式自动机的发射位置是确定的。在炮管组旋转的同时，各炮管分别处于射击循环的不同阶段。每根炮管在旋转至发射位置时，膛内弹药被击发，然后边旋转边进行后续自动动作，在下次旋转到发射位置时又被击发。可以看出，转管式自动机与转膛式自动机的主要区别是：在射击过程中，转膛式自动机的炮管不转，只有弹膛（药室）旋转；转管式自动机的炮管与其对应的炮闩则连续不断地旋转。转管式自动机的优点是结构紧凑，质量轻，各身管的发射循环动作重叠，射速高且可以调节，故障率低，使用寿命较长；缺点主要是需要专门的启动装置来从连发开始时加速启动炮管机构，需要一定的启动时间，且迟发火时有一定危险，所以必须有迟发火的保险装置。由于发射时火药气体对膛底的作用力直接传给炮箱，因此需要对整个自动机缓冲，以便减小后坐力。转管式自动机现在广泛应用于高射速小口径自动炮，如美国火神 M61A1 式 20 mm 6 管航炮、美国复仇者 GAU – 8/A 式 30 mm 7 管航炮、荷兰守门员 SGE – 30 式 30 mm 7 管舰炮、俄罗斯 AK – 630 式 30 mm 6 管舰炮等。

转管式自动机有外能源、内能源之分。

1）外能源转管式自动机

外能源转管式自动机的外能源驱动装置有微型大功率电动机、气动马达、液压马达等，用齿轮传动带动炮管组转动，如图 8 – 9 所示。一般来说，采用外能源比利用火药燃气能量对自动机设计的限制少,可以选择适当方案来实现很高的理论射速。若改变传动装置的速比,就可以便捷地对射速进行调节和控制。外能源转管式自动机对驱动能源设备有较高要求,多适用于重型车辆和中大型舰艇等。

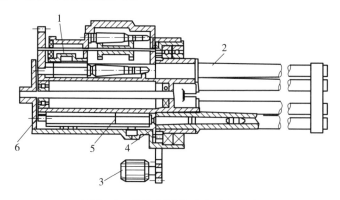

图 8 – 9 外能源转管式自动机示意
1—空间凸轮;2—身管;3—电动机;4—前齿轮;5—炮闩;6—后齿轮

2)内能源转管式自动机

内能源转管式自动机利用本身的火药燃气能量来完成自动工作,一般是导气式转管自动机。导气式转管自动机利用活塞的前后运动,通过传动机构转化为炮管组的旋转运动,如图8 – 10所示。内能源转管式自动机对外能源的依赖程度很小,仅需要提供首发启动的能源,如利用火药弹、高压气体或者小功率电动机。采用内能源的转管式自动机对承装载体和发射平台的要求低一些,使用范围较广,如陆基自动武器、小型舰艇、飞机等都适用。

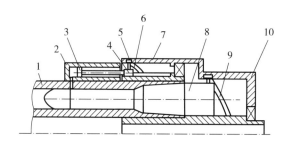

图 8 – 10 内能源转管式自动机示意
1—身管组;2—气筒;3—活塞;4—滑块;5—滚轮;6—活塞凸轮槽;
7—前炮箱;8—炮闩;9—炮闩凸轮槽;10—后炮箱

现代及未来战争对末端防空反导技术提出了很高要求,大幅度提高防空火炮的射速、发展超高射速火炮已成为共识。超高射速火炮,一般指理论射速超过6 000发/min的小口径自动炮。对于身管武器而言,受到目前发射原理与技术的局限,单管发射速度至今未能突破2 000发/min。从自动工作原理来看,转管式自动机是目前实现射速最高的自动机。例如,美国M61型20 mm 6管转管炮,采用外能源驱动,由6根炮管组成的炮管组转动一周,依次在同一位置射击6发弹药,当转速为1 000 r/min 时,射速为6 000发/min。从理论上讲,对于外能源转管炮,只要所提供的外部能源足够、转速足够,就可以实现超高射速。但是,超高射速自动机在工作时的转速极高,随身管组转动部分的转动惯量很大,其机械系统易出现故障;在一发弹的正常闭锁射击时间内很难停止转动,由此会带来击发的安全性问题;供弹系统难以满足及时供弹的需求，仅靠提高转速来提高转管自动机射速是有限制的。要想实现超高射速，那么采用转管原理结合多联装并行发射技术，并改进供输弹方法，是可行的途径之一。

　　5. 链式自动机

　　链式自动机是指利用外能源，通过闭合链条带动闭锁机构工作，完成自动工作循环的自动机，如图 8 – 11 所示。链式自动机的核心是一根双排滚柱闭合链条与四个链轮组成的矩形传动转道，其中一个链轮为由电动机驱动的主动链轮，其余三个链轮为从动链轮。链条上有一个专门的链节，上面装有一个炮闩滑块，称为主链节。炮闩滑块的另一端与炮闩支架下部的横向 T 形槽相配合，可作相对滑动。炮闩支架安装在纵向滑轨内，只可以作前后运动。纵向导轨、炮闩支架凸轮槽、闩体导转销等相配合，用于把炮闩支架的纵向运动转化为闩体的回转运动，以操作闩体的开锁、闭锁动作。当链条带动炮闩滑块在矩形路线上前后移动时，炮闩支架同时被带动在纵向滑轨上作往复运动。炮闩支架到达前方时，迫使闩体沿炮闩支架上的曲线槽作旋转运动而闭锁炮膛。炮闩支架向前运动时，完成输弹、关闩、闭锁、击发动作；炮闩支架向后运动时，完成开锁、开闩、抽筒动作。炮闩滑块横向左右移动时，将在炮闩支架 T 形槽内滑动，炮闩支架保持不动，停留在最前或最后位置；炮闩支架在前面的停留过程为击发短暂停留时间，炮闩支架在后面的停留过程为供弹停留时间。链式自动机一般采用机械击发底火，闩体到位前，受链轮的控制而减速，因而不能用复进的撞击能量来击发底火，而要靠弹簧力。电动机同时驱动供弹系统，能按照一定时序要求，将弹药送至进弹口，待炮闩复进时推弹入膛。由于链式自动机是通过链条旋转来带动工作的，所以从外部来看，循环特征不明显。也就是说，一旦出现了卡弹，从外表就看不出卡在哪个环节。所以在火炮的尾部有一个循环指示器，用于显示当前自动机的循环状态。

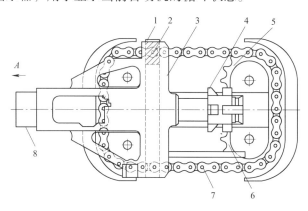

图 8 – 11　链式自动机示意

1—炮闩滑块；2—主链节；3—炮闩支架；4—炮闩；5—惰轮；

6—主动链轮；7—链条；8—纵向滑轨；A—炮口方向

　　链式自动机的构件少，结构简单、紧凑，质量轻；机构运动平稳，加速、减速均匀，无剧烈撞击，射击精度高；易于实现射频控制，可以在最大射速范围内，根据需要由电动机无级调整射速；可靠性高，寿命长，维修性好，生产成本低。链式自动机的供弹方式比较灵活，可以根据使用需求，采用单路或多路、有链或无链供弹方式。但是，链式自动机为外能源自动机，需要解决好迟发火引起的安全问题，还要有供弹系统的动力机构和控制协调机构，其射速不是很高。另外，由于受到链条传动强度和传动速度的限制，所以链式自动机不适用于大口径及高射速武器。

链式自动机主要用于射速要求不高但可调，并且射击精度要求高的场合，如武装直升机、步兵战车等。例如，美国 M230A1 式 30 mm 链式航炮、美国 M242 式 25 mm 链式车载炮、美国 Mk44 式 30 mm 链式自动炮等。

6. 双管联动式自动机

双管联动式自动机是指两个炮管互相利用膛内火炮燃气的能量（导气式）或后坐能量（后坐式）来协调动作，从而完成射击循环，实现轮番交替射击的自动机，又称盖斯特式自动机。利用导气原理时，两个活塞与各自的滑板相连，并安装在同一炮箱内，两个滑板由联动臂及连杆连接在一起，协调运动。当一个炮管射击时，从膛内导出两路火药燃气：一路作用在本身自动机的活塞前腔，推动滑板向后运动；另一路同时作用于另一自动机的活塞后腔，推动滑板向前运动。这样，在连发射击时，就可以保证两个滑板交替作前后运动，完成各自的开锁、开闩、抽筒、输弹、关闩、闭锁、击发等循环动作，如图 8 – 12 所示。闭锁动作和输弹过程等靠联动臂来保证彼此协调工作，在各滑板往复运动一个来回的过程中发射两发弹药，因此射速较高。利用后坐原理时，主要是通过连动杠杆作用，连动杠杆的一端使一炮管推弹入膛，同时另一端使另一炮管抽筒抛筒。双管联动式自动机的复进也利用火药燃气能量或后坐能量，射速大大提高，对缓冲装置要求也较高；不少部件布置在对称中心上，结构很紧凑；但是结构较复杂，零部件的加工工艺性较差，人员使用、维护也有不便。双管联动式自动机的连发密集度是可调整的，通过调整两个炮管轴线的相对位置，就可以控制各炮管射弹散布的概略方位，得到满意的结果。

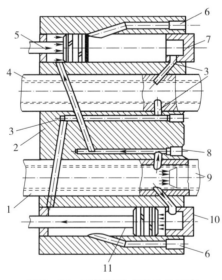

图 8 – 12　双管联动式自动机示意

1—右炮管；2—导气筒体；3—导气孔；4—左炮管；5—左活塞杆；
6—排气孔；7—左前盖；8—柱塞；9—弹丸；10—右前盖；11—右活塞杆

双管联动式自动机主要用于对射速和质量都要求较严的场合，且在承装载体上布置方便，常被飞机和防空车辆选用。例如，美国 GE225 式 25 mm 双管航炮、俄罗斯 ГШ – 23 式

23 mm 双管航炮、俄罗斯 ГШ‐23 式 23 mm 双管舰炮、俄罗斯通古斯卡 2C6 弹炮结合防空系统和铠甲 C1 履带式弹炮结合防空系统上安装的 2A38M 式 30 mm 双管自动炮等。

随着现代科学技术的进步，各种新式火炮自动机不断发展。为了适应未来的装备发展趋势，满足在多域联合作战新走向中实现全空间域内火力和机动能力同步协调与联动的迫切需求，新型火炮自动机的研制可能是在新概念、新原理或新结构等方面的重大突破。但是，火炮自动机的发展是渐变和演进的过程，限于当前技术水平与实际条件，主要仍在继承的基础上，不断完善已有装备的功能，对现有火炮自动机进行改进。对现有火炮自动机的改进，既包括内涵的拓展，又包括外延的拓宽；可以是现有结构的组合或集成，也可以是现有结构的变异或重构。具体而言，火炮自动机的发展主要围绕提高射速、提高初速、提高射击精度、提高机动性和提高可靠性等方面进行。主要发展方向包括：超高射速火炮自动机技术；高精度原理自动机技术；超低后坐力自动机技术；同一口径的火炮自动机具有多用途，可以陆、海、空、天等跨域通用；火炮自动机以及弹药通用化、系列化和标准化；火炮自动机工作原理的多样化，现有工作原理的综合运用以及新原理、新结构的发明；多域作战网络下火炮自动机智能化技术；新概念火炮自动机的技术突破；等等。

8.2.2　自动机循环图

火炮自动机工作循环过程中，各构件以一定的传动形式相连接，按照一定的规律运动，各构件参与和退出运动的时机不同，各构件的地位和作用也不相同。自动机中有一个起主导作用，带动整个机构的各构件运动，完成自动动作的构件，该构件称为自动机的基础构件，如炮身后坐式自动机的炮身、导气式自动机的导板等。在自动机中，基础构件一般处于主要地位，通常也是机构中工作时间最长的构件，有时也称基础构件为主动构件。由基础构件带动，直接完成各部分自动动作的其他构件称为工作构件。在自动机中，工作构件一般处于从属地位，有时也称工作构件为从动构件。火炮自动机一般为单自由度机构，基础构件的运动状态一经确定，则工作构件的运动状态也随之确定。为了直观描述火炮自动机在一个完整的自动循环或某一运动阶段内，基础构件及主要工作构件的运动规律及其相互运动关系，以图表（或曲线）来表示自动机各主要构件的工作顺序和运动状态，该图表（或曲线）称为自动机循环图。

通常，自动机循环图有两种形式：一种是以基础构件位移为自变量的循环图，另一种是以时间为自变量的循环图。这两种形式的自动机循环图，显示了火炮自动机主要构件运动的质和量的变化，分别给出了构件位移之间和构件位移与时间之间的关系。

1. 以基础构件位移为自变量的循环图

以基础构件位移为自变量的循环图，标出了基础构件在工作构件工作时的位移，表明了自动机各机构的相互作用和工作顺序，以及基础构件位移的从属关系。图 8‐13 所示为 65‐1 式 37 mm 自动机循环图（位移为自变量）。图中，基础构件（炮身）的位移，以横坐标轴上按一定比例尺的一条线段表示；各机构工作阶段基础构件的位移，以相同的比例尺，根据工作构件参与和退出运动时基础构件的运动情况，作横坐标轴的平行线来表示。为了清晰起见，在各行左端注明了构件的名称及运动的特征。

以基础构件位移为自变量的循环图表明了对应基础构件的位移、各机构及其工作构件的工作状况。但是，这类循环图不能表明工作过程中各机构的位移与时间的关系，无法用于分

运动特征段		0	基础构件：炮身	140
后坐运动	拨回击针	24 ——— 61		
	强制开闩		61 ———— 95.5	
	活动梭子上升	26 ———————————— 121		
复进运动	输弹器被卡住	25 ———————————— 121.5		
	活动梭子下降	26 ———————————— 121		
	压弹	42 ——————— 105		
	开始输弹	25 ·		

图 8 - 13　65 - 1 式 37 mm 自动机循环图（位移为自变量）

析自动机及其主要构件的动态特性。因此，用这类循环图比较各式自动机时，很难看出不同自动机各自的工作特点。在基础构件运动停止后，某些工作构件可能仍在继续运动，这些工作构件的运动便不能再用基础构件的位移来表示。例如，图 8 - 13 所示的 65 - 1 式 37 mm 自动机循环图（位移为自变量），就无法表示在惯性开闩阶段，闩体的运动和关闩、闭锁运动等。为了表示这些工作构件的运动，只能将某工作构件看作基础构件，另外建立补充的循环图。这样做就对自动机整个自动循环的工作特点提高了认识和理解上的难度，不利于快速掌握自动机设计与分析所需的机构时空变化特征。

2. 以时间为自变量的循环图

以时间为自变量的循环图能表明自动机主要构件运动位移和时间的关系。在以时间为自变量的循环图中，横坐标为时间，纵坐标为各主要构件位移，曲线的斜率代表构件的运动速度。通常，把自动机基础构件在运动开始的瞬间作为时间的起点，各构件所在位置作为位移的起点。由横坐标可以看出各构件运动时序上的关系，由纵坐标可以看出各构件位移间的关系。当循环图上的某段曲线为水平直线时，表明该构件在这个时间段内的速度等于零，即处于静止状态。这类循环图包含时间信息，能反映各构件工作过程中位移的时间历程，可以用于分析自动机及其主要构件的动态特性，可以清楚地表示自动机的工作原理，应用得较广泛。

以时间为自变量的循环图，可以分为概略循环图和精确循环图。概略循环图是设计自动机时依据方案设想而拟制的，用以指导各机构设计；或者根据现有自动机的运动规律概略制成，用以指导对自动机进行动力分析，建立自动机运动微分方程。概略循环图只能大概反映自动机主要构件运动位移和时间的关系，只能划分具有显著特征的运动特征段，图中构件的运动规律都以直线表示，即以平均运动速度代替实际运动速度来近似描述。精确循环图是在设计完成之后，根据动力分析计算结果绘制的，或者根据实际自动机试验结果绘制。也就是说，精确循环图是在已知运动诸元的情况下作出的，可以真实反映自动机主要构件运动位移和时间的关系，图中构件的运动规律一般都是曲线。图 8 - 14 所示为 59 式 57 mm 高射炮自动机循环图（时间为自变量）。

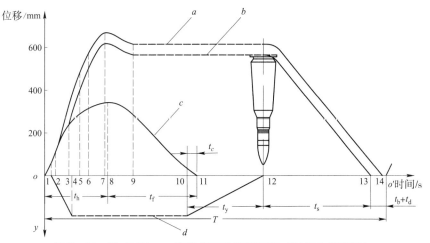

图 8 – 14　59 式 57 mm 高射炮自动机循环图（时间为自变量）

a —炮闩支架；b —闩体；c —炮身；d —拨弹滑板；

$o \sim 8$—炮身后坐；$8 \sim 11$—炮身复进；1—拨弹滑板开始运动；2—加速机开始工作，使炮闩支架加速后坐；

$2 \sim 3$—闩体旋转开锁；3—闩体开始随炮闩支架加速后坐，并抽筒；4—拨弹滑板向左运动到位；5—加速机工作完毕；

6—开始缓冲；7—缓冲完毕；8—炮身后坐终了，开始复进；9—炮闩支架后坐到最后，向前稍复进，被自动发射

卡锁卡住；10—拨弹滑板开始向输弹线上拨弹；11—炮身复进到位；12—压弹到位，自动发射卡锁解脱，

开始输弹；13—输弹到位；$13 \sim 14$—闩体旋转闭锁和击发；14—击发完毕；o' —炮身后坐，开始下一发循环；

t_h—炮身后坐时间；t_f—炮身复进时间；t_y—压弹时间；t_c—重叠时间；

t_s—输弹时间；t_b—闭锁时间；t_d—底火点燃时间；T—自动机完成一次工作循环的时间

对于转管式自动机，作为基础构件的炮管组的位移是转角，为了方便研究，其循环图以炮管组转角为自变量。转管式自动机循环图有两种形式：一种是用极坐标表示的循环图（图 8 – 15），另一种是按炮箱上凸轮槽展开的循环图（图 8 – 16）。从用极坐标表示的转管

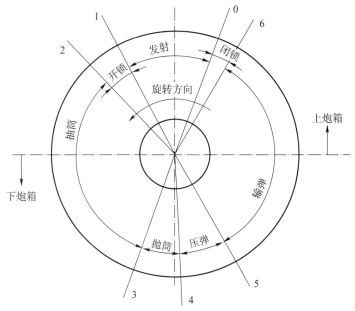

图 8 – 15　转管式自动机循环图（极坐标表示）

0—击发；1—开始开锁；2—开始抽筒（开闩）；3—开始抛筒；4—开始压弹；5—开始输弹（关闩）；6—开始闭锁

式自动机循环图上，可以直观地看到射击循环角度分配。从按炮箱上凸轮槽展开的转管式自动机循环图上，可以看出炮箱螺旋槽包括左斜线段、右斜线段、前直线段、后直线段及四处过渡线段，不同线段上相关机构及构件进行的特定自动动作，以及基础构件的转角。凸轮曲线设计是转管式自动机循环图设计的关键，决定了自动机主要机构及构件的运动规律，设计时应使自动机动作平稳可靠，减少能量消耗，提高自动机的使用寿命。

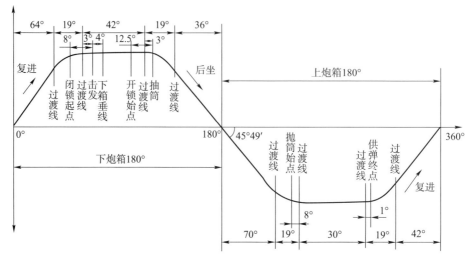

图 8-16 转管式自动机循环图（按炮箱上凸轮槽展开）

8.2.3 提高自动机射速的主要技术途径

射速是火炮自动机的重要战技指标之一，直接影响火炮的总体火力性能，是决定战斗效能的重要因素。火炮的射速高、火力密度大，就会对目标毁歼的概率和火力的突击性大，不但有利于创造和捕捉战机，提高命中目标的可能性，而且使敌方来不及采取机动的防御措施，从而加强了对目标的打击效果。在现代战争中，自动炮作为末端防空反导武器系统的重要组成部分，射速高、火力密度大，以密集的射弹形成"弹幕"，可以拦截对付空中快速机动目标和低小慢目标，并增强在战场上的生存能力，提高武器系统的综合效能。因此，提高射速是火炮自动机技术发展的永恒主题。

提高自动机的理论射速，就是要缩短发射每一发弹药所需的工作循环时间。提高理论射速，主要是在设计火炮自动机时，不断更新工作原理或系统结构，合理设计自动机循环图，合理设计各机构及其构件，尽可能缩短自动机的整个循环时间。提高射速的主要技术途径有以下几个方面：

1）缩短构件工作行程

缩短构件工作行程，可以缩短构件的运动时间，从而缩短自动机的整个循环时间。由于火炮自动机必须完成许多特定的自动动作，因此缩短构件工作行程并不容易，主要采用优化设计方法，进行几何学分析与综合，合理规划和设计机构及其构件的相对位置和运动路线。

2）提高构件运动速度

提高构件运动速度，可以缩短构件的运动时间，从而缩短自动机的整个循环时间。在运动距离和构件质量都一定时，加大作用于构件上的作用力，可以提高构件的加速度及速度。

在运动距离、构件质量和作用力都一定时，提高初始运动速度可以提高构件的平均运动速度。

3）合理确定运动构件的质量

在运动距离和作用力都一定时，减轻构件的质量，可以提高构件的加速度及速度，有利于缩短构件的运动时间，从而缩短自动机的整个循环时间。但是，在设计自动机时，减轻构件质量应在满足结构强度和零件寿命的前提下合理进行。此外，还要考虑相关构件的质量比，减少构件撞击时的能量损失。

4）合理利用能量，减少运动过程中的能量损失

为了尽量缩短构件的运动时间，自动机构件运动规律的安排一般是"启动快加速、到位急减速"，并通过合理利用能量来实现。对后坐运动，可以通过合理设计基础构件的能量吸收规律来得到，也可以安排某些构件作一段无阻尼的惯性运动，末阶段再加以制动，从而达到缩短运动时间的目的。此外，还可以通过减少运动过程中的能量损失，来缩短各个构件的运动时间。具体方法包括：

（1）尽量减少撞击，传速比不要突变，传动要平稳。

（2）减小摩擦力，合理选取配合间隙，尽量使作用力通过构件质心，并减小翻转附加摩擦力。

（3）采用合理结构和工艺，尽量提高传动效率等。

5）"并发"或"并行"自动动作

火炮自动机在一个射击循环中须完成许多特定的自动动作，但是火炮自动机的各机构及构件并不在同时工作，而是有明确的前后序关系，按照一定时序参与动作。大多数情况下，只有在前序动作完成之后，才能进行后序动作，即大多数动作以"串行"的方式执行。例如，只有药筒从药室抽出之后才可以进行输弹入膛。整个循环时间是"串行"执行这些动作所需时间的叠加。对于自动循环中的各动作（如击发、收回击针、开锁、开闩、抽筒、抛筒、供弹、输弹、关闩和闭锁等），尽可能将自动动作以"并发"或"并行"的方式执行，使部分机构及构件的动作时间交叉重叠在其他机构及构件的动作时间之中，不单独占用整体循环时间，从而缩短动作等待时间，最大限度缩短自动机的整个循环时间。例如，采用炮闩纵动式闭锁机构，输弹的同时完成关闩动作，开闩的同时进行抽筒动作。"并发"或"并行"火炮自动机的自动动作，主要从自动工作原理和结构上进行创新，如采用转膛原理、转管原理等。

6）减少自动动作

火炮自动机的整个循环时间是各机构及构件的自动动作所需时间的叠加。减少火炮自动机的自动动作，能从根本上解决缩短自动循环时间的问题。例如，推式供弹把压弹和输弹两个动作合为一个动作，无明显的压弹过程与输弹过程之分；采用全可燃药筒，也就可以省去抽筒的动作。火炮自动机的自动动作是根据自动机功能及其自动工作原理确定的，要完成同样功能又要减少自动动作，必须从概念和原理上进行变革性创新，甚至打破自动机传统概念的束缚。例如，"金属风暴"是一种全新的电子式弹道武器系统，能以串、并联形式自动发射，由于没有传统的机械操作部件，也就没有自动动作，从而突破了"自动机"概念的内涵。

8.3 火炮自动机结构分析示例

火炮自动机的自动动作能通过不同的工作原理和方法来实现，相应地，火炮自动机具有各种不同的结构形式。随着现代高炮、航炮、舰炮等火炮的口径逐渐规范化，以及对射速和初速等战术技术性能的要求不断提高，某些结构形式的自动机已经不能满足需求，逐渐落伍或被淘汰，在新武器研制中较少采用。为了适应现代及未来自动武器高射速、高精度、轻型化和系列化等的发展趋势，一些典型结构的火炮自动机由于性能良好、优点突出，具有较强的适用性，得到了广泛应用和持续发展。本节以在末端防空反导武器系统中应用得较为广泛的转管自动机为例，进行火炮自动机结构分析。

8.3.1 转管自动机概述

随着科学技术的发展，目标的运动速度迅速提高而体积越来越小，为了保持足够的射击威力，必须使自动炮的射速明显提高。一般单管自动炮的射速已无法满足要求。美国已于1946年开始研制多管旋转式航炮（简称"转管炮"），并在1956年将M61型口径20 mm 6管自动炮装备部队。这种航炮的工作原理是基于1862年格林式手摇转管机枪发展而来的。由于其优点突出，目前转管炮受到各国重视，并被广泛地应用，已有多种不同型号、不同用途的转管炮，其口径有20 mm、25 mm和30 mm等，管数有3管、4管、5管、6管、11管等。

转管炮主要分为外能源转管炮和内能源转管炮，还有在研制中的混合能源转管炮。外能源转管炮的射击过程比一般内能源自动炮要复杂，必须有一定的射击程序控制装置配合才能完成正常的射击动作。所以外能源转管炮应包括转管自动机、外能源驱动装置和射击程序控制三部分。

转管自动机是转管炮的核心，主要决定转管炮的性能，目前最高射速可达10 000 发/min。作为转管自动机的基础构件，炮管组在转动过程中带动其他机构来完成自动动作。

8.3.2 外能源转管自动机结构分析

1. 转管自动机的组成

转管自动机由炮尾、炮闩、炮管、炮箱、供弹机、缓冲器和驱动能源等主要零部件组成（图8-17）。炮管和炮闩随炮尾转动。炮管上的前、中、后三个炮箍，除了用于为炮管限位和增强炮管的刚度外，还使每根炮管与自动炮轴线构成一定的斜角，以提高射击精度。炮箱部件由前炮箱、上炮箱和下炮箱组成，前炮箱的作用是和后挡盖一起把上、下炮箱连成一体，作为炮尾转动的支撑并连接缓冲器。上、下炮箱的主要作用是通过内腔的曲线槽来操纵炮闩相对炮尾作往复运动，以完成全炮射击循环动作，并作为电发火机、供弹机等零部件的连接件。

射击时，从炮口方向看，多根炮管围绕共同轴旋转。每根炮管与传统机炮一样，工作时反复执行"装填→射击→抽筒"。该步骤在不停地旋转中进行，多根炮管依次循环跟进。因此，当一根炮管射击时，其他炮管在装填或抽筒。各个炮管的射击周期重叠，就缩短了射弹的时间间隔。由于单个炮管的射速远低于总射速，因此不需要过多提高部件强度。

2. 炮闩的结构

转管自动机的每根炮管所对应的炮闩装在炮尾导槽内作前后滑动。炮尾用前、后轴承装

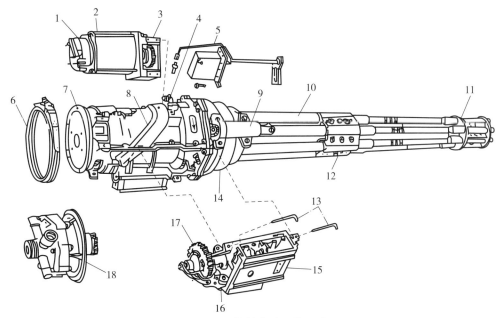

图 8-17　转管自动机的组成

1—制动器；2—电动机；3—减速箱；4—电发射机构；5—润滑器；6—连接箍；7—后挡盖；8—炮箱；9—缓冲器；10—炮管；
11—前炮箍；12—中炮箍；13—紧固栓；14—前炮箱；15—供弹机；16—供弹机离合器；17—供弹机齿轮；18—液压马达

在炮箱内。每个炮闩上方有滚轮与炮箱内腔凸轮槽相配合，炮闩随着炮尾旋转的同时，炮闩滚轮就在凸轮槽作用下带动炮闩作往复运动，以完成自动射击循环工作。

转管自动机炮闩的运动规律，受炮箱凸轮槽控制。炮箱凸轮槽曲线展开如图 8-18 所示，图中，O 为击发点，C 为闭锁块位置对应于闭锁阶段，B 为润滑器注油孔位置，D 为开锁块位置对应于开锁阶段；A_1 为前直线段，炮闩相对炮尾静止以便完成闭锁、击发和开锁的动作；A_2 为直线段与斜线段的过渡区，炮闩作加速后坐运动，进行开闩和抽筒；A_3 为斜线段，炮闩作等速后坐运动，进行开闩和抽筒；A_4 为直线段与斜线段的过渡区，炮闩作减速运动，进行开闩、抽筒和抛筒；A_5 为前直线段，炮闩相对炮尾静止以便完成抛筒和压弹药进入炮闩抓手的动作；A_6 为直线段与斜线段的过渡区，炮闩作加速复进运动，进行关闩和输弹；A_7 为斜线段，炮闩作等速复进运动，进行关闩和输弹；A_8 为直线段与斜线段的过渡区，炮闩作减速运动，进行关闩和推弹入膛。过渡段一般可以采用圆弧、摆线或抛物线等。

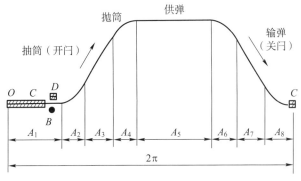

图 8-18　炮闩运动曲线展开

为了减小炮闩组运动的摩擦，炮上有滑润器，装在炮箱前侧方，利用射击时炮箱在缓冲器上的往复运动，带动滑润器的传动杆使油泵组件工作，把滑润油输送至曲线槽注油孔中。

M61A1型转管自动机的炮闩采用单鱼鳃式闭锁原理。当炮闩推弹入膛到位，受炮箱闭锁块的作用，压下炮闩组滚轮轴，带动炮闩闭锁块（鱼鳃块）下降，完成闭锁动作。转管自动机单鱼鳃式炮闩结构示意见图8-19，闭锁原理示意见图8-20。其中，闭锁块上的闭锁弧面 ab 的作用是操纵滚轮轴下压，使炮闩闭锁块与炮尾作用形成闭锁；闭锁块上的防反跳弧面 bc 的作用是防止在闭锁过程中滚轮轴反跳，以保证闭锁可靠；炮闩在完成击发动作后运动至 e 点时，由于前后开锁块开锁斜面 ef 的作用，抬起滚轮轴，闭锁块回复原位而完成开锁动作。

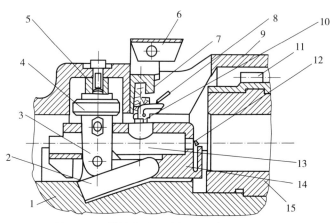

图8-19 转管自动机单鱼鳃式炮闩结构示意

1—炮尾；2—闭锁块；3—滚轮轴；4—滚轮；5—固定闭锁块；6—点发射机构支架；7—支架座；8—接击发电路；9—炮箱；10—炮闩导电销；11—炮管组驱动齿轮；12—电击针；13—止动体；14—闩体；15—炮管

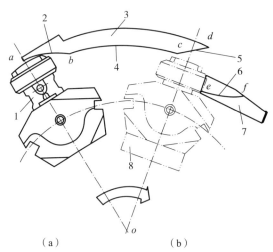

图8-20 炮闩闭锁工作原理示意

（a）开锁状态；（b）闭锁状态

1—滚轮轴；2—闭锁弧面；3—炮箱固定闭锁块；4—防反跳弧面；5—开锁让位面；6—开锁斜面；7—开锁块；8—炮闩闭锁块

电击发方式的转管自动机所采用的击发机构应准确地给出击发位置，使炮闩击针导电元件适时可靠地接通击发电源，并通过弹药与自动机组成回路击发弹药。在炮闩完成闭锁动作的同时，导电销被击发机构上的接触块压入机心体内，在导电销呈 4°两斜面的作用下，击针向前运动，凸出闩体镜面。而止动体则向相反方向运动，当止动体后端面上的绝缘层顶住滚轮轴时，运动停止，此时止动体后端金属凸起落入滚轮轴月牙槽内，但未接触滚轮轴，击发电源通过导电销和击针击发弹药。当导电销脱离击发机构后，在击针簧力作用下使击针和导电销回复原位，而止动体则靠滚轮轴月牙槽向上运动，使其回复原位。止动体尾端的金属凸起起保险作用。未闭锁时，炮闩滚轮轴未向下移动，此时止动体尾端的金属凸起与滚轮轴圆柱部接触，电源经止动体与滚轮轴短路，弹药不能击发，从而起到保险作用。

击发机构应注意：

（1）炮闩导电元件导电销是在高速旋转下瞬时接触击发机构接触块而导电的，一般仅有 300~400 μs 接触时间，且接触瞬间自动机正处于剧烈振动的情况下，因此在 300~400 μs 瞬间不允许跳动式的点接触，否则易产生"瞎火"弹。这就要求击发机构接触块的接触面应设计成一个曲面，使接触块对导电销的压紧力由小变大，平稳而无跳动。

（2）击发线路应尽量避免采用锡焊工艺，因击发机构在剧烈振动下工作，锡焊易疲劳、断裂而导致弹"瞎火"。

（3）尽可能将击发机构设计成全密封式，因为导电元件受潮或进水易产生短路而引起大量"瞎火"弹的出现。

3. 供弹、除链和抛筒

转管自动机一般使用弹链供弹，在转管自动机开始射击（按下射击按钮后），电动机就带动炮尾转动，炮尾的后齿轮又带动供弹机离合器齿轮空转。达到预定转速后，供弹机离合器电磁铁工作，使离合器处于"合"的状态而带动拨弹轮拨弹，同时完成除链工作。从此，弹药被拨弹轮依次拨入炮闩抓手内。转管自动机抛筒动作，靠固定在炮箱上方的抛筒横梁来完成。药筒被炮闩抽出后即被抛筒横梁的抛筒引导面从炮闩抓手内"铲"出，然后被抛到转管自动机体外（图 8-21）。

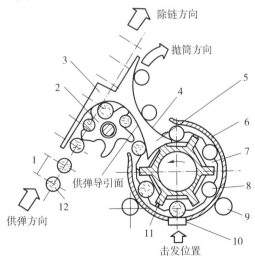

图 8-21　供弹、除链、抛筒原理示意

1—弹链节距；2—供弹机拨弹轮；3—除链机构；4—抛筒引导面；5—抛筒横梁；6—炮箱；
7—炮闩；8—药筒；9—缓冲器；10—电发射机构；11—炮尾；12—炮弹

转管自动机在高射速下，弹链往往成为最脆弱的一环。弹链在该高速拉扯下，连接处很容易变形、弯折甚至断裂，造成卡弹。采用弹鼓无链供弹是高射速转管自动机的一种供弹方式。弹鼓无链供弹机构由外鼓、内鼓、前后盖、驱动系统等组成，如图8-22所示。弹鼓内部安装有一个螺旋机构，弹药呈螺旋状排列在内鼓之内，弹头指向弹鼓中轴。这种布局虽然占用空间较多，但能确保高速输弹工作的可靠性。供弹时，射击控制设备命令供弹部分开始送弹，弹鼓的驱动装置驱使弹药盘旋前进，到弹鼓前盖的出口处时滚入柔性输送带。输送带看上去像大量金属环连接而成的"隧道"，弹药在弹带内只能单向运动。输送带虽然复杂且较重，但可令供弹顺畅快速，布局更趋灵活。由于取消了弹链，也就不需要除链器。弹药被输送到供弹机而被拨弹轮压入炮尾后，被旋转中往复运动的炮闩输进弹膛，闭锁击发。发射后的药筒、哑火弹或未击发弹药送入另一条输送带，从弹鼓的后盖入口重新装入弹鼓，形成"闭合供弹系统"。这种"闭合供弹系统"不需要抛筒，所以无抛筒故障。此外，还有开放供弹式（即向外界抛筒）的。

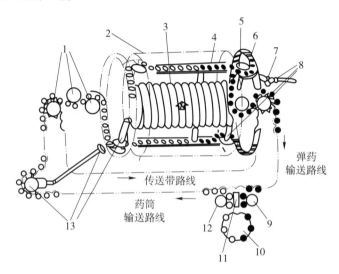

图8-22　弹鼓无链供弹机构示意

1—导向轮；2—弹鼓；3—内鼓螺旋；4—外鼓螺旋；5—驱动导向轮；6—螺旋导槽；7—弹鼓驱动装置；
8—输送驱动导引组合；9—拨弹轮；10—转管自动机；11—双向导引；12—拨轮；13—退弹驱动组合

供弹齿轮与炮尾后齿轮啮合，当炮管组开始启动旋转，供弹机齿轮随之转动，用任何外部能源驱动自动机时都存在由低速至高速的启动过程。若在启动的开始就供弹，则其起始的速度较慢，因此转管自动机供弹机必须配制一套离合器。开始启动时，离合器处于"离"的位置，供弹机齿轮虽然转动，但拨弹机处于静止状态不拨弹，只有达到预定转速时，离合器才转换到"合"的位置，立即高速供弹；满足自动机在开始射击立即达到高射速的要求。反之，停射前应提前停止供弹，然后自动机制动。离合器的"离"与"合"的动作是由回转电磁铁通过杠杆机构来完成的。

M61A1转管自动机的离合器由机械传动与回转电磁铁组成（图8-23）。当射击电路接通后，电动机就带动炮管组转动，炮尾后端齿轮又带动离合器齿轮转动。同时回转电磁铁线圈的电流切断，操纵杆在弹簧力的作用下沿 m 方向移动一小段距离，U形钩带动驱动轴向 n 方向移动并带动滚轮件也向同方向移动，与滚轮件固联的销钉即可插入齿轮件内5个凹槽中的任何一个。销钉被带动和环凸轮一起转动，环凸轮的螺旋槽与旋转环的螺旋凸起互相作用，使旋转环也向 n 方向移动一段距离，并与齿轮件的端面啮合带动离合盘与拨弹轮轴转动，以完成供弹、击发等动作。当射击按钮断电时，回转电磁铁线圈通电，在电磁力的作用下活动铁芯移动一段微小距离。由于转盘沿圆周方向设有三个分布均匀的斜面，在壳体中的斜面和滚珠的互相作用下，迫使转盘按 p 方向回转一个角度。由于转盘回转，固定在转盘的拨杆也绕中心回转，并克服弹簧阻力把离合器操纵杆向 e 方向压缩一段距离，使驱动轴按 d 方向回复原位，离合器齿轮与拨弹轮轴脱离而空转，拨弹轮停止拨弹。

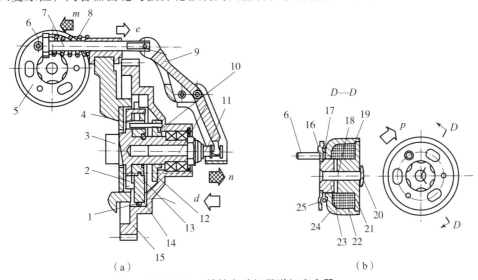

图 8 – 23　转管自动机供弹机离合器

（a）机械传动部分；（b）回转电磁铁

1—齿轮件端面齿；2—离合器；3—拨弹轮轴；4—销钉；5—回转磁铁；6—拨杆；7—操作杆；8—弹簧；9—U 形钩；
10—齿轮件凹槽；11—驱动轴；12—滚轮件；13—环凸轮；14—旋转环；15—离合器齿轮；16—转盘；
17—滚珠；18—轴；19—壳体；20—限位环；21—固定铁芯；22—线圈；23—活动铁芯；24—壳体斜面；25—转盘斜面

4. 转管自动机的制动

转管自动机停射后，回转部分因存在较大惯性而继续转动，各运动件仍然按射击循环动作，只是不再供弹。为避免各构件磨损，必须给予制动。根据不同的外部能源，可以有多种制动方案。如果采用电动机作为驱动装置，在设计电动机时可以增加电磁摩擦片制动结构；如果采用液压马达作为驱动装置，则可以在液压系统中设计制动方案，而不必采取对自动机转动部分直接制动。因为后者必然带来结构复杂、体积大、质量大等不利因素。

美国 M61A1 型转管自动机采用电磁式摩擦离合制动器（图 8 – 24）。射击时，制动器线圈通电，在磁力作用下，制动环组件压缩制动弹簧并与摩擦制动片组件松开，电动机旋转。当电动机断电时，制动器线圈同时断电，制动弹簧伸张，使制动环与摩擦制动片紧贴，炮尾和炮管组停止回转。

5. 缓冲器

美国 M61A1 型转管自动机采用环状簧结构（图 8 – 25），这对于高射速的转管自动机比较适宜。因为环状簧具有耗能大、刚度大、体积小等优点。一般环状簧可以吸收全炮后坐能量的 60% ~ 70%，因此全炮可以获得较平稳的工作状态。

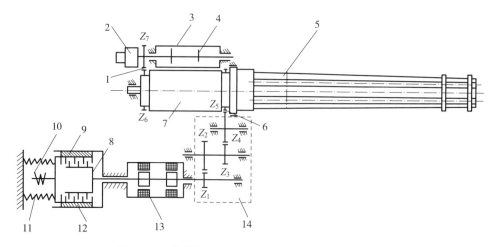

图 8 – 24   转管自动机动力传动与制动工作原理示意

1—供弹机齿轮；2—供弹离合器；3—供弹机体；4—拨弹轮；5—炮管组；6—炮尾驱动齿轮；7—炮尾；8—摩擦制动片组件；9—制动环组件；10—制动线圈；11—制动弹簧；12—制动器；13—电动机；14—减速器；$Z_1 \sim Z_7$—传动齿轮

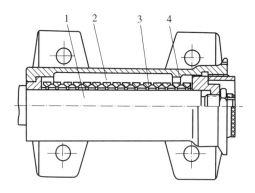

图 8 – 25   环状簧缓冲器

1—芯杆；2—外环；3—内环；4—壳体

6. 外能源

外能源转管自动机的能源通常包括人力、电动、气压、液压等。电动方式可以直接利用机载电源，简单易行，但启动加速较慢，工作时对载体上的电子设备有一定影响。气动方式加速快，但不太可靠。液压马达要求载体上的液压系统增设管路输出液压驱动，但工作启动快，对载体电源的要求低。总的来说，液压马达较适合高射速机载外能源转管自动机。外能源转管自动机可以方便地调节射速，理论上射速可以在 0 到最高速之间自由变化，但转管自动机无法单发射击。以对地任务为主时，采用电动方式驱动系统，射速为 4 000 发/min；以对空任务为主时，采用液压方式驱动系统，射速为 6 000 发/min。

8.3.3   内能源转管自动机结构分析

外能源转管自动机，以其射击循环动作的重叠，能达到很高的射速，但所需的外能源功率大，这给载体主机的动力系统增加了负担，加大了设备的重量和复杂性，尤其是转管自动机用于地面小高炮火力系统时，必然要影响其机动性及增加后勤供给和维护的复杂性。

内能源转管自动机以自身火药气体作为动力源驱动。内能源转管自动机的工作基本原理是：依次将炮管内的部分火药气体导出，通过活塞凸轮机构来驱动转管自动机的炮管组旋转，并带动拨弹机构、闭锁机构等组件工作，以完成高速连续射击动作。除了驱动方式不同带来驱动机构有差异外，基础构件（炮管组）带动其他机构运动的动作与外能源转管自动机工作基本原理基本相同。例如，双向外凸轮驱动的导气式内能源转管自动机由炮管组、活塞筒、炮箱凸轮槽、活塞筒内滚轮和活塞筒外滚轮等组成，如图 8-26 所示。

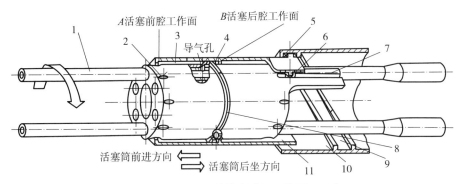

图 8-26　内能源转管自动机工作原理示意

1—炮管组；2—排气槽；3—活塞前腔导气孔；4—活塞后腔；5—活塞筒外滚轮；6—活塞筒内滚轮；
7—炮管组导引槽；8—固定隔环；9—炮箱凸轮槽；10—炮箱；11—活塞筒

内能源转管自动机可以避免外能源转管自动机的不足，但是必须解决其相应技术问题。例如，启动问题，即炮管组要先转动起来（首发装填后的启动和点射间的再次启动），由此增加了这种自动机的特殊要求。

1. 首发启动

内能源转管自动机在击发之前，必须将弹带上的首发弹药传送至击发位置。击发之后，只有火药气体流入活塞腔才能驱动炮管组开始旋转。在转管自动机的弹带装填完毕后，或点射间，腔内无弹（图 8-27）。要使首发弹药传送至击发位置，必须将炮管组回转一定角度。因此，在连续射击之前，必须由专门机构来完成将首发弹药传送至击发位置的动作。该机构称为首发启动机构。

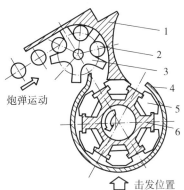

图 8-27　首发弹药位置示意

1—供弹机；2—首发弹药；3—拨弹轮；4—炮箱；5—炮闩；6—炮尾

完成首发启动动作是利用外能源，一般可利用的动力源有电、气（压缩空气）、液压等。无论选用何种能源，都需配备一套相应的动力系统。这将使自动机结构复杂。比较简便的方式是选用火药弹作为首发启动的动力源，以简化机构和减轻质量。火药弹首发启动工作原理示意见图 8 - 28。火药弹室的数量依据转管自动机的战术使用要求来确定。首发启动前，弹带处于供弹机拨弹轮内的装填位置上，膛内无弹。齿条活塞在恢复簧作用下处于上极限位置。单向齿盘在弹簧作用下与行星齿框上的棘齿啮合。行星齿框的键轴已插入炮尾尾端的键槽内。首发装填时，按下射击按钮，首先点燃第一发火药弹，火药燃气通过缓燃腔进入活塞腔，再经活塞内孔进入增容腔，最后进入齿条活塞腔，推动齿条活塞沿 A 方向运动。齿条通过齿轮转动单向齿盘，带动行星齿框转动。行星齿框通过插入炮尾内的键轴来驱动炮尾旋转。随着炮尾的转动，炮管组带动各构件协同动作，拨弹机构将首发弹药拨入炮闩抓手内，炮闩在炮箱内凸轮槽作用下，推弹入膛，闭锁，当首发弹药转至击发位置时，弹药被点燃击发。至此，首发启动即告完成。此后转入内能源自动循环，自动机连续供弹，射击连续进行。当自动机转入自动连射后，齿条活塞底部超越排气孔，齿条活塞腔内的剩余火药气体被排入大气，齿条活塞在其内部的复位簧作用下回复原位。在复位过程中，齿轮及单向齿盘作反向转动，由于齿盘上棘齿的单向作用，因此不影响自动机正常射击。

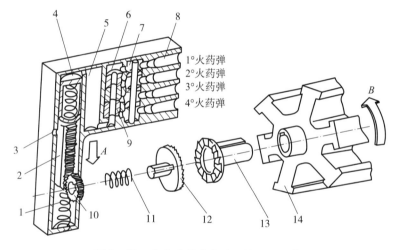

图 8 - 28　火药弹首发启动工作原理示意

1—齿条活塞恢复簧；2—齿条活塞；3—排气孔；4—齿条活塞腔；5—增容腔；6—活塞腔；
7—缓燃腔；8—火药弹塞；9—活塞；10—齿轮；11—弹簧；12—单向齿盘；13—行星齿框；14—炮尾（炮管组）

火药弹室中的 4 发火药弹，只有第 1 发是用于首发启动的，后 3 发火药弹则用于自动机连射中应急排除故障。例如，自动机在点射中，因某种原因造成自动机的储能机构未能完成储能动作，或连射中因"瞎火弹"造成射击中断等，此时可顺次点燃后续火药弹，使自动机连续正常射击。

当第 2、3、4 发火药弹点燃后，火药气体的流经路线与第 1 发火药弹的相同，只是活塞要参与动作。第 2 发火药弹点燃后，火药气体将上方的活塞推向顶端，活塞壁封闭第 1 发火药弹室通孔，以防火药气体从第 1 发火药弹室泄漏。第 3 发和第 4 发火药弹点燃后的活塞动作与第 2 发的相同。

设置缓燃腔和增容腔的目的是使高温高压的火药气体在作用于活塞之前膨胀、减压，以达到启动平稳的目的。

2. 点射间的能量储存

点射间的再次射击（即自动机正常的再次射击），都要重新启动自动机。若每次启动自动机都用火药弹，则需设置火药弹的数量较多。尤其在将内能源转管自动机作为地面小高炮使用时，其弹药基数较大，射击频繁，仅靠火药弹就不可能了。因此，需要设置点射间的能量储存机构，在射击时储存一定能量，再次射击时利用所储存的能量进行启动。扭簧储能机构工作原理示意见图 8 – 29，利用一个大扭矩扭簧，将射击过程中机构的部分动能转化为弹簧势能进行储存，再次射击时，将此能量转化为机构动能，使自动机迅速转入连射状态。

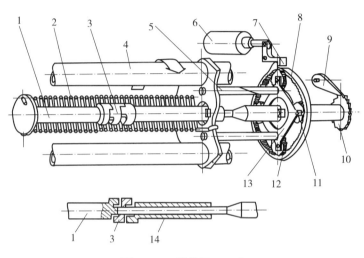

图 8 – 29　储能原理示意

1—储能杆；2—储能扭簧；3—传递杆；4—炮管组；5—联杆；6—电磁铁；7—储能扣机；8—内齿环；
9—棘爪；10—棘轮；11—行星齿轮；12—中心齿轮；13—行星齿框；14—储能杆套

储能机构由行星齿系、储能杆系和电磁扣机三部分组成。

行星齿系包括 1 个内齿环、4 个行星齿轮、1 个中心齿轮和 1 个行星齿框。4 个行星齿轮安装在行星齿框上。内齿环上有扣机扣住部位。内齿环用键与储能杆连为一体。

储能杆系由一根细长的储能杆、一根大扭矩储能扭簧和一个防转棘轮组成。储能扭簧前端与储能杆前端紧固。储能扭簧后端与炮管组紧固。储能杆穿过中心齿轮，并用键定位。储能杆尾端固定一个棘轮。

电磁扣机包括储能扣机和电磁铁，利用电磁铁实现储能扣机的开放动作。

连续射击时，储能扣机被电磁铁开放，内齿环被释放，于是炮管组与储能杆系和行星齿框同步同向转动，储能簧不受扭转。断开射击按钮后，储能扣机扣住内齿环。当内齿环不动时，4 个行星齿轮就在内齿环上滚动，同时带动中心齿轮使其仍与炮管组同向转动。由于节径较小的行星齿轮与节径较大的中心齿轮存在一定速比，中心齿轮的转速（即储能杆的转速）将大于行星齿框的转速（即炮管组的转速），于是储能扭簧的后端仍与炮管组同步，而扭簧前端则以比炮管组的转速大的中心齿轮的转速回转。利用扭簧前后端的转速差，储能扭簧就在炮管回转方向受到拧紧而储存能量。当炮管组转动的动能转化为弹簧势能后，炮尾停止转动，射击停止。停射期间，储能扭簧前端的回转趋势受棘爪的制动，而后端则由扣机扣住内齿环而制动。于是，当放开内齿环后，储能扭簧就有一个在炮管回转方向上的扭矩作用在炮管组上。从储能簧的工作过程可以看出，如果没有预紧力，扭簧的转角将较大，这将延长储能时间，导致射击不能迅速停止，多耗费弹药。因此，为了缩短储能过程，扭簧必须有预紧力。为此，在储能杆系上增设了预紧环（图 8 - 30）。

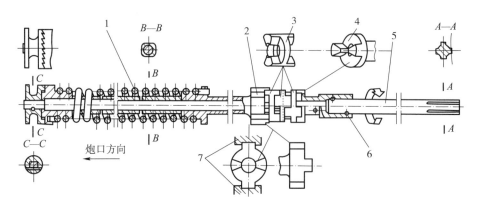

图 8 - 30　储能扭簧预紧及扭簧大转角结构示意

1—储能扭簧；2—连接导筒；3—大转角传递环；4—预紧环；5—储能杆；6—销；7—炮管组

　　装配时，当扭簧拧至一定预紧力后，用销将预紧环固定在储能杆上。固定前，将预紧环、大转角传递环和连接导筒的凸部相互啮合。如果仅靠一个连接导筒直接传动预紧环来增大扭簧的转角，将满足不了炮管的启动要求。因此，在储能杆上增设了若干个大转角传递环。传递环的数量根据扭簧储能驱动炮管组的最大转角来确定。

　　3. 协同动作

　　1）待发状态

　　（1）供弹机内装入弹带，储能机构处于非储能状态。

　　（2）4 发火药弹已装入火药弹室。

　　（3）自动机电发火机接通击发电源（使用电底火的弹药才有此程序）。

　　2）接通射击按钮

　　（1）首发启动装置的 1 号火药弹点燃，火药燃气推动齿条活塞，带动炮尾和炮管组转动。

　　（2）炮尾达到一定转速后，供弹机离合器接合，拨弹轮开始拨弹。

　　（3）首发弹药被拨入炮闩抓手，输弹入膛，闭锁和击发。

　　3）内能源自动机机构工作

　　（1）首发弹药被击发后，弹丸通过炮管气孔，部分火药气体顶开单向活门，气体迅速充满活塞腔，并推动活塞筒作直线运动。

　　（2）当击发管的火药气体顶开单向活门之后，与该活塞腔相连通的非击发管气孔的单向活门被腔内气体压力封闭，以防止气体泄漏。

　　（3）炮尾和炮管组转动，使自动机各机构工作，弹药击发后的火药燃气连续供给自动机机构工作，射击连续进行。

　　4）断开射击按钮

　　（1）供弹机电磁离合器脱开，供弹停止。同时，储能电磁铁电路接通，在扣机簧的作用下，扣机扣住行星齿系的内齿环。

（2）已进入膛内的弹药仍进行射击。

（3）行星齿系开始工作，当扭簧转到位后，自动机停止射击。

（4）储能动作结束。

5）再次射击

（1）储能扣机被提起。

（2）储能扭簧能量开始释放，炮管组回转，同时行星齿框和内齿环与炮管组同向转动。

（3）中心齿轮处于静止状态。

（4）待扭簧能量释放至扭簧预紧力时，中心齿轮与炮管组同向旋转。

（5）供弹机电磁离合器接合，供弹开始。

（6）首发弹药击发后，转入内能源自动机工作循环。

（7）射击继续进行。

第 9 章
火炮自动机动力学建模与分析

9.1 火炮自动机动力学建模

火炮自动机的工作过程具有明显的动态特性。自动机在工作时存在多个不同的运动过程，如各构件在基础构件带动下的连续传动运动，机构（或构件）参与（或退出）运动时的撞击等。火炮自动机各构件的弹性很小，对各构件的运动影响很小。在研究火炮自动机运动规律时，可以把自动机看作由刚性构件组成。因此，一般应用刚体系统动力学来研究火炮自动机动力学问题。为了方便，有时不考虑构件本身的结构尺寸，用集中质量点代替原有构件。研究火炮自动机的动态特性，应该先应用动力学理论来描述火炮自动机工作的物理过程，再建立火炮自动机数学模型。具体而言，对于自动机构连续传动运动这样的渐变过程，一般采用火炮自动机运动微分方程来描述；对于构件间撞击这样的突变过程，一般采用自动机特征点处撞击计算的方法来解决。通过这样的方法，就可以在分析自动机运动情况的基础上，建立火炮自动机动力学模型。

9.1.1 自动机运动微分方程

火炮自动机的基础构件依靠火药燃气赋予的能量或外部能源，来完成工作循环中的各个自动动作，实现自动机的运动。基础构件通过约束来带动工作构件运动，确定基础构件的运动之后，工作构件的运动诸元也就随之确定，基础构件的运动规律决定了各工作构件以至整个自动机的运动规律。

要确定基础构件的运动规律，首先是采用正确的数学物理模型来描述它，即建立基础构件的运动微分方程。基础构件通过约束带动工作构件运动，而工作构件也通过约束反过来影响基础构件的运动。对火炮自动机而言，就应建立考虑工作构件影响的基础构件的运动微分方程，即自动机运动微分方程。在方程中，自变量一般是时间；运动诸元是基础构件的，并且包括了工作构件运动诸元与基础构件运动诸元的关系。通过建立自动机运动微分方程，可以计算基础构件的运动诸元，工作构件的运动诸元也可以利用位移、速度、加速度、力和能量等方面关系换算得到。

9.1.1.1 简单凸轮机构运动微分方程的建立

火炮自动机中广泛采用凸轮机构，进行凸轮机构动力学分析是建立自动机运动微分方程的重要基础。对于图 9-1 所示的由基础构件 0 和工作构件 1 组成的简单凸轮机构，假设作用于基础构件 0 上的给定力的合力在其速度方向的分量为 F，作用于工作构件 1 上的给定力的合力在其速度反方向的分量为 F_1，基础构件的质量、位移、速度及加速度分别为 m、x、$\dot{x}$、$\ddot{x}$，工作构件的质量、位移、速度及加速度分别为 m_1、x_1、$\dot{x}_1$、$\ddot{x}_1$。根据动静法，考虑到构件的惯性力，则机构处于平衡状态，如图 9-2 所示。

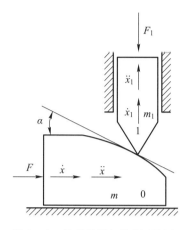 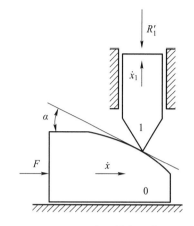

图 9-1　简单凸轮机构原理示意　　　　　图 9-2　力系简化示意

将作用在构件上的给定力分量与惯性力的合力称为有效力。那么，作用在基础构件 0 上的有效推力 R' 为

$$R' = F - m\ddot{x} \tag{9-1}$$

作用在工作构件 1 上的有效阻力 R_1' 为

$$R_1' = F_1 + m_1\ddot{x}_1 \tag{9-2}$$

根据虚功原理，对于处于静态平衡的物理系统，在理想约束下，作用于系统的外力在符合约束条件的任何虚位移上所做虚功的总和等于零，即作用于由基础构件 0 和工作构件 1 构成的系统上的有效推力和有效阻力的虚功之和等于零。以方程式来表达，有

$$R'\delta x - R_1'\delta x_1 = 0$$

在定常约束条件下，系统在某位置所发生的微小实位移是虚位移之一，因此有

$$R'\mathrm{d}x - R_1'\mathrm{d}x_1 = 0$$

即

$$R' = R_1'\frac{\mathrm{d}x_1}{\mathrm{d}x}$$

定义两个构件之间的运动速度之比为传速比，则基础构件 0 传动到工作构件 1 的传速比（简称"构件 0 到构件 1 的传速比"，或"构件 1 的传速比"）K_1 为

$$K_1 = \frac{\mathrm{d}x_1}{\mathrm{d}x} \tag{9-3}$$

考虑到约束的非理想性，各构件之间在进行传动时，约束之间存在由摩擦等原因导致的能量损耗，将构件 1 所获得的元功与构件 0 所消耗的元功之比用传动效率（或能量传递系数）η_1 表示，则有

$$\eta_1 = \frac{R_1'\mathrm{d}x_1}{R'\mathrm{d}x} \tag{9-4}$$

η_1（$0 < \eta_1 < 1$）称为由基础构件 0 传动到工作构件 1 的传动效率，简称"构件 0 到构

件 1 的效率"。传动效率 η_1 是考虑到约束处的摩擦力做功后引入的，已知的摩擦力则已经包含在给定力中。由此可得推广了的虚功原理，为

$$R' = \frac{1}{\eta_1}R_1'\frac{\mathrm{d}x_1}{\mathrm{d}x} = \frac{K_1}{\eta_1}R_1' \tag{9-5}$$

将式（9-1）和式（9-2）代入式（9-5），得

$$m\ddot{x} + \frac{K_1}{\eta_1}m_1\ddot{x}_1 = F - \frac{K_1}{\eta_1}F_1$$

由于

$$\dot{x}_1 = K_1\dot{x}$$

因此

$$\ddot{x}_1 = K_1\ddot{x} + \frac{\mathrm{d}K_1}{\mathrm{d}t}\dot{x} = K_1\ddot{x} + \frac{\mathrm{d}K_1}{\mathrm{d}x}\cdot\frac{\mathrm{d}x}{\mathrm{d}t}\dot{x} = K_1\ddot{x} + \frac{\mathrm{d}K_1}{\mathrm{d}x}\dot{x}^2$$

即，工作构件加速度是由基础构件加速度和基础构件对工作构件的速度比及其变化综合作用的结果。由此可得考虑了作平移运动工作构件影响的基础构件的运动微分方程，即自动机运动微分方程为

$$\left(m + \frac{K_1^2}{\eta_1}m_1\right)\ddot{x} + \frac{K_1}{\eta_1}m_1\frac{\mathrm{d}K_1}{\mathrm{d}x}\dot{x}^2 = F - \frac{K_1}{\eta_1}F_1 \tag{9-6}$$

式中，$\dfrac{K_1^2}{\eta_1}m_1$——工作构件的相当质量；

$\dfrac{K_1^2}{\eta_1}$——质量换算系数；

$\dfrac{K_1}{\eta_1}F_1$——工作构件的相当阻力；

$\dfrac{K_1}{\eta_1}$——力换算系数；

$\dfrac{K_1}{\eta_1}m_1\dfrac{\mathrm{d}K_1}{\mathrm{d}x}\dot{x}^2$——由于传速比变化引起的附加惯性阻力。

由于传速比 K_1 和传动效率 η_1 均随基础构件的位移而变化，因此考虑了工作构件影响的基础构件运动微分方程（自动机运动微分方程）是一个变系数微分方程。

9.1.1.2 定轴转动简单机构运动微分方程的建立

上面导出的自动机运动微分方程是最简单的工作构件作平移运动的情况，对于工作构件为定轴转动情况，如图 9-3 所示，假设作用于基础构件 0 上的给定力的合力在其速度方向的分量为 F，作用于工作构件 1 上的给定力矩的合力矩在其角速度反方向的分量为 F_1，基础构件的质量、位移、速度及加速度分别为 m、x、$\dot{x}$、$\ddot{x}$，工作构件对转轴的转动惯量、角位移、角速度及角加速度分别为 J_1、x_1、$\dot{x}_1$、$\ddot{x}_1$。根据动静法，考虑构件 0 的惯性力和构件 1 的惯性力矩，则机构处于平衡状态，如图 9-4 所示。

作用在基础构件 0 上的有效推力 R' 为

$$R' = F - m\ddot{x}$$

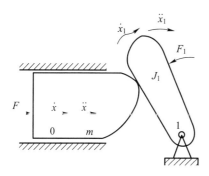

图 9 - 3　定轴转动机构原理示意

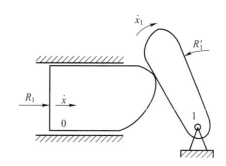

图 9 - 4　力系简化示意

作用在工作构件 1 上的有效阻力矩 R_1' 为

$$R_1' = F_1 + J_1 \ddot{x}_1$$

根据推广了的虚功原理式（9 - 5），可得考虑了作定轴转动工作构件影响的基础构件的运动微分方程，即自动机运动微分方程

$$\left(m + \frac{K_1^2}{\eta_1} J_1 \right) \ddot{x} + \frac{K_1}{\eta_1} J_1 \frac{\mathrm{d}K_1}{\mathrm{d}x} \dot{x}^2 = F - \frac{K_1}{\eta_1} F_1 \qquad (9-7)$$

可以看出，如果把式（9 - 6）中的 m_1 看作广义质量（含转动惯量），x_1、$\dot{x}_1$、$\ddot{x}_1$ 看作广义的位移（含角位移）、速度（含角速度）及加速度（含角加速度），F_1 看作广义力（含力矩），K_1 看作广义传速比（含带量纲的速比），则工作构件作平移运动与定轴转动的单工作构件自动机具有形式上统一的自动机运动微分方程。

9.1.1.3　多构件简单机构运动微分方程的推广

当基础构件同时带动多个作平移运动或定轴转动工作构件工作时，这些工作构件有串联和并联两种传动形式。无论采用哪种传动形式，只要机构是单自由度机构，就可以按前述方法推导出多构件简单机构运动微分方程。

设自动机由基础构件 0 和 n 个工作构件组成。根据动静法，作用在基础构件上的有效推力 R' 为

$$R' = F - m\ddot{x}$$

作用在工作构件上的有效阻力 R_i' 为

$$R_i' = F_i + m_i \ddot{x}_i \quad (i = 1, 2, \cdots, n)$$

式中，F——作用于基础构件 0 上的给定力的合力在其速度方向的分量；

F_i——作用于工作构件 i 上的给定力（给定力矩）的合力（合力矩）在其速度方向的分量，是广义上的力；

m——基础构件 0 的质量；

m_i——工作构件 i 的质量（转动惯量），是广义质量；

x、$\dot{x}$、$\ddot{x}$——基础构件 0 的位移、速度、加速度；

x_i、$\dot{x}_i$、$\ddot{x}_i$——工作构件 i 的位移（角位移）、速度（角速度）、加速度（角加速度），它们是广义的。

根据虚功原理，有

$$R' = \sum_{i=1}^{n} R_i' \frac{K_i}{\eta_i} \qquad (9-8)$$

式中，K_i——从基础构件 0 传动到第 i 个工作构件的传速比；

η_i——从基础构件 0 传动到第 i 个工作机构的传动效率。

传动关系需要考虑从基础构件 0 传动到第 i 个工作构件之间包含的所有处于传动链上的工作构件，而不包含其他没在传动链上的工作构件。

将有效推力和有效阻力的表达式代入，整理可得基础构件带动多个作平移运动或定轴转动工作构件工作时的运动微分方程，即自动机运动微分方程

$$\left(m + \sum_{i=1}^{n} \frac{K_i^2}{\eta_i} m_i \right) \ddot{x} + \sum_{i=1}^{n} \frac{K_i}{\eta_i} m_i \frac{\mathrm{d}K_i}{\mathrm{d}x} \dot{x}^2 = F - \sum_{i=1}^{n} \frac{K_i}{\eta_i} F_i \qquad (9-9)$$

9.1.1.4 平面运动机构运动微分方程的建立

在火炮自动机中，一般还有基础构件作平移运动、工作构件作平面运动的情况，即工作构件在随基础构件一起平移运动的同时，还相对基础构件作定轴转动，如图 9-5 所示。

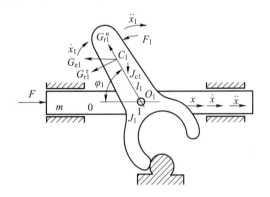

图 9-5 平面运动机构原理示意

基础构件 0 在给定力 F 的推动下，沿 x 方向运动，并带动作用有给定阻力矩 F_1 的工作构件 1 作平面运动，工作构件 1 的转轴在基础构件 0 上。假设基础构件 0 的质量、位移、速度及加速度分别为 m、x、$\dot{x}$、$\ddot{x}$，工作构件 1 的质量、角位移、角速度及角加速度分别为 m_1、x_1、$\dot{x}_1$、$\ddot{x}_1$，工作构件 1 的质心 C_1 至转轴 O_1 的距离为 l_1，l_1 与 x 方向的夹角为 φ_1，工作构件 1 对其质心 C_1 的转动惯量为 J_{c1}，工作构件 1 对其转轴 O_1 的转动惯量为 J_1。

根据动静法，考虑构件的惯性力，并将作用在工作构件 1 上惯性力向转轴 O_1 简化，得到作用于转轴 O_1 的惯性力系主矢为

$$\boldsymbol{G}_1 = \boldsymbol{G}_{e1} + \boldsymbol{G}_{r1}^{\tau} + \boldsymbol{G}_{r1}^{n}$$

及惯性力系主矩为

$$M_1 = G_{e1} l_1 \sin\varphi_1 + J_1 \ddot{x}_1$$

式中，$\boldsymbol{G}_{e1}$——由基础构件 0 运动引起的工作构件 1 的牵连惯性力，其大小为 $G_{e1} = m_1 \ddot{x}$；

$\boldsymbol{G}_{r1}^{\tau}$——由工作构件 1 的质心 C_1 偏离其转轴 O_1 引起的工作构件 1 相对基础构件 0 的切向惯性力，其大小为 $G_{r1}^{\tau} = m_1 l_1 \ddot{x}_1$；

$\boldsymbol{G}_{r1}^{n}$——由工作构件 1 的质心 C_1 偏离其转轴 O_1 引起的工作构件 1 相对基础构件 0 的法向惯性力，其大小为 $G_{r1}^{n} = m_1 l_1 \dot{x}_1^2$。

将惯性力系主矢向 x 方向及其垂直方向投影，得

$$G_1^x = G_{e1} + G_{r1}^n \cos\varphi_1 + G_{r1}^\tau \sin\varphi_1$$

$$G_1^y = G_{r1}^n \sin\varphi_1 - G_{r1}^\tau \cos\varphi_1$$

将作用在构件上的给定力分量与惯性力合并为有效力，则有效推力 R' 为

$$R' = F - m\ddot{x} - G_1^x - f G_1^y$$

$$= F - (m + m_1)\ddot{x} - m_1(\alpha_1 \ddot{x}_1 + \beta_1 \dot{x}_1^2)$$

式中

$$\alpha_1 = l_1(\sin\varphi_1 - f\cos\varphi_1)$$

$$\beta_1 = l_1(\cos\varphi_1 + f\sin\varphi_1)$$

有效阻力矩 R_1' 为

$$R_1' = F_1 + M_1 = F_1 + J_1 \ddot{x}_1 + \lambda_1 m_1 \ddot{x}$$

式中，$\lambda_1 = l_1 \sin\varphi_1$。

力系简化示意见图 9 – 6。

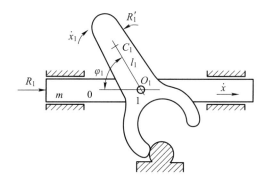

图 9 – 6　力系简化示意

根据推广了的虚功原理（9 – 5），可得考虑了平面运动工作构件影响的基础构件的运动微分方程，即自动机运动微分方程

$$\left(m + m_1 + \frac{K_1^2}{\eta_1}J_1 + \lambda_1 \frac{K_1}{\eta_1}m_1 + \alpha_1 K_1 m_1\right)\ddot{x} +$$

$$\left(\frac{K_1}{\eta_1}J_1 \frac{dK_1}{dx} + \alpha_1 m_1 \frac{dK_1}{dx} + \beta_1 K_1^2 m_1\right)\dot{x}^2 = F - \frac{K_1}{\eta_1}F_1 \qquad (9 - 10)$$

9.1.1.5　自动机动力学普遍微分方程

对于由基础构件带动工作构件进行工作的单自由度机构，工作构件通常有平移运动、定轴转动、平面运动等不同类型的运动形式。在实际的自动机机构中，基础构件一般会带动包含各种运动形式的多个工作构件进行工作。因而，需要推导出单自由度多工作构件的自动机动力学普遍微分方程。

设自动机由基础构件 0 和 n 个工作构件组成。其中，工作构件 $1 \sim n_1$ 为平动构件，工作构件（$n_1 + 1$）$\sim n_2$ 为定轴转动构件，工作构件（$n_2 + 1$）$\sim n$ 为转轴在基础构件 0 上的平面运动构件。

那么，含有平移运动、定轴转动、平面运动等不同类型运动形式的单自由度多工作构件的自动机动力学普遍微分方程为

$$\left[m + \sum_{i=1}^{n_1} \frac{K_i^2}{\eta_i} m_i + \sum_{i=n_1+1}^{n} \frac{K_i^2}{\eta_i} J_i + \sum_{i=n_2+1}^{n} \left(1 + \alpha_i K_i + \lambda_i \frac{K_i}{\eta_i} \right) m_i \right] \ddot{x} +$$

$$\left[\sum_{i=1}^{n_1} \frac{K_i}{\eta_i} m_i \frac{\mathrm{d}K_i}{\mathrm{d}x} + \sum_{i=n_1+1}^{n} \frac{K_i}{\eta_i} J_i \frac{\mathrm{d}K_i}{\mathrm{d}x} + \sum_{i=n_2+1}^{n} \left(\alpha_i \frac{\mathrm{d}K_i}{\mathrm{d}x} + \beta_i K_i^2 \right) m_i \right] \dot{x}^2 \qquad (9-11)$$

$$= F - \sum_{i=1}^{n} \frac{K_i}{\eta_i} F_i$$

式中，$\alpha_i = l_i (\sin\varphi_i - f\cos\varphi_i), i = n_2 + 1, n_2 + 2, n_2 + 3, \cdots, n;$

$\qquad \beta_i = l_i (\cos\varphi_i + f\sin\varphi_i), i = n_2 + 1, n_2 + 2, n_2 + 3, \cdots, n;$

$\qquad \lambda_i = l_i \sin\varphi_i, i = n_2 + 1, n_2 + 2, n_2 + 3, \cdots, n;$

$\qquad m$——基础构件 0 的质量；

$\qquad m_i$——工作构件 i 的质量；

$\qquad J_i$——工作构件 i 绕转轴的转动惯量；

$\qquad F$——作用于基础构件 0 上的给定力的合力在其速度方向的分量；

$\qquad F_i$——作用于工作构件 i 上的给定力（矩）的合力（矩）在其速度方向的分量，是广义力；

$\qquad K_i$、η_i——分别为基础构件 0 到工作构件 i 的传速比和传动效率；

$\qquad l_i$、φ_i——分别为工作构件 i 的质心到其转轴的距离和转角。

建立火炮自动机运动微分方程的方法有很多。理论上，工程力学的基本理论和方法都可以用来建立火炮自动机运动微分方程，如矢量力学法、动静法、虚功原理、拉格朗日方程、多刚体动力学方法、系统动力学方法等。这些方法虽然具有一般性，但是针对具体火炮自动机结构，其方法自身的特点影响到建模与分析的复杂程度与效率。无论采用什么方法，所建立的火炮自动机运动微分方程都应保证准确性和足够的精确度，且能够客观地反映火炮自动机在工作过程中的运动特性。

在建立火炮自动机运动微分方程时，应确定方程各项的系数，以求解运动微分方程来获得火炮自动机各构件的运动规律。在火炮自动机动力学中，通过引入传动效率来考虑摩擦的影响，通过引入传速比来考虑工作构件的影响，使得建模可以用规范化的方法得出规范形式的火炮自动机运动微分方程，而将研究具体结构归结为传速比、传动效率和各影响系数等自动机结构参数的确定。这些结构参数只取决于火炮自动机在各时刻的位形，整个自动机系统的位形则由基础构件的位形来确定。因此，结构参数仅为基础构件位移的函数，在解算运动微方程之前就可以确定。也就是说，在确定了自动机具体机构的结构参数之后，就相应确定了具体机构的运动规律。对于具体的自动机，在建立了规范形式的自动机运动微分方程之后，接下来就确定具体机构的结构参数及其变化规律。在这些结构参数中，传速比和传动效率是两个重要的结构参数。

9.1.2 传速比

对于由基础构件和 n 个工作构件组成的单自由度自动机构，整个自动机系统的位形是由基础构件的位形来确定的。因此，在研究自动机构运动规律时，只需要研究基础构件的运动规律，而各工作构件的运动规律则可以根据其相对于基础构件的关系求出。工作构件与基础构件之间的运动关系主要通过传速比的概念来联系。

设基础构件的速度为 $\dot{x}$，第 i 个工作构件的速度为 $\dot{x}_i(i=1,2,3,\cdots,n)$。定义工作构件 i 的速度与基础构件的速度之比为传速比，即基础构件传动到工作构件 $i(i=1,2,3,\cdots,n)$ 的传速比，记为

$$K_i = \frac{\dot{x}_i}{\dot{x}} \qquad (i=1,2,3,\cdots,n) \qquad (9-12)$$

即

$$K_i = \frac{\dfrac{\mathrm{d}x_i}{\mathrm{d}t}}{\dfrac{\mathrm{d}x}{\mathrm{d}t}} = \frac{\mathrm{d}x_i}{\mathrm{d}x} \quad (i=1,2,3,\cdots,n) \qquad (9-13)$$

即基础构件到第 i 个工作构件的传速比相当于第 i 个工作构件的位移对基础构件的位移的导数。

此处的传速比是瞬时传速比，是随着基础构件运动而变化的。需要注意的是，传速比是机构的结构参数，仅取决于机构的位形。当机构一定时，传速比也就确定了，即传速比在确定基础构件的运动规律之前就可以确定，这也是求解规范化自动机运动微分方程的重要基础。

确定传速比的常用方法有微分法和极速度图法（速度多边形法）等。

1）微分法

微分法主要是在已知工作构件位移与基础构件位移的函数关系的情况下，用微分位移之比来求传速比。若 $x_1 = f(x)$ 已知，则曲线 $x_1 = f(x)$ 的斜率即为基础构件 0 到工作构件 1 的传速比 K_1，该情况下的求解比较简便。不过，对于较复杂的机构，工作构件位移与基础构件位移的关系式通常较复杂，对其直接进行微分求导并不容易，还需要借助其他方法来求解。

2）极速度图法（速度多边形法）

在图 9-1 所示简单凸轮机构中，构件 0 为基础构件，构件 1 为工作构件，其位移分别为 x、x_1，其速度分别为 $\dot{x}$、$\dot{x}_1$，其速度的大小分别为 $\dot{x}$、$\dot{x}_1$，构件 0 上的凸轮曲线为凸轮理论轮廓曲线。

从基础构件 0 传动到工作构件 1 的传速比 K_1 为

$$K_1 = \frac{\mathrm{d}x_1}{\mathrm{d}x} = \frac{\dot{x}_1}{\dot{x}}$$

由理论力学中的速度合成定理可知

$$\dot{x}_1 = \dot{x} + \dot{x}_{01}$$

式中，$\dot{x}$ 和 $\dot{x}_1$ 的方向均已知，相对速度 $\dot{x}_{01}$ 的方向为沿构件 0 和 1 接触点的切线方向。

任取一点 p 作为极速度图的极点，过点 p 沿 x 方向取一方便长度 pa 代表 $\dot{x}$，过 a 点作构件 0 和构件 1 接触点的切线方向平行线 ab（x_{01} 的方向），过 p 点作 x_1 方向直线，两方向直线交于 b 点，所得 $\triangle pab$ 即为极速度图，如图 9-7 所示。

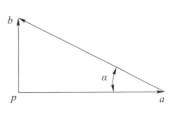

图 9-7　极速度图

图中，$\overline{pa}$代表$\dot{x}$，$\overline{pb}$代表$\dot{x}_1$，$\overline{ab}$代表$\dot{x}_{01}$。传速比K_1为

$$K_1 = \frac{\dot{x}_1}{\dot{x}} = \frac{\overline{pb}}{\overline{pa}} \qquad (9-14)$$

根据$\overline{pb}$和$\overline{pa}$的长度数值，就可以得到机构在该位形下，基础构件 0 到工作构件 1 的传速比。

对于多构件组成的串联传动机构，基础构件到工作构件i的传速比K_i为相邻构件间的传速比的连乘积

$$\begin{aligned} K_i &= \frac{\mathrm{d}x_i}{\mathrm{d}x} = \frac{\mathrm{d}x_1}{\mathrm{d}x} \cdot \frac{\mathrm{d}x_2}{\mathrm{d}x_1} \cdot \frac{\mathrm{d}x_3}{\mathrm{d}x_2} \cdot \cdots \cdot \frac{\mathrm{d}x_{i-1}}{\mathrm{d}x_{i-2}} \cdot \frac{\mathrm{d}x_i}{\mathrm{d}x_{i-1}} \\ &= K_1 \cdot K_{1,2} \cdot K_{2,3} \cdot \cdots \cdot K_{i-2,i-1} \cdot K_{i-1,i} \qquad (9-15) \\ &= \prod_{j=1}^{i} K_{j-1,j} \end{aligned}$$

式中，$K_{j-1,j} = \dfrac{\mathrm{d}x_j}{\mathrm{d}x_{j-1}}$（$j = 1, \cdots, i$）为相邻的工作构件$j-1$传动到工作构件$j$的传速比。

9.1.3　传动效率

下面介绍传动效率的确定方法。以简单面凸轮机构为例，应用动静法，加上惯性力之后，系统处于平衡状态。加上约束反力而去掉约束，应用隔离体法进行受力分析。

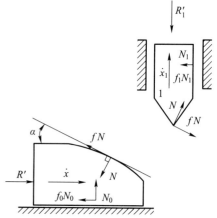

如图 9 – 8 所示，作用在基础构件上的力有有效推力R'及约束反力，作用在工作构件上的力有有效阻力R'_1及约束反力。基础构件 0 带动工作构件 1 是依靠它们之间的机构约束来实现的，其间的约束反力（法向约束反力）为N。由于约束非理想，因此产生摩擦力（切向约束反力）。假定摩擦力为库仑摩擦力，摩擦系数为f，即切向约束反力为fN。N和fN将引起导轨处产生法向约束反力N_0和N_1，由于约束非理想，因此将产生切向约束反力（摩擦力）f_0N_0和f_1N_1。

图 9 – 8　简单凸轮机构受力分析

需要注意，传动效率用于考虑在传动过程中，由于非理想约束条件，由约束反力R所引起的摩擦损耗（即切向约束反力fN、f_0N_0和f_1N_1所引起的能量损耗），不是系统的全部摩擦损耗。由外力引起的导轨的反力所产生的摩擦力属于外力，只在计算外合力时考虑。

根据传动效率的概念，由基础构件 0 传动到工作构件 1 的传动效率为

$$\eta_1 = \frac{R'_1 \mathrm{d}x_1}{R' \mathrm{d}x} = \frac{R'_1}{R'} K_1$$

以各构件为示力对象来列出力平衡方程。对工作构件 1，有

$$N_1 = N(\sin\alpha + f\cos\alpha)$$
$$R'_1 = N(\cos\alpha - f\sin\alpha) - f_1 N_1$$
$$= N[\cos\alpha - (f + f_1)\sin\alpha - ff_1\cos\alpha]$$

对基础构件 0，有

$$N_0 = N(\cos\alpha - f\sin\alpha)$$

$$R' = N(\sin\alpha + f\cos\alpha) + f_0 N_0$$

$$= N[\sin\alpha + (f + f_0)\cos\alpha - ff_0\sin\alpha]$$

$$\eta_1 = \frac{R'_1}{R'}K_1 = \frac{\cos\alpha - (f - f_1)\sin\alpha - ff_1\cos\alpha}{\sin\alpha + (f + f_0)\cos\alpha - ff_0\sin\alpha}K_1$$

由于简单凸轮机构传速比 $K_1 = \tan\alpha$，则

$$\eta_1 = \frac{1 - (f + f_1)\tan\alpha - ff_1}{1 + (f + f_0)\cot\alpha - ff_0} \tag{9-16}$$

实际上，当不考虑摩擦时，即可令所有摩擦系数等于 0，则 $\eta_1 = 1$，由式（9-5）可知

$$K_1 = \left(\frac{R'}{R'_1}\right)\Big|_{f=0} \tag{9-17}$$

即，通过力分析可以直接得到传速比。

在自动机运动微分方程中，传动效率并不单独存在，而是与传速比一起构成力换算系数或质量换算系数等，计算常按这两个复合结构参数进行。力换算系数为

$$\frac{K_1}{\eta_1} = \frac{R'}{R'_1} \tag{9-18}$$

质量换算系数为

$$\frac{K_1^2}{\eta_1} = \frac{R'}{R'_1}\left(\frac{R'}{R'_1}\right)_{f=0} \tag{9-19}$$

对于一般机构，参照上面的方法，从受力分析入手，在约束处用法向约束力及摩擦力来代替约束，经过代换，最终导出有效推力 R' 与有效阻力 R'_1 之间的关系，即求出机构力换算系数的表达式。

需要说明的是，求力换算系数时，只需求得 R' 和 R'_1 的比例关系，该比例关系是机构位形的函数，是由给定机构位形唯一确定的，而与具体运动状态无关。然后，令力换算系数表达式中的所有摩擦系数为零，即可得到传速比的表达式。这种方法可以方便地求出传速比，而不必用极速度图或其他方法专门求解。然而，采用极速度图法求传速比时，物理概念清晰，计算求解直观。为了避免出错，应采用极速度图法进行传速比求解，并与采用力换算系数法的计算结果进行对比验证。在求出力换算系数和传速比之后，即可求出质量换算系数，从而明确了力换算系数、传速比、质量换算系数这三个求解自动机运动微分方程所必需的参量。从通用性和难易性的角度来看，力换算系数的求解方法是最基本、最重要的方法。

对于基础构件带动多个工作构件运动的情况，只需在基础构件和所关注的那个工作构件上加上有效推力 R' 和有效阻力 R'_1，其他构件只起传递力的作用，且不加有效阻力，然后按照上述类似的方法对系统进行分析，则可以得到相应的力换算系数、传速比、质量换算系数等。

9.1.4　逆传动

在自动机的工作过程中，通常基础构件带动工作构件运动，基础构件是主动构件，工作

构件是从动构件，这种传动形式称为正传动。正传动时，基础构件通过与工作构件之间的约束将能量传递给工作构件。但是，在特定运动阶段、特定条件下，基础构件与工作构件的主从动关系可能发生变化——基础构件变为从动构件、工作构件变为主动构件。此时，工作构件反过来带动基础构件运动，这种传动形式称为逆传动。逆传动时，各构件的运动方向虽然与正传动时相同，但是工作构件通过与基础构件之间的约束把能量反传给基础构件。由正传动转为逆传动称为传动换向。

在正常传动过程中，由于基础构件与工作构件之间存在约束，基础构件带动工作构件运动的同时，工作构件阻碍基础构件运动，两种构件间的运动存在一定速度关系（传速比）。若在运动过程中的某个时刻，传速比或基础构件速度突然减小，则在该时刻的前后，工件构件可能出现两种运动状态：一种是当两种构件间的约束为单面约束时，工作构件会因惯性而以突变前的速度惯性脱离；另一种是当两种构件间的约束为双面约束时，工作构件因惯性脱离的趋势受到基础构件的限制，约束面换向，形成逆传动。由此可知，双面约束是出现传动转向，形成逆传动的必要条件。当出现传动换向时，约束面换向（即约束反力换向），则有效力换向，形成逆传动。因此，传动构件间约束反力换向是出现传动换向，形成逆传动的充分条件。由于运动是连续的，约束反力换向要经过零点，所以当反约束力为零时，传动构件互不作用，这就是传动换向的时机（在单面约束情况下，就是指工作构件脱离基础构件，二者开始互不作用的时机），据此可以建立机构传动换向时机判别式。

要精确地确定传动换向时机，须知构件运动加速度和给定力的合力。但是，在进行运动分析之前，这些数据通常是未知的。因此，很难预先确定传动换向时机。确定传动换向时机，通常是在求解基础构件运动微分方程的过程中，将求得的构件加速度和给定力代入判别式，逐步探求。

逆传动相对于正传动，其有效力及法向约束反力换向，而运动方向及相对运动方向不变，即摩擦力方向不变。也就是说，逆传动的力平衡方程是在正传动的方程形式上，将有效力及法向反力都冠以"负号"，而摩擦力不变。也可以看成，与正传动相比，有效力及法向约束反力不变，仅摩擦力都冠以"负号"了，即相当于摩擦力换方向。因此，只需改变正传动效率表达式中所有摩擦系数项的符号，就可以得到逆传动时的名义传动效率。

在判明出现逆传动后，可保持基础构件的运动微分方程形式不变，把正传动中力换算系数和质量换算系数表达式中的摩擦系数项的符号改变，作为逆传动中的力换算系数和质量换算系数，继续求解。对于单面约束机构，当发生传动换向，就意味着工作构件与基础构件脱离。

9.1.5 机构撞击

前面研究的自动机各机构的运动是连续的、渐变的，在运动过程中，基础构件在微小时间间隔内只产生微小动量变化。但是，在射击过程中，自动机各机构和构件是按照一定时序断续工作的，不断有机构和构件加入或退出运动。在机构和构件加入或退出时，基础构件的运动状态将发生突变，相应地，自动机运动微分方程中的各项也将发生突变。此外，若运动构件突然受阻或构件间传速比突然改变，也会引起自动机运动微分方程中的各项发生突变。在突变点上，位移是连续的，而速度可能连续也可能不连续。机构在运动过程中因突然受阻，或受到外界冲击，或从动构件加入运动，或传速比突变等，使机构运动速度发生跳跃式改变（急剧变化）的现象称为撞击。

撞击是作相对运动的自动机构件之间能量进行急剧传递的过程。撞击过程的作用时间极短，往往只有几毫秒，甚至更短。受撞击作用，构件运动速度发生有限值的变化，撞击构件的瞬时加速度和撞击构件间的作用力巨大，此作用力称为撞击力。撞击力是进行自动机构件强度分析与结构设计时必须考虑的。

构件间的撞击过程大致可以分为变形阶段和恢复阶段。当相撞击的两个构件开始接触时，沿接触面法线方向具有相对速度。由于该相对速度，相撞构件相互挤压，从而引起构件相撞点附近发生接触变形，直到法向相对速度为零为止；由于此阶段主要是构件产生变形，因此称为变形阶段。此后，构件借助其弹性会部分或全部地恢复原形，直到两构件脱离接触为止，这一阶段称为恢复阶段。此后，两种构件按其脱离接触瞬时的各自速度继续运动。

在自动机各机构发生撞击的点，自动机运动微分方程中各项突变。通常将撞击点作为分段求解的分界点，计算撞击后运动诸元的起始值，从而继续求解各项改变了的自动机运动微分方程。

自动机构件间的撞击是一个复杂的过程，在撞击过程中，不仅在两构件间进行能量传递，而且存在一定能量损耗。这里研究撞击的主要目的是确定撞击对机构运动速度的影响，因此应用撞击理论的基本原理，对自动机构作简化处理，通常采用以下基本假设：

（1）刚性假设。忽略构件的整体变形，不计撞击瞬时的构件局部变形与恢复，假定构件间的撞击为刚体间的撞击。

（2）瞬时性假设。假设撞击是在瞬时完成的，撞击前后构件的位形不变，只有速度由于冲量作用发生突变，且作用在构件上的外力（如重力、弹簧力、导轨摩擦阻力等）远小于撞击力（构件间相互作用力），外力可以忽略不计。

（3）恢复系数假设。实验表明，两构件发生撞击时，不论撞击前后的运动速度如何，撞击前后两构件在冲量方向上的相对速度的比值是常数，其数值主要取决于撞击构件的材料性质，与构件的形状、大小的关系不大，称该比值为恢复系数（法向恢复系数）。

根据撞击前后构件的速度方向与撞击冲量方向的情况，自动机构件间的撞击可以分为两种类型：正撞击和斜撞击。

1. 正撞击计算

根据撞击理论，两构件撞击时，作用于两构件撞击接触面的撞击冲量方向为撞击接触面在撞击点处的法线方向。若撞击前后构件的速度方向与撞击冲量方向一致，则称这种撞击为正撞击；若不一致，则称为斜撞击。

在自动机各机构运动中，很多构件沿同一方向作直线运动。如图 9-9 所示，构件 A、B 发生正撞击，已知构件质量分别为 m_A 和 m_B，撞击前的速度分别为 V 和 V_1（$V > V_1$），撞击后的速度分别为 V' 和 V_1'。撞击时，不考虑非撞击力的外力，可认为构件 A、B 的总动量在撞击前后不变。根据动量守恒定理，撞击前后的动量有如下关系：

$$m_A V + m_B V_1 = m_A V' + m_B V_1' \tag{9-20}$$

由恢复系数假设，有

$$b = \frac{V_1' - V'}{V - V_1} \tag{9-21}$$

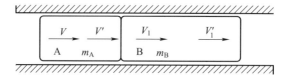

图 9 – 9　两构件正撞击

式中，b 为恢复系数，其值由实验测定，$0 < b < 1$。

可得两构件撞击后的速度 V' 和 V_1' 分别为

$$\left.\begin{aligned} V' &= V - \frac{m_1}{m + m_1}(1 + b)(V - V_1) \\ V_1' &= V_1 + \frac{m}{m + m_1}(1 + b)(V - V_1) \end{aligned}\right\} \tag{9 – 22}$$

两个绝对塑性构件撞击时，恢复系数 $b = 0$，撞击后变形完全不恢复，两构件不能分开，这种情况通常由机构的结构来保证。两构件撞击后的速度 V' 和 V_1' 相同，为

$$V' = V_1' = \frac{mV + m_1 V_1}{m + m_1} \tag{9 – 23}$$

两个绝对弹性构件撞击时，恢复系数 $b = 1$，撞击后变形完全恢复，在撞击前后的相对速度的绝对值相等，但符号相反，在此情况下，有

$$V_1' - V' = V - V_1$$

两个构件撞击后的速度 V' 和 V_1' 分别为

$$\left.\begin{aligned} V' &= V - \frac{2m_1}{m + m_1}(V - V_1) \\ V_1' &= V_1 + \frac{2m}{m + m_1}(V - V_1) \end{aligned}\right\} \tag{9 – 24}$$

除绝对弹性的撞击外，撞击构件在撞击过程中，总是伴随有动能的损耗。撞击损耗的动能 ΔE 为撞击前后系统总动能之差，或撞击前后构件 A 的动能减少量与构件 B 的动能增量之差，即

$$\Delta E = \frac{1}{2}m(V^2 - V'^2) - \frac{1}{2}m_1(V_1'^2 - V_1^2)$$

将两构件撞击后的速度 V' 和 V_1' 代入，整理后可得

$$\Delta E = \frac{1}{2}\frac{mm_1}{m + m_1}(1 - b^2)(V - V_1)^2 \tag{9 – 25}$$

运用上述正撞击公式研究自动机各构件间的正撞击时，应根据具体情况合理选取恢复系数，以求计算结果符合实际情况。

2. 斜撞击计算

在自动机各机构运动中，大多数构件间的撞击都不是简单的正撞击，而是构件运动方向与撞击冲量方向呈一定交角的撞击，即斜撞击。

仍以简单凸轮机构为例（图 9 – 10），分析斜撞击后速度的确定方法。

撞击前，构件 0 和构件 1 分别在外力 F 和 F_1 的作用下，各以速度 V 和 V_1 运动。撞击的

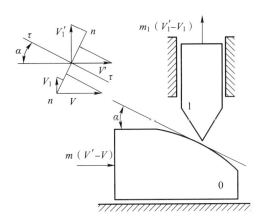

图 9 – 10　两构件斜撞击

必要条件是 $V > \dfrac{V_1}{K_1}$，其中 K_1 为撞击瞬时对应位置构件 0 到构件 1 的传速比。

根据冲量定理，构件 0 和构件 1 分别有

$$m(V - V') = \int_0^\tau R \mathrm{d}t$$

$$m_1(V_1' - V_1) = \int_0^\tau R_1 \mathrm{d}t$$

式中，τ——撞击时间。在撞击过程中，经历的时间很短。

R、R_1——分别为作用于构件 0 和构件 1 的撞击力在其速度方向的分量。

撞击力与传速比 K_1 和传动效率 η_1 之间有如下关系：

$$R = \frac{K_1}{\eta_1} R_1$$

由于撞击过程很短，撞击前后机构的位形不变，所以传速比 K_1 和传动效率 η_1 不变，从而有

$$m(V - V') = \frac{K_1}{\eta_1} \int_0^\tau R_1 \mathrm{d}t$$

可得

$$m(V - V') = \frac{K_1}{\eta_1} m_1(V_1' - V_1) \tag{9 – 26}$$

该式即为两构件斜撞击系统系统在基础构件速度方向上的动量守恒方程，可以整理为

$$m(V - V') = \frac{K_1^2}{\eta_1} m_1\left(\frac{V_1'}{K_1} - \frac{V_1}{K_1}\right) \tag{9 – 27}$$

法向恢复系数表达式为

$$b = \frac{\dfrac{V_1'}{K_1} - V'}{V - \dfrac{V_1}{K_1}} \tag{9 – 28}$$

可得撞击后速度计算式为

$$V' = V - \frac{\dfrac{K_1^2}{\eta_1} m_1}{m + \dfrac{K_1^2}{\eta_1} m_1}(1 + b)\left(V - \frac{V_1}{K_1}\right) \left.\begin{array}{c} \\ \\ \\ \\ \\ \\ \end{array}\right\}$$

$$\frac{V_1'}{K_1} = \frac{V_1}{K_1} + \frac{m}{m + \dfrac{K_1^2}{\eta_1} m_1}(1 + b)\left(V - \frac{V_1}{K_1}\right) \tag{9-29}$$

从形式上看，斜撞击可以看作将被撞击构件转换到撞击构件运动方向上的正撞击。斜撞击计算相当于转换后的正撞击计算，被撞击构件的相当速度为 $\dfrac{V_1}{K_1}$、相当质量为 $\dfrac{K_1^2}{\eta_1} m_1$。正撞击可以视为斜撞击中 $K_1 = 1$ 和 $\eta_1 = 1$ 的特殊情况。

在火炮自动机机构间的撞击中，常存在完全塑性撞击（$b = 0$）的情况，有

$$V' = \frac{mV + \dfrac{K_1^2}{\eta_1} m_1 \dfrac{V_1}{K_1}}{m + \dfrac{K_1^2}{\eta_1} m_1} \left.\begin{array}{c} \\ \\ \\ \\ \\ \end{array}\right\}$$

$$\frac{V_1'}{K_1} = V' \tag{9-30}$$

在工作过程中，自动机的撞击条件与上述理想化的撞击理论条件不同，在进行自动机机构撞击计算时，应考虑这种与假设条件不一致所引起的偏差。针对自动机机构的撞击计算，必须选择恢复系数 b 的值，使计算尽量接近构件撞击后运动的实际情况。合理选择恢复系数 b 的值，是进行自动机机构撞击计算的关键之一。基于自动机钢制零件间撞击时的经验数据，恢复系数 $b = 0.3 \sim 0.55$，通常取 0.4 进行计算。但是，在实际工程中，通过大规模精确实验研究来获取恢复系数并不容易，往往把恢复系数作为实验的符合系数。

9.1.6　自动机动力学建模示例

为便于理解火炮自动机工程设计分析方法，本节将分别给出自动机运动微分方程建模示例、传速比和传动效率的计算示例。

9.1.6.1　自动机运动微分方程建模示例

【例 9-1】建立 59 式 57 自动机闭锁时，以闩座为基础构件的运动微分方程。

炮闩输弹到位闭锁时，闩座继续复进，而闩体的抽筒钩则抵在不动的身管端面上作旋转运动。

设：m——闩座的质量；

J——闩体对其转轴的转动惯量；

K——从闩座传动到闩体的传速比；

$\dfrac{K}{\eta}$——从闩座传动到闩体的力换算系数；

P——炮闩复进簧力。

由于曲线槽的倾角 δ 为常量，所以传速比和力换算系数均为常量，且 $\dfrac{dK}{dx} = 0$。不考虑闩

座所受的重力，以闩座为基础构件的运动微分方程为

$$m' \frac{\mathrm{d}^2 x}{\mathrm{d}t^2} = P$$

式中，m'——相当质量，$m' = m + \frac{K^2}{\eta} J$；

　　　x——闩座的位移。

　　炮闩复进簧力 P 为

$$P = P_0 - cx$$

式中，P_0——复进簧初力；

　　　c——复进簧刚度系数。

　　由于相当质量 m' 为常量，因此，所建立方程为常数质量构件在弹簧作用下的运动微分方程。

　　【例 9-2】 建立 65 式 37 自动机在后坐强制开闩阶段，以后坐部分（炮身）为基础构件的运动微分方程。

　　在此阶段，供弹机构的活动梭子继续上升（空回）。在建立微分方程时，假设开闩杠杆等回转构件的质心在其转轴上。于是，在强制开闩阶段以炮身为基础构件的运动微分方程为

$$\left(m_0 + \frac{K_1^2}{\eta_1} m_1 + \frac{K_2^2}{\eta_2} J_2 + \frac{K_3^2}{\eta_3} m_3 + \frac{K_4^2}{\eta_4} m_4 \right) \ddot{x}$$

$$= P_{pt} + P_4 - (P_f + \varphi_0 + R_f) - \frac{K_1}{\eta_1} F_1 - \frac{K_3}{\eta_3} F_3 - \frac{K_4}{\eta_4} P_4 -$$

$$\left(\frac{K_2}{\eta_2} J_2 \frac{\mathrm{d}K_2}{\mathrm{d}x} + \frac{K_3}{\eta_3} m_3 \frac{\mathrm{d}K_3}{\mathrm{d}x} + \frac{K_4}{\eta_4} m_4 \frac{\mathrm{d}K_4}{\mathrm{d}x} \right) \dot{x}^2$$

式中，m_0——后坐部分质量；

　　　m_1——活动梭子的质量；

　　　J_2——开闩杠杆对转轴的转动惯量；

　　　m_3——闩体的质量；

　　　m_4——关闩弹簧杆的质量；

　　　K_1、$\frac{K_1}{\eta_1}$——分别为从炮身传动到活动梭子的传速比和力换算系数；

　　　K_2、$\frac{K_2}{\eta_2}$——分别为从炮身传动到开闩杠杆的传速比和力换算系数；

　　　K_3、$\frac{K_3}{\eta_3}$——分别为从炮身传动到闩体的传速比和力换算系数；

　　　K_4、$\frac{K_4}{\eta_4}$——分别为从炮身传动到关闩弹簧杆的传速比和力换算系数；

　　　P_{pt}——炮膛合力；

　　　P_4——关闩弹簧力；

　　　P_f——炮身复进簧力；

　　　ϕ_0——制退机液压阻力；

R_f——对后坐部分的摩擦阻力；

F_1——活动梭子上升时，在其速度方向的阻力，是活动梭子所受的重力和压弹齿扭簧阻力的合力；

F_3——开闩时作用于闩体速度方向的阻力，是闩体所受的重力和闩体与药筒底及与炮尾定向槽间的摩擦力的合力；

x——后坐部分（炮身）的位移；

$\dot{x}$——后坐部分（炮身）的速度；

$\ddot{x}$——后坐部分（炮身）的加速度。

在强制开闩阶段，K_1 为常数，若 $P_{pt}=0$，则运动微分方程可写为

$$\left(m_0 + \frac{K_1^2}{\eta_1}m_1 + \frac{K_2^2}{\eta_2}J_2 + \frac{K_3^2}{\eta_3}m_3 + \frac{K_4^2}{\eta_4}m_4\right)\ddot{x}$$

$$= P_4 - (P_f + \varphi_0 + R_f) - \frac{K_1}{\eta_1}F_1 - \frac{K_3}{\eta_3}F_3 - \frac{K_4}{\eta_4}P_4 -$$

$$\left(\frac{K_2}{\eta_2}J_2\frac{dK_2}{dx} + \frac{K_3}{\eta_3}m_3\frac{dK_3}{dx} + \frac{K_4}{\eta_4}m_4\frac{dK_4}{dx}\right)\dot{x}^2$$

本阶段持续到曲柄在开闩板中间圆弧上接触工作的结束点。下一段圆弧符合 $\frac{dK_3}{dx}<0$ 条件，曲柄与开闩板脱离接触，闩体作惯性开闩运动。

9.1.6.2 传速比和传动效率的计算示例

【例 9 – 3】某自动机闭锁机构由闩体、闩座、闭锁块、滑筒、炮箱等组成，为对称结构，如图 9 – 11 所示。

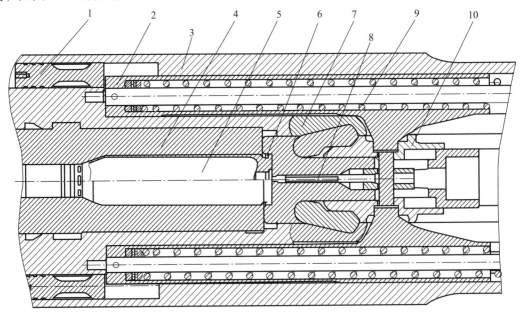

图 9 – 11 自动机闭锁机构示意

1—输弹活塞；2—输弹机；3—炮箱本体；4—身管；5—弹药；
6—闩体；7—支撑销；8—击针；9—闭锁块；10—闩座

1. 闭锁机构工作原理

该自动机采用导气式工作原理、鱼鳃撑板闭锁结构、多股弹簧输弹机。停射时，炮闩被阻铁扣住，带着输弹滑筒压缩输弹簧位于炮箱后方；射击时，阻铁向下移动，释放闩座。在输弹簧的推力作用下，输弹滑筒带动炮门推弹向前运动，完成输弹关闩动作，直至将弹药推入膛内。闩体在压缩药筒一段较短的距离后，闩体停止运动，闩座继续前移，通过 A 面挤压闭锁块向外旋转，闭锁块向外旋转角度 θ，炮门形成闭锁如图 9-12 和图 9-13 所示。

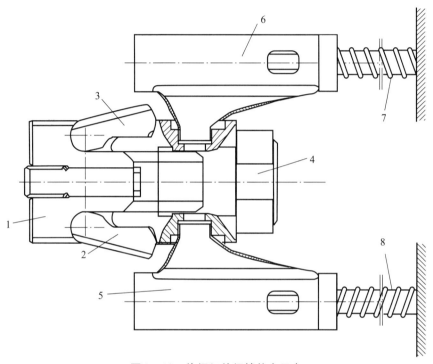

图 9-12　炮门组件闭锁状态示意

1—闩体；2、3—左、右闭锁块；4—闩座；5、6—左、右输弹滑筒；7、8—左、右输弹簧

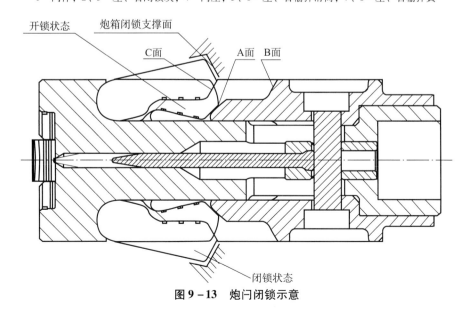

图 9-13　炮门闭锁示意

闩座撑开闭锁块后，带动击针继续复进打击底火击发弹药，闩座 B 面刚性撞击闭锁块 C 面，闩座停止向前运动，由于输弹簧带动滑筒、闩座等向前的能量较大，使得闩座带动滑筒反跳。正常情况下，击发后膛压迅速上升，形成向后的炮膛合力。在开闩前闩座的自由行程阶段，炮膛合力通过闩体作用于闭锁块，由于炮箱闭锁支撑面对闭锁块不能形成自锁，故在炮膛合力的作用下，闭锁块内收对闩座形成楔紧力（其受力状况如图 9-14 所示），阻止闩座继续反跳，形成刚性闭锁。当弹丸通过身管开闩导气孔后，膛内的高压气体通过身管及炮箱导气孔作用于输弹活塞，撞击输弹滑筒，使其压缩输弹簧并带动闩座、闩体、击针、闭锁块及药筒等向后运动，实现开锁、开闩、抽壳等自动循环动作。

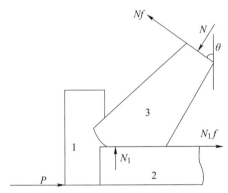

图 9-14 闭锁击发状态闭锁机构受力示意

1—闩体；2—闩座；3—闭锁块

图中，P——膛底合力；

N、Nf——分别为闭锁支撑面上受到的正压力和摩擦力，f 为摩擦系数；

N_1、$N_1 f$——分别为闩座与闭锁块之间的正压力和摩擦力。由闭锁块的受力平衡方程，得

$$N_1 f + \frac{P}{2} = N(\cos\theta + f\sin\theta)$$

$$N_1 = N(\sin\theta - f\cos\theta)$$

可得开锁时的楔紧摩擦力 R_3 为

$$R_3 = 2N_1 f = \frac{Pf(\sin\theta - f\cos\theta)}{(1 + f^2)\cos\theta}$$

式中，θ——闭锁支撑面倾角。

2. **开锁阶段的传速比和传动效率**

在开锁过程中，左、右滑筒带动闩座向后运动，闭锁块沿闭锁支撑面向内摆动收拢。取开锁行程中的某个位置作极速度图，如图 9-15 所示。

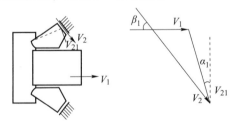

图 9-15 开锁阶段闭锁块极速度图

图中，V_1——闩体的速度；

　　　　V_2——闭锁块替换点（与炮箱闭锁支撑面接触中点）的绝对速度；

　　　　V_{21}——闭锁块替换点相对于闩体的速度；

　　　　α_1——闭锁块开锁过程中偏转角度（$0 \sim 13°$）；

　　　　β_1——闭锁支撑面法线与炮膛轴线之间的夹角。

可得闩体与闭锁块之间的传速比 K_3 为

$$K_3 = \frac{V_2}{V_1} = \frac{\sin(90° + \alpha_1)}{\sin(\beta_1 + \alpha_1)} = \frac{\cos\alpha_1}{\sin(\beta_1 + \alpha_1)}$$

　　开锁时，闩体与闭锁块之间的传动效率 η_3 为

$$\eta_3 = \frac{1 - f\cot(\beta_1 + \alpha_1)}{1 + 2f\cot(90° + \alpha_1)} = \frac{1 - f\cot(\beta_1 + \alpha_1)}{1 + 2f\cot\alpha_1}$$

　　3. 闭锁时闩座与闭锁块之间的传速比和传动效率

　　闭锁时，闩座与闭锁块发生斜碰撞，迫使闭锁块撑开。图 9 – 16 所示为闭锁时闭锁块的极速度图，由该图可求得斜碰撞时闭锁块与闩座之间的传速比 K_{3b} 为

$$K_{3b} = V_2/V_1 = \sin\alpha/\sin\beta$$

式中，V_1——闩座的速度；

　　　　V_2——闭锁块替换点（在与闭锁斜面接触处）的绝对速度；

　　　　V_{21}——闭锁块替换点相对于闩体的速度；

　　　　α——闩座闭锁斜面与炮膛轴线之间的夹角；

　　　　β——闭锁块质量替换点的速度与闭锁块闭锁面之间的夹角。

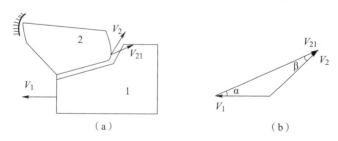

图 9 – 16　闭锁时闭锁块的极速度图

（a）运动简图；（b）极速度图

1—闩座；2—闭锁块

　　闭锁时，闩座与闭锁块之间的传动效率 η_{3b} 为

$$\eta_{3b} = \frac{1 - f\cot\beta}{1 + 2f\cot\alpha}$$

9.2　浮动自动机动力学分析

9.2.1　浮动自动机

9.2.1.1　浮动原理

减小后坐力是研究自动机的一项重要任务。对于现代火炮自动机，采用浮动原理是减小

后坐力的主要途径之一。

通常，火炮是在复进到位之后击发，然后进行后坐复进循环。当火炮在复进过程中击发时，火药燃气压力的冲量首先阻止复进，然后产生后坐。这种火炮在复进过程中击发，利用复进动量来部分抵消部分火药燃气对后坐部分的作用冲量，从而大幅度减小后坐阻力。这种发射原理称为复进击发原理。

在自动炮中，将复进击发原理称为浮动原理。所谓"浮动"，是指连发射击时自动机的工作行程介于后坐到位与复进到位之间，浮动部分在工作行程上往复运动，好像整个自动机"浮"在运动行程上。采用浮动原理的自动炮称为浮动自动炮，采用浮动原理的自动机称为浮动自动机。浮动自动机中参与浮动的所有机构合称为浮动部分。浮动机是使自动机实现浮动的一种装置，是浮动自动机的组成部分。浮动机主要由卡锁机构、浮动机工作机构和击发机构等部分组成。

采用浮动原理的自动炮，一般在射击前，浮动部分被卡锁机构挂在后方。在射击时，先解脱卡锁，浮动部分在浮动机工作机构的作用下复进，当浮动部分复进到一定位置（或达到一定的速度）时击发。此后，在火药燃气的冲量作用下，浮动部分复进运动减速及停止，并转为后坐。后坐运动在炮膛合力和浮动机工作机构的共同作用下先加速、后减速，超过卡锁位置后停止，并在浮动机工作机构的带动下复进，完成一个射击循环后不挂卡，而是继续前冲，开始下一发射击循环。

采用浮动原理的自动炮具有以下优点：

（1）大幅度减小火炮的受力。在复进过程中击发，击发后火药燃气产生的向后冲量首先被浮动部分向前复进的动量抵消一部分，只有剩余的冲量用来产生后坐，这样就能大幅度减小后坐力。

（2）减小撞击。采用浮动原理，机构的运动速度将大幅度减慢，还可以减小机构间的撞击，并显著减小复进到位时对炮架的撞击，从而减小冲击振动。

（3）提高射击精度。采用浮动原理，浮动自动机的后坐力方向始终向后，从而保持后坐力方向一致，可提高射击稳定性及射击精度。采用浮动原理能够减小撞击，可以使射弹散布缩小，也有利于提高射击精度。

（4）提高理论射速。由于前冲运动，并且后坐与复进行程减小，因此采用浮动原理可以缩短射击循环时间、提高理论射速。

总之，采用浮动原理可以大幅度减小射击时作用在炮架上的载荷，有利于减轻火炮质量，还可以实现连续浮动射击，保持稳定的射击状态，提高射击精度和射速，较好地解决自动炮的威力与机动性、后坐力过大和载运平台适应性差的矛盾。从浮动技术发展和应用效果来看，其是继弹性炮架之后，火炮技术的一个标志性突破。现在新研制的火炮自动机，大多采用浮动原理。

9.2.1.2 浮动自动机分类

浮动自动机依靠浮动机来实现浮动，与自动机本身的驱动能源及工作原理无关。

1. 按浮动部分分类

按浮动部分不同，浮动自动机可以分为炮身浮动式浮动自动机、炮闩浮动式浮动自动机和炮箱浮动式浮动自动机。

1）炮身浮动式浮动自动机

对于炮身浮动式浮动自动机，炮身参与浮动，其他部分不浮动，炮身在后坐和复进过程中进行浮动，并实现自动机的循环动作。炮身后坐式自动机常采用这种浮动原理。炮身浮动式浮动自动机也可以应用于混合式工作原理的自动机，如瑞典 L70 式 40 mm 高炮、德国 41式 50 mm 和 37 mm 高炮等都采用炮身浮动式自动机。

2）炮闩浮动式浮动自动机

对于炮闩浮动式浮动自动机，炮闩参与浮动，其他部分不浮动。这种自动机的击发是在炮闩带着弹药复进过程中进行的。炮闩后坐式自动机常采用这种浮动原理，如苏瓦西里克82 mm 自动迫击炮采用炮闩浮动式自动机。近年来新研制采用炮闩后坐式工作原理的自动机较少，炮闩浮动式浮动自动机不多见。

3）炮箱浮动式浮动自动机

对于炮箱浮动式浮动自动机，炮箱及整个自动机都参加浮动。这种自动机的循环动作在炮箱后坐和复进过程中进行。由于整个自动机参与浮动运动，因此常将炮箱与浮动机固接。浮动机结构对自动机的结构影响不大，但自动机中相关机构的运动应与浮动机的运动相匹配。炮箱浮动式浮动自动机应用得非常广泛，可应用于各种自动工作原理的自动机。现有的浮动炮大都采用炮箱浮动式浮动自动机，技术相对成熟，可供参考的经验较多。例如，德国PM18/36 式 37 mm 高炮、瑞士 KDB 35 mm 高炮、德国 Rh202 式 20 mm 高炮等都采用炮箱浮动式浮动自动机。

2. 按复进能量分类

按利用复进能量不同，浮动自动机可以分为完全浮动式浮动自动机和局部浮动式浮动自动机。

1）完全浮动式浮动自动机

对于完全浮动式浮动自动机，利用全部复进行程，浮动部分在连发射击过程中不被挂卡，在达到最大复进速度时进行击发。自动机的自动循环动作都在浮动部分的后坐和复进过程中完成，最大限度地利用了复进能量。如果采用这种浮动方式，浮动部分在复进过程中不停顿，射速较高。例如，德国 Rh202 式 20 mm 高炮浮动自动机就是一种典型的完全浮动式自动机。

根据首发情况，完全浮动式浮动自动机可以分为首发浮动的浮动自动机和首发不浮动的浮动自动机。

（1）首发浮动的浮动自动机。首发射击前，将浮动部分拉到后位由卡锁卡住；首发射击时，解脱卡锁使之复进，在复进过程中击发，在连发时实现浮动。

（2）首发不浮动的浮动自动机。首发射击前，不需要后拉浮动部分，浮动部分处于平时的待发状态；首发射击时，从原始位置开始后坐和复进，从第二发开始在复进过程中击发，在连发时实现浮动。

首发浮动的浮动自动机的最大后坐阻力取决于连发时的最大后坐阻力，因此炮架受到的最大力比首发不浮动的浮动自动机要小。但是，瞎火和迟发火会影响复进运动稳定性，需要设置复进到位的缓冲装置。此外，首发浮动的浮动自动机还需要设置后拉机构和卡锁，结构比较复杂；首发不浮动的浮动自动机则不需要设置这些装置，结构相对简单一些，勤务操作更方便。现在的小口径浮动自动炮几乎都采用首发不浮动的浮动自动机。

2）局部浮动式浮动自动机

对于局部浮动式浮动自动机，只利用部分复进行程，在浮动行程的一定位置上卡住浮动部分，等待自动机的某些自动循环动作完成后，选择在一定时机解脱，使其复进，然后在复进过程中击发。局部浮动式浮动自动机每次复进的起始位置都不变，即定点复进。若合理设定击发时机，则可以使后坐和复进运动保持相对稳定，从而保持射击循环稳定。但浮动部分在连发射击的每一发循环中都被挂卡，击发时浮动部分达不到最大速度，浮动自动机不能最大限度地利用复进能量，不利于提高射速。另外，挂卡会引起浮动部分与卡锁之间撞击，若采取技术措施来减小撞击，就不可避免地使结构复杂化。

3. 按击发时机分类

按击发时机不同，浮动自动机可以分为定点击发式浮动自动机、定速击发式浮动自动机、定点定速击发式浮动自动机和近似定点定速击发式浮动自动机。

1）定点击发式浮动自动机

对于定点击发式浮动自动机，浮动部分复进到某一预定位置时击发。定点击发可以通过设置定点击发机构，用机构动作来实现，也可以采用位移传感器控制击发机构来实现。定点击发机构可以是机械式的，一般由卡板和杠杆系统组成；也可以是机电式的，一般由位置传感器和击发装置组成。定点击发式浮动自动机的结构简单，但对射角变化的适应性不佳。

2）定速击发式浮动自动机

对于定速击发式浮动自动机，浮动部分复进到某一预定速度时击发。要想实现定速击发，就需要设置由速度传感器和击发装置组成的定速击发机构。这种浮动方式只有在运动阻力保持稳定，且每次复进速度规定不变的情况下，才能保证浮动的稳定性。定速击发式浮动自动机的结构较复杂，但对射角变化的适应性好，射击循环比较稳定。

3）定点定速击发式浮动自动机

对于定点定速击发式浮动自动机，浮动部分复进到预定的位置，同时达到预定的速度时击发。浮动机最理想的性能是同时实现定点和定速击发，从而保证浮动的稳定性。要想达到这个目标，就需要设置定点定速击发机构，但在结构上会非常复杂，仅用机械式机构来保证完全实现定点定速击发具有相当大的难度。

4）近似定点定速击发式浮动自动机

对于近似定点定速击发式浮动自动机，浮动部分复进到一定位置范围和一定速度范围时击发。近似定点定速击发，一般难以通过设置专门的定点和定速击发机构来实现，而是通过系统动力学分析与参数匹配，使击发时浮动部分的位置和速度稳定在预定的较小范围内，达到近似定点定速击发。浮动机很难实现理想的定点定速击发，只要将浮动机浮动部分的动力学参数匹配好，后坐和复进运动稳定，就可以近似认为是定点定速击发。近似定点定速击发方式主要用于高射速浮动自动炮，是目前新研制浮动自动机最常用的击发方式。

4. 按结构分类

按结构不同，浮动机可以分为弹簧式浮动机、弹簧液压式浮动机、弹簧摩擦垫式浮动机、液压气体式浮动机、可压缩液体式浮动机等。

1）弹簧式浮动机

弹簧式浮动机主要由浮动簧、阻尼器、筒体和心轴等部件组成，利用弹簧作为缓冲元件。弹簧式浮动机的主要优点有：作用原理可靠，性能稳定，浮动稳定性受外界条件影响较小；结构简单，零部件数量少，设计、制造的成本较低。浮动簧若选用环形弹簧，则在加载与卸载过程中的耗能较多，具有强力缓冲特性，对载荷的衰减效果好。但是，弹簧式浮动机也存在一些缺点：难以进行自动调节；浮动稳定性对能量变化较为敏感，需要设置复杂的专门机构来实现对不同射角射击的适应性。弹簧特性与射速的匹配是需要解决的关键技术之一。弹簧式浮动机在小口径自动炮上应用得较多。

2）弹簧液压式浮动机

弹簧液压式浮动机主要由浮动簧、液压阻尼器、液量调节器和复进到位缓冲器等部件组成。浮动簧作为储能元件，多采用刚度大、线性度好的矩形截面圆柱螺旋弹簧。液压阻尼器在浮动部分后坐时，不提供（或者提供较小）阻力，使浮动部分以较快的速度后坐；在浮动部分复进时，提供较大阻力，减缓复进速度，为自动机供弹、闭锁、击发等自动动作留足时间，实现在复进中击发。弹簧液压式浮动机采用液体作为工作介质，在射角变化时具有一定的自动调节作用，这种良好的适应性能够保证浮动机的浮动稳定性。目前，国内外较成功的小口径自动炮所采用的浮动机有不少是弹簧液压式浮动机，相关研究与技术比较成熟。

3）弹簧摩擦垫式浮动机

弹簧摩擦垫式浮动机主要由浮动簧、摩擦垫和楔形环组成。在后坐过程中，摩擦垫与位于其后的楔形环产生很大摩擦力，消耗一部分后坐能量；后坐结束，浮动部分在浮动簧的作用下复进。摩擦垫向前运动，离开后面的楔形环，与位于其前面的楔形环接触，此时摩擦垫对浮动部分不提供摩擦制动，为复进第一阶段；摩擦垫与前面的楔形环接触后产生摩擦力，对浮动部分提供摩擦制动，为复进第二阶段。由于在复进第一阶段浮动部分不受摩擦制动，具有较大的复进速度，因此在设计时应保证在该阶段内击发，以抵消较多火药气体产生的后坐冲量。弹簧摩擦垫式浮动机工作的稳定性受摩擦表面状况和润滑条件的影响较大。

随着液压技术越来越成熟，其在浮动机上也得到越来越广泛的应用，如液压气体式浮动机、可压缩液体式浮动机等。这种浮动机利用气体的可压缩性或者可压缩液体来代替弹簧的作用，通过液压阻力来消耗部分后坐能量，同时压缩气体（或液体工作介质）储存一部分能量用于复进。这种浮动机在结构设计上更灵活，但对密封技术的要求高。相对于以弹簧为主要缓冲元件的浮动机，液压式浮动机在后坐过程中的缓冲效率和衰减系数较高，构件后坐到位的撞击大幅度减小，振动减轻，有利于提高武器连发射击精度。例如，瑞士在 MK353式 35 mm 双管牵引高炮上成功地采用了液体气压式浮动技术。

9.2.1.3 浮动自动机的关键技术

1. 总体技术

浮动自动机的总体设计首先要满足自动机战术技术指标，尤其是要优先满足射速、后坐力、极限后坐行程等重要指标，在系统分析与综合评估的基础上确定自动机类型以及浮动方案。浮动机是浮动自动机的重要组成部分，总体技术的一个重要方面就是确定浮动机的类型及结构形式。总体技术的另一个重要方面是协调浮动机与自动机总体的关系，包括总体布置、运动协调性等。总体布置主要考虑确定浮动机、供弹机构等部件在自动机上的配置关系、连接方式等。运动协调性主要考虑设置必要的调整机构等。总体技术还包括系统动力学特性与结构参数匹配性设计，以保证良好的浮动性能。

2. 高效率浮动技术

浮动效率是衡量浮动自动机浮动性能的指标之一。在保证自动机正常后坐与复进的前提下，浮动效率越高，抵消的后坐能量越多，后坐力和后坐到位的撞击就越小，越有利于提高射击精度。高效率浮动技术主要通过合理的机构与结构设计，充分利用浮动部分的工作行程，使击发时的复进速度较大，从而有效提高自动机的浮动效率，且不影响射速。

3. 变后坐技术

对首发不浮动的自动机，首发射击是在后坐部分处于前方静止状态下击发的，为长后坐；后续连发射击都是在前冲运动中击发的，为短后坐。不同后坐长给确保满足供弹和后坐力等要求带来了困难。在满足后坐力要求时，可以通过控制后坐行程来保证供弹；在保证供弹时，可以通过控制后坐长来控制后坐力。很多现代浮动自动机取消了首发浮动，采用长短后坐原理与变后坐技术来使结构简化，操作使用方便。

4. 变射频技术

为了提高火力机动性，需要发展变射频的自动机。浮动自动机的变射频技术主要为了保证在不同射频下（或因射击条件变化引起射频改变时）都能实现浮动。变射频技术可以采用调整机构设置与设计的方法，通过循环动作与发射机构的有机结合，实现向不同射频自动转换，并在不同射频下都能浮动。

5. 可靠性与安全性技术

由于作战使用环境复杂，难免发生迟发火、瞎火。为了保证迟发火时浮动自动机的可靠性与安全性，当达到击发速度而因迟发火使火炮继续前冲时，可在结构上采取技术措施将前冲力切断，使浮动部分只惯性前冲。为了保证瞎火时浮动自动机的可靠性与安全性，可设置前（瞎火）缓冲器，在一定的缓冲行程上提供阻力，使浮动部分的前冲运动停止。

由于偶然的机构动作失灵或操作失误，还可能出现前冲速度不足，存在较大的剩余火药燃气作用冲量，使浮动部分产生极大的后坐位移和速度，引起撞击破坏。为了保证机构动作失灵或操作失误时浮动自动机的可靠性与安全性，可设置后（操作失误）缓冲器，在超卡范围内提供附加阻力，使后坐运动平稳地停止。

6. 浮动稳定性技术

对定点击发、定速击发和定点定速击发浮动自动机，需要专门的机构来保证每个射击循环的状态一致，这给自动机的设计带来困难。对于近似定点定速击发浮动自动机，尽管可以通过系统动力学分析和参数匹配来保证在一定范围内击发，但是由于影响因素很多，很难确保浮动自动机的稳定性能。因此，对于近似定点定速击发浮动自动机，需要解决的一个关键问题是如何确保浮动稳定性，保证当受到外界影响时，击发点也能回到稳定位置附近。浮动稳定性是指击发点（除首发外）位置和速度的一致性。浮动稳定性是衡量浮动自动机动态性能的重要指标。衡量浮动自动机的浮动稳定性，应给出浮动稳定性判据。浮动稳定性判据主要包括自动机连发射击时各发击发点位置和速度的偏差，以及各发最大后坐行程的偏差等的定量评价依据，这些偏差越小越好。控制并实现击发点位置和速度在一定范围内进行击发的技术称为浮动稳定性技术，浮动稳定性技术是近似定点定速击发浮动自动机技术的核心。

在实际工作过程中，近似定点定速击发浮动自动机很难保证一定能实现理想的稳定浮动状态。在工程试验中，常遇到以下 3 类浮动曲线：

1）叠加型

叠加型浮动曲线的后坐行程越打越长，击发点离复进到位点越来越远，如图 9 - 17 所示。行程叠加，后坐力叠加，浮动不稳定，这都是不允许的非正常现象。行程不断增加，将影响供弹，或引发自动机构出现运动故障；后坐力不断增大，将影响火炮构件受力、射击精度等。出现叠加型浮动曲线，主要是由自动机的动力学参数不匹配造成的。

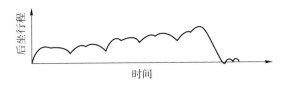

图 9 - 17　叠加型浮动曲线

2）衰减型

与叠加型相反，衰减型浮动曲线的后坐行程越打越短，击发点离复进到位点越来越近，直至复进到位才击发，出现不浮动状态，如图 9 - 18 所示。这主要也是由自动机的动力学参数不匹配造成的。例如，炮箱和基础构件运动不匹配，炮箱后坐运动过快，当复进运动较长时，基础构件的第二冲量才加到炮箱上，使炮箱二次后坐行程减短，复进击发点前移，造成前位击发，叠加到一定程度复进到位才击发，即不浮动。这种情况也是非正常的，导致的结果是不能实现浮动。

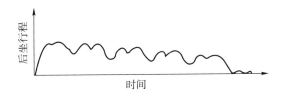

图 9 - 18　衰减型浮动曲线

3）正常型

正常型浮动曲线的后坐行程在允许范围内波动，浮动曲线不单调发散或收敛，具有自动调节的规律性，如图 9 - 19 所示。

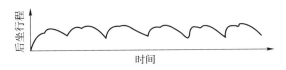

图 9 - 19　正常型浮动曲线

浮动自动机在工作时受很多因素影响，很难实现理想的浮动状况。浮动曲线在允许范围内波动是正常的，只要浮动曲线不单调发散或收敛，且曲线的规律趋向稳定，就认为浮动是稳定的。

浮动自动机一般由自动机加配浮动机组成。为了保证浮动稳定性，可以从自动机和浮动机来考虑。如果这两部分的运动规律性好，并匹配得当，浮动的稳定性就好。实现浮动稳定的主要途径包括：稳定自动机基础构件的运动规律；控制浮动机的运动和优选浮动参量；协调第二冲量对浮动部分的作用时机；等等。也有采用受控式浮动机的方法，用基础构件的运动来控制浮动部分的运动，基础构件运动与炮箱运动达到有机协调，从而解决浮动机的浮动稳定性问题。

9.2.2 浮动自动机动力学分析与计算方法

本节以首发不浮动、完全浮动式自动机为例，说明浮动自动机动力学分析与计算方法。

浮动部分的运动分为四个阶段，如图 9 – 20 所示。

（1）后坐加速运动阶段：后坐速度从 $v = 0$ 到 $v = v_{\max}$，其后坐行程为 x_1。

（2）后坐减速运动阶段：后坐速度从 $v = v_{\max}$ 到 $v = 0$，其后坐行程为 x_2。

（3）复进加速运动阶段：复进速度从 $u = 0$ 到 $u = u_{\max}$，其复进行程为 y_1。

（4）复进减速运动阶段：复进速度从 $u = u_{\max}$ 到 $u = 0$，其复进行程为 y_2。

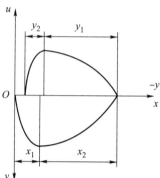

图 9 – 20　浮动运动的四个阶段

取浮动部分为研究对象，进行受力分析，建立各个运动阶段的运动微分方程，求解运动诸元。

对于带有前、后缓冲器的弹簧液压式浮动机的炮身短后坐式浮动自动机，浮动部分在后坐和复进阶段的运动微分方程为

$$\left.\begin{aligned} m_0 \frac{\mathrm{d}^2 x}{\mathrm{d}t^2} &= P_{pt} - P_f - (1 + \nu_z)\phi_0 - N_\sigma - P_{hh} - T_h \\ m_0 \frac{\mathrm{d}^2 y}{\mathrm{d}t^2} &= P_f - (1 + \nu_z)\phi_0 - N_\sigma - P_{qh} - T_f \end{aligned}\right\} \tag{9 – 31}$$

式中，x——后坐位移，后坐运动方向为正；

$\qquad y$——复进位移，复进运动方向为正；

$\qquad P_{pt}$——炮膛合力；

$\qquad P_f$——浮动弹簧力；

$\qquad \phi_0$——液压阻力；

$\qquad \nu_z$——液压装置紧塞具中与压力有关的相当摩擦系数；

$\qquad N_\sigma$——常数阻力；

$\qquad P_{hh}$——后坐缓冲器阻力；

$\qquad P_{qh}$——前缓冲器阻力；

$\qquad T_h$——后坐时自动机工作阻力，

$$T_h = \sum_{i=1}^{n} \frac{K_i}{\eta_i} F_i + \sum_{i=1}^{n} \frac{K_i^2}{\eta_i} m_i \frac{\mathrm{d}^2 x}{\mathrm{d}t^2} + \sum_{i=1}^{n} \frac{K_i}{\eta_i} m_i \left(\frac{\mathrm{d}x}{\mathrm{d}t}\right)^2 ;$$

$\qquad T_f$——复进时自动机工作阻力，

$$T_f = \sum_{i=1}^{n} \frac{K_i}{\eta_i} F_i + \sum_{i=1}^{n} \frac{K_i^2}{\eta_i} m_i \frac{\mathrm{d}^2 y}{\mathrm{d}t^2} + \sum_{i=1}^{n} \frac{K_i}{\eta_i} m_i \left(\frac{\mathrm{d}y}{\mathrm{d}t}\right)^2 ;$$

T_h、T_f 式中符号的含义与式（9 – 6）相同。

如果是炮箱浮动的自动机，其运动为两自由度系统，则以浮动部分和炮箱的位移为广义坐标，建立两自由度运动微分方程。

计算时，可采用数值仿真方法，编写语言程序，在计算机上进行。根据自动机的运动循环，分段给出各个运动特征段的结构参数、受力和起始条件，结合撞击判断与计算，按运动特征段逐段求解。此外，还应进行极限条件下的运动计算，考察各种情况下的浮动，给出浮动自动机动力学分析详细结果，并为浮动自动机动力学参数匹配与结构设计提供参考。

参 考 文 献

［1］秦宜学. 数字化战场［M］. 北京：国防工业出版社，2004.

［2］周启煌. 陆战平台电子信息系统［M］. 北京：国防工业出版社，2006.

［3］王泽山，何卫东，徐复铭. 火炮发射装药设计原理与技术［M］. 北京：北京理工大学出版社，2014.

［4］侯保林，樵军谋，刘琮敏. 火炮自动装填［M］. 北京：兵器工业出版社，2010.

［5］张相炎. 火炮设计理论［M］. 北京：北京理工大学出版社，2014.

［6］张相炎. 火炮自动机设计［M］. 北京：北京理工大学出版社，2010.

［7］张相炎. 典型火炮自动机结构分析与分解结合指南［M］. 北京：国防工业出版社，2016.

［8］李向东. 弹药概论［M］. 北京：国防工业出版社，2017.

［9］邹权. 大口径火炮弹药自动装填控制系统关键技术研究［D］. 南京：南京理工大学，2015.

［10］岳才成. 某自行火炮弹药装填系统控制技术研究［D］. 南京：南京理工大学，2018.

［11］赵抢抢. 某自动供输弹系统故障诊断的若干关键技术研究［D］. 南京：南京理工大学，2017.

［12］高学星. 弹药自动装填子系统动作可靠性与故障诊断［D］. 南京：南京理工大学，2015.

［13］郭宇飞. 不确定弹药自动装填系统的动力学与控制［D］. 南京：南京理工大学，2014.

［14］程刚. 高射频自动机及供输弹机构动态特性研究［D］. 南京：南京理工大学，2011.

［15］Olav Egeland，Jan Tommy Gravdahl. Modeling and Simulation for Automatic Control［M］. Norway：Marine Cybernetics AS，2002.

［16］闫清东，张连第，赵毓芹，等. 坦克构造与设计（上册）［M］. 北京：北京理工大学出版社，2006.

［17］闫清东，张连第，赵毓芹，等. 坦克构造与设计（下册）［M］. 北京：北京理工大学出版社，2007.

［18］［美］NEIL SCLATER. 机械设计实用机构与装置图册（原书第5版）［M］. 邹平，译. 北京：机械工业出版社，2015.

［19］张相炎. 火炮自动机设计［M］. 2版. 北京：北京理工大学出版社，2015.

［20］韩魁英，王梦林，朱素君. 火炮自动设计［M］. 北京：国防工业出版社，1988.

［21］华恭，伊玲益. 火炮自动机设计［M］. 北京：国防工业出版社，1976.

［22］ 邬显达，等．航炮设计［M］．北京：兵器工业出版社，1994．

［23］ 戴成勋，靳天佑，朵英贤．自动武器设计新编［M］．北京：国防工业出版社，1990．

［24］ 何志强，黄守仁，李载弘．航空自动武器设计手册［M］．北京：国防工业出版社，1990．

［25］ 于道文．自动武器学（自动机设计分册）［M］．北京：国防工业出版社，1992．

［26］ 谈乐斌．火炮概论［M］．北京：北京理工大学出版社，2014．

［27］ 马福球，等．火炮与自动武器［M］．北京：北京理工大学出版社，2003．

［28］ 薄玉成，等．自动机结构设计［M］．北京：国防工业出版社，2009．

［29］ 梁世瑞．自动机创新学引论［M］．北京：国防工业出版社，2007．

［30］ 易声耀，张竞．自动武器原理与构造学［M］．北京：国防工业出版社，2009．

［31］ 齐晓林．航空自动武器［M］．北京：国防工业出版社，2008．

［32］ 冯益柏．坦克装甲车辆设计——武器系统卷［M］．北京：化学工业出版社，2015．

［33］ 石晨光．舰炮武器原理［M］．北京：国防工业出版社，2014．

［34］ 舒长胜，孟庆德．舰炮武器系统应用工程基础［M］．北京：国防工业出版社，2014．

［35］ 甘高才．自动武器动力学［M］．北京：兵器工业出版社，1990．

［36］ 王亚平，等．火炮与自动武器动力学［M］．北京：北京理工大学出版社，2014．

［37］ 陈熙，等．35 mm 高炮技术基础［M］．北京：国防工业出版社，2002．

［38］ 王建中．自动武器论坛［M］．北京：国防工业出版社，2007．

［39］ 聂光戍，魏贤智，徐虎．提高航炮射速潜力的理论分析［J］．空军工程大学学报（自然科学版），2002，3（5）：21-23．

［40］ 薄玉成，王惠源，李强．转管武器最高射速的分析［J］．火炮发射与控制学报，2004（1）：4-7．

［41］ 薄玉成，王惠源，解志坚．转管武器总体技术的若干问题［J］．火炮发射与控制学报，2005（1）：9-11．